软件开发魔典

HTML5
从入门到项目实践（超值版）

聚慕课教育研发中心　编著

清华大学出版社

北京

内容简介

本书采用"基础知识→核心技术→高级应用→项目实践"结构和"从入门到项目实践"的学习模式进行讲解。全书共 4 篇 21 章。首先，讲解了 HTML 5 和 CSS 3 的基本知识，包括 HTML 5 快速上手、使用 HTML 5 设计移动页面结构、使用 HTML 5 设计移动页面表单、使用 HTML 5 绘制移动页面元素、CSS 3 样式入门与基础语法、使用 CSS 3 设计移动页面样式、设计 Web App 页面布局；其次，讲解了 JavaScript、jQuery 框架、AngularJS 框架、jQuery Mobile 等核心技术。在实践篇中，介绍了 HTML 5 在不同行业的应用，通过项目实战案例，全面展示了项目开发的实践全过程。

本书旨在从多角度、全方位帮助读者快速掌握软件开发技能，构建从高校到社会与企业的就职桥梁，让有志于从事软件开发行业的读者轻松步入职场。同时本书还赠送王牌资源，由于赠送的资源比较多，我们在本书前言部分对资源包的具体内容、获取方式以及使用方法等做了详细说明。

本书适合 HTML 5 开发技术的爱好者或者初学者阅读，也可作为没有项目实践经验，但有一定 Web 前端开发经验的人员阅读，还可作为正在进行软件专业毕业设计的学生以及大专院校和培训学校的参考用书。

图书在版编目（CIP）数据

HTML 5 从入门到项目实践：超值版 / 聚慕课教育研发中心编著. —北京：清华大学出版社，2019

（软件开发魔典）

ISBN 978-7-302-51433-6

Ⅰ. ①H… Ⅱ. ①聚… Ⅲ. ①超文本标记语言－程序－设计　Ⅳ. ①TP312.8

中国版本图书馆 CIP 数据核字（2018）第 242165 号

责任编辑：张　敏
封面设计：杨玉兰
责任校对：胡伟民
责任印制：沈　露

出版发行：清华大学出版社
　　　　网　　址：http://www.tup.com.cn, http://www.wqbook.com
　　　　地　　址：北京清华大学学研大厦 A 座　　邮　　编：100084
　　　　社 总 机：010-62770175　　　　邮　　购：010-62786544
　　　　投稿与读者服务：010-62776969, c-service@tup.tsinghua.edu.cn
　　　　质量反馈：010-62772015, zhiliang@tup.tsinghua.edu.cn
印 装 者：清华大学印刷厂
经　　销：全国新华书店
开　　本：203mm×260mm　　印　　张：26　　字　　数：770 千字
版　　次：2019 年 2 月第 1 版　　印　　次：2019 年 2 月第 1 次印刷
定　　价：79.90 元

产品编号：075012-01

前言
PREFACE

丛书说明

本套"软件开发魔典"系列图书，是专门为编程初学者量身打造的编程基础学习与项目实践用书。

本套丛书针对"零基础"和"入门"级读者，通过案例引导其深入技能学习和项目实践。为满足初学者在基础入门、扩展学习、编程技能、项目实践等几个方面的职业技能需求，特意采用"基础知识→核心技术→高级应用→项目实践"的结构和"由浅入深，由深到精"的学习模式进行讲解。

本丛书目前计划有以下分册：

《Java 从入门到项目实践（超值版）》	《HTML 5 从入门到项目实践（超值版）》
《C 语言从入门到项目实践（超值版）》	《MySQL 从入门到项目实践（超值版）》
《JavaScript 从入门到项目实践（超值版）》	《Oracle 从入门到项目实践（超值版）》
《C++从入门到项目实践（超值版）》	《HTML 5+CSS 3+JavaScript 从入门到项目实践（超值版）》

读万卷书，不如行万里路；行万里路，不如阅人无数；阅人无数，不如有高人指路。这句话道出了引导与实践对于学习知识的重要性。本书始于基础，结合理论知识的讲解，从项目开发基础入手，逐步引导读者进行项目开发实践，深入浅出地讲解 HTML 5 在移动开发中的各项技术和项目实践技能。本丛书的目的是多角度、全方位地帮助读者快速掌握软件开发技能，为读者构建从高校到社会与企业的就职桥梁，让有志从事软件开发的读者轻松步入职场。

HTML 5 最佳学习线路

本书以 HTML 5 最佳的学习模式分配内容结构，第 1～3 篇可使您掌握 HTML 5 移动开发基础知识、应用技能，第 4 篇可使您拥有多个行业项目开发经验。遇到问题可学习本书同步微视频，也可以通过在线技术支持，让老程序员为您答疑解惑。

本书内容

全书分为 4 篇 21 章。

第 1 篇（第 1 章～第 7 章）为基础知识，主要讲解 HTML 5 基础知识、设计移动页面结构、设计移动页面表单、绘制移动页面元素、CSS 3 入门与基本语法、CSS 3 设计移动页面样式等。通过本篇的学习，读者能够快速掌握 HTML 5 语言，为后面更好地学习使用 HTML 5 进行移动开发打下坚实基础。

第 2 篇（第 8 章～第 11 章）为核心技术，主要讲解 Web App 页面、原生 JavaScript 交互功能开发、jQueiy 经典交互特效开发、AngularJS 框架等。通过本篇的学习，读者将对使用 HTML 5 进行移动开发有更高的掌握水平。

第 3 篇（第 12 章～第 17 章）为高级应用，主要讲解认识 jQuery Mobile、jQuery Mobile 页面、jQuery Mobile 页面组件、使用 jQuery Mobile 主题、使用 jQuery Mobile 事件、使用 jQuery Mobile 插件等。学完本篇，读者将对 jQuery Mobile 在移动开发中对页面控制、动画、特效以及事件等方面有全面的掌握。

第 4 篇（第 18 章～第 21 章）为项目实践，主要介绍 HTML 5 在游戏开发行业中的应用、在教育开发行业中的应用、手机端案例——记事本 App、人脸识别案例——年龄小侦探 App 等手机 App 实战开发案例。学习完本篇，读者将对 HTML 5 在移动开发中的作用有详细了解，能在自己的职业生涯中面对各类 HTML 5 开发需求做到游刃有余、运用自如。

全书不仅融入了作者丰富的工作经验和多年的使用心得，还提供了大量来自工作现场的实例，具有较强的实战性和可操作性。系统学习完本书后，可以让读者掌握 HTML 5 语言基础知识、全面的前端程序开发能力、优良的团队协同技能和丰富的项目实战经验。我们的目标就是让初学者、应届毕业生快速成长为一名合格的初级程序员，通过演练积累项目开发经验和团队合作技能，在未来的职场中获取一个高的起点，并能迅速融入软件开发团队。

本书特色

1. 结构科学，易于自学

本书在内容组织和范例设计中充分考虑初学者的特点，由浅入深、循序渐进，对于读者而言，无论是否接触过 HTML 5 语言，都能从本书中找到最佳起点。

2. 视频讲解，细致透彻

为降低学习难度，提高学习效率，本书录制了同步微视频（模拟培训班模式），通过视频除了能轻松学会专业知识外，还能获取老师的软件开发经验，使学习变得更轻松有效。

3. 超多、实用、专业的范例和实践项目

本书结合实际工作中的应用范例，逐一讲解 HTML 5 语言的各种知识和技术，在项目实践篇中以 4 个项目的实践总结本书前 17 章介绍的知识和技能，使读者在实践中掌握知识，轻松拥有项目开发经验。

4. 随时检测自己的学习成果

每章首页均提供了"学习指引"和"重点导读"，以指导读者重点学习及学后检查；章后的"就业面试技巧与解析"根据当前最新求职面试（笔试）题精选而成，读者可以随时检测自己的学习成果，做到融会贯通。

5. 专业创作团队和技术支持

本书由聚慕课研发中心编著和提供在线服务。您在学习过程中遇到任何问题，均可登录 http://www.jumooc.com 网站或加入图书读者（技术支持）QQ 群 529669132 进行提问，作者和资深程序员将为您在线答疑。

本书附赠超值王牌资源库

本书附赠了极为丰富、超值的王牌资源库，具体内容如下。

（1）王牌资源1：随赠本书"配套学习与教学"资源库，提升读者学会用好HTML 5语言的学习效率。

- 全书同步333节教学微视频录像（支持扫描二维码观看），总时长25学时。
- 全书有4个大型项目案例及324个实例源代码。
- 本书配套上机实训指导手册，全书学习、授课与教学PPT课件。

（2）王牌资源2：随赠"职业成长"资源库，突破读者职业规划与发展弊端和瓶颈。

- 求职资源库：100套求职简历模板库，600套毕业答辩与80套学术开题报告PPT模板库。
- 面试资源库：程序员面试技巧，常见面试（笔试）题库，400道求职常见面试（笔试）真题与解析。
- 职业资源库：程序员职业规划手册、软件工程师技能手册、100例常见错误及解决方案、开发经验及技巧集、100套岗位竞聘模板。

（3）王牌资源3：随赠"HTML 5移动开发魔典"资源库，拓展读者学习本书的深度和广度。

- 案例资源库：600个案例及源码注释。
- 项目资源库：十大行业网站开发策划案。
- 软件开发文档模板库：60套八大行业软件开发文档模板库，90套HTML 5特效案例库、133套网页与移动开发模板库、3600例网页素材库、4套网页配色电子书库、14套网页赏析案例库。
- 软件学习必备工具及电子书资源库：HTML参考手册电子书、CSS参考手册电子书、JavaScript参考手册电子书、CSS属性速查表电子书、HTML标签速查表电子书、jQuery速查表电子书、HTML语法速查表电子书、网页配色电子书、Web布局模板电子书。

（4）王牌资源4：编程代码优化纠错器。

- 本助手能让软件开发更加便捷和轻松，无须安装配置复杂的软件运行环境即可轻松运行程序代码。
- 本助手能一键格式化，让凌乱的程序代码更加规整美观。
- 本助手能对代码精准纠错，让程序查错不再难。

上述资源获取及使用

注意：由于本书不配光盘，因此书中所用资源及上述资源均需从网络下载才能使用。

1. 资源获取

采用以下任意途径，均可获取本书所附赠的超值王牌资源库：

（1）加入本书微信公众号，下载资源或者咨询关于本书的任何问题。

（2）登录网站www.jumooc.com，搜索本书并下载相应资源。

（3）加入本书读者服务（技术支持）QQ群（529669132），读者可以打开群"文件"中对应的Word文件，获取本书网络下载地址和密码。

微信公众号

读者服务QQ群

（4）通过电子邮件 elesite@163.com 或 408710011@qq.com 与我们联系，获取本书资源。

2. 使用资源

读者可通过以下途径学习和使用本书微视频和资源。

（1）通过 PC 端（在线）、App 端（在/离线）、微信端（在线）以及平板端（在/离线）学习本书微视频。

（2）将本书资源下载到本地硬盘，根据学习需要选择使用。

本书适合哪些读者阅读

本书适合以下人员阅读：

- 没有任何 HTML 5 语言基础的初学者。
- 有一定的 HTML 5 语言基础，想精通 HTML 5 语言编程的人员。
- 有一定的 HTML 5 编程基础，没有项目实践经验的人员。
- 正在进行软件专业相关毕业设计的学生。
- 大专院校及培训学校的老师和学生。

创作团队

本书由聚慕课教育研发中心组织编写，朱红庆老师任主编，负责编写第 1 章～第 11 章，薄鹏任副主编，负责编写第 12 章～第 19 章。参与本书编写的人员有薄鹏、王湖芳、张开保、贾文学、张翼、白晓阳、李新伟、李坚明、白彦飞、卞良、常鲁、陈诗谦、崔怀奇、邓伟奇、凡旭、高增、郭永、何旭、姜晓东、焦宏恩、李春亮、李团辉、刘二有、王朝阳、王春玉、王发运、王桂军、王平、王千、王小中、王玉超、王振、徐利军、姚玉忠、于建杉、张俊锋、张晓杰、张在有等。

在本书的编写过程中，我们竭尽所能地将最好的讲解呈现给读者，但也难免有疏漏和不妥之处，敬请广大读者不吝指正。若您在学习中遇到困难或疑问，或有何建议，可发邮件至 elesite@163.com。另外，您也可以登录我们的网站 http://www.jumooc.com，进行交流以及免费下载学习资源。

作者

CONTENTS 目录

第 1 篇

基础知识

本篇从 HTML 5 基本知识入门开始，介绍了 HTML 5 在移动开发中的基础与核心技术、CSS 3 的知识以及 HTML 5+CSS 3 移动页面的设计等，引领读者进入 HTML 5 移动开发的新世界。

- 第 1 章　步入 HTML 5 移动开发新世界
- 第 2 章　HTML 5 快速上手
- 第 3 章　使用 HTML 5 设计移动页面结构
- 第 4 章　使用 HTML 5 设计移动页面表单
- 第 5 章　使用 HTML 5 绘制移动页面元素
- 第 6 章　CSS 3 样式入门与基础语法
- 第 7 章　使用 CSS 3 设计移动页面样式

第1章

步入 HTML 5 移动开发新世界

 学习指引

HTML 5 是 HTML 的最新版本，尽管在 IE 桌面浏览器中，HTML 5 的应用还显得十分缓慢，但在移动设备上，HTML 5 已经逐渐成为潮流趋势，而且几乎主流智能手机及平板计算机都支持 HTML 5。本章介绍 HTML 5 的基础知识，包括 HTML 5 的由来、HTML 5 的特殊之处，以及一些 HTML 5 移动开发辅助工具等。

 重点导读

- 了解 HTML 5 的概述。
- 熟悉 HTML 5 的特殊之处。
- 熟悉 HTML 5 在 iOS 和 Android 设备中的使用。
- 了解 HTML 5 移动开发辅助工具。
- 掌握 HTML 5 移动开发编辑器。
- 熟悉配置移动开发环境。
- 试着开发第一个属于自己的移动网站。
- 了解测试工具。

1.1　HTML 5 概述

HTML 5 是 HTML 最新的修订版本，2014 年 10 月由万维网联盟（W3C）完成标准制定。HTML 5 的设计目的是为了在移动设备上支持多媒体，具有简单易学的特点。

1.1.1　HTML 5 的由来

HTML 5 是 W3C 与 WHATWG 合作的结果，WHATWG 指 Web Hypertext Application Technology Working

Group。WHATWG 致力于 Web 表单和应用程序，而 W3C 专注于 XHTML 2.0。在 2006 年，双方决定进行合作，来创建一个新版本的 HTML。

HTML 5 是新一代 HTML 标准，目前仍处于完善之中，但现在，大部分浏览器已经具备了支持部分 HTML 5 的功能。例如，最新版本的 Safari、Chrome、Firefox 以及 Opera 支持某些 HTML 5 特性。Internet Explorer 9 将支持某些 HTML 5 特性，如图 1-1 所示。

图 1-1　支持 HTML 5 的浏览器版本

HTML 5 中具有一些有趣的新特性，具体介绍如下：

- 用于绘画的 canvas 元素。
- 用于媒介回放的 video 和 audio 元素。
- 对本地离线存储的更好支持。
- 添加一些新的特殊内容元素，如 article、footer、header、nav、section。
- 添加一些新的表单控件，如 calendar、date、time、email、url、search。

1.1.2　XML 及 XHTML

XML（EXtensible Markup Language），即可扩展标记语言，是一种必须正确标记且格式良好的标记语言。XML 应用于 Web 开发的许多方面，常用于简化数据的存储和共享。XML 标签没有被预定义，需要用户自行定义。

另外，XML 可以用于创建新的互联网语言，很多新的互联网语言是通过 XML 创建的。例如 XHTML 语言，用于描述可用的 Web 服务的 WSDL，作为手持设备的标记语言的 WAP 和 WML，用于新闻 feed 的 RSS 语言，描述资本和本体的 RDF 和 OWL，用于描述针对 Web 多媒体的 SMIL 等。

XHTML 是以 XML 格式编写的 HTML，是指可扩展超文本编辑语言，与 HTML 4.01 版本几乎相同，可以说 XHTML 是更严格、更纯净的 HTML 版本。XHTML 是以 XML 应用的方式定义的 HTML，在 2001 年 1 月，W3C 推荐发布为标准，目前，几乎得到所有主流浏览器的支持。

XHTML 具有<!DOCTYPE....>强制性、元素必须合理嵌套、元素必须有关闭标签、空元素必须包含关闭标签、元素必须是小写、属性名称必须是小写、属性值必须有引号和不允许属性简写等特性。

1.1.3　HTML 5 能做什么

首先，HTML 新版本 HTML 5 的主要特点还是在音频和视频方面。用户可以运用<video>和<audio>的标签，直接进行视频和音频的制作，并通过 JavaScript 接口来控制。

其次，是在兼容性方面的问题，浏览器的不同，HTML 5 中的 JavaScript 库就会根据相关浏览器做出调整，提供 Flash、QuickTime、Java 三种播放器作为补丁，这也方便了在使用过程中对播放器要求的限制。

再次，HTML 5 在使用过程中，只要经用户许可，就可以知道用户当前的地理坐标，这样一来，提供的服务也就更加的本地化，与使用 Android 的系统一样，硬件会尝试用多种方式进行定位，比如电信、WIFI、GPS 等。

最后，HTML 5 通过两种方式来支持本地储存功能：一是 key-value 方式的 local Storage，在 IE 8 版本之前，即没有 Local Storage 的环境情况下，local-storage-js 就是用 cookie 替代；二是数据库方式的 Web SQL Database，JavaScript 库 Persist JS 则可通过 Gears、Local Storage、Web SQL Database、Global Storage、Flash、IE、cookie 等多个存储方法逐一尝试，这样兼容性就能够最大限度地实现。

1.1.4　HTML 5 的标签特性

HTML 5 的核心要素就是标签了（tag），标签是用来描述文档中的各种内容基本单元，不同标签标示着不同的含义，标签之间的嵌套表示了内容之间的结构，HTML 5 的标签通常具有以下特征。

- HTML 5 标签是由尖括号包围的关键词，比如<html>。
- HTML 5 标签通常是成对出现的，比如和。
- 标签对中的第一个标签是开始标签，第二个标签是结束标签。
- 开始标签和结束标签也被称为开放标签和闭合标签。

1.2　熟悉 HTML 5 的特殊之处

随着移动互联网的发展，HTML 5 将成为新的热门技术，主要原因在于 HTML 5 具有以下特殊特性。

- HTML 5 是在已有技术基础之上的新版本，上手较 C、C++语言容易得多，且性能最接近桌面应用。
- HTML 5 只要有个记事本和支持它的浏览器就可以开发、调试和运行，简化了对特定环境的依赖，和诸如编译之类的等待过程。
- HTML 5 不仅可以在支持它的浏览器，包括 PC 和移动设备上运行，还可以在桌面上像桌面应用一样运行，甚至可以让用户认为它就是桌面应用。

1.3　在 iOS 和 Android 设备中使用 HTML 5

在 iOS 和 Android 设备中使用 HTML 5 是主流趋势，因为它们都能很好地支持 HTML 5，这要归功于 WebKit。目前，在 iOS 和 Android 设备中运行的浏览器，如 iOS 下的 Safari 以及 Android 下的 Chrome 都是基于 WebKit，而 WebKit 对 HTML 5 有相当出色的支持。

使用 HTML 5 为 iOS 和 Android 设计 Web 页面以及应用最大好处是，它们在未来的设备上仍能继续运行。目前，在平板计算机、智能手机以及智能电视上使用的操作系统将来还会发展到更多设备上，如汽车、图像播放设备，甚至冰箱、洗衣机等家电设备上。

1.4　HTML 5 移动开发辅助工具

使用 HTML 5 在开发移动网站的过程中，需要借助一些辅助工具，才能起到事半功倍的效果，本节就来介绍一些常用的辅助工具。

1.4.1　Animatron 移动开发软件

Animatron 是一个功能强大的在线交互动画编辑工具，采用最新的 HTML 5 技术，开发者可以利用它可以创建各种令人惊叹的 HTML 5 动画以及丰富的交互内容，可以随意设计和发布，无须编码，所见即所得，分分钟让用户成为动画大师。如图 1-2 所示为 Animatron 软件界面。

图 1-2　Animatron 软件界面

1.4.2　Lungo 移动开发软件

Lungojs 是一个使用 HTML 5/CSS 3 和 JavaScript 技术的移动 Web 开发框架，可以帮助创建基于 iOS、Android、Blackberry 和 WebOS 平台的应用程序。该框架可利用当前移动设备的高级特性，可捕捉事件包括滑动、触屏等。无须使用图片，全部采用向量生成。

另外，Lungojs 无须服务器端支持，可帮助实现 HTML 5 特性，包括 WebSQL、Geolocation、History、Device orientation 等，这是一个完全可定制的框架，可用来创建应用、游戏等程序。如图 1-3 所示为 Lungojs 软件界面。

图 1-3　Lungojs 软件界面

1.4.3　DevExtreme 移动开发软件

DevExtreme 是专为广大移动应用开发用户打造的一个跨平台 HTML 5/JS 框架，DevExtreme 分为 DevExtreme Mobile 和 DevExtreme Web，广大开发者可以利用 DevExtreme 框架来开发运行于 iOS、Android、WP 等多平台的应用程式，是目前跨平台开发的首选工具。如图 1-4 所示为 DevExtreme 软件界面。

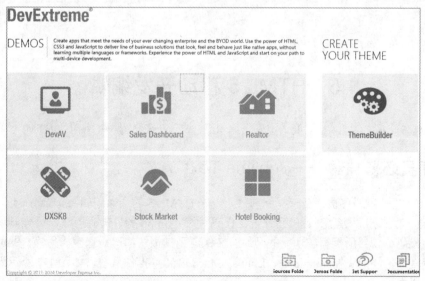

图 1-4　DevExtreme 软件界面

DevExtreme 的功能特性包括如下三个方面。

- 移动设备开发简化：创建高反应度的应用，满足了不断变化的企业以及 BYOD 世界的需求。使用

HTML、CSS 3 和 JavaScript，从而实现了外观、感觉和行为如原生应用程序一样的业务解决方案，不需要学习其他更多的语言或框架。

- 美观而又身临其境的数据可视化：DevExtreme 为智能手机和平板计算机封装了易于使用的 HTML JavaScript 应用程序，包含超过 30 种触摸优化的本地 UI 小工具，可用于任何应用程序的单个页面。
- 无处不在的原生用户体验：为 iOS、Android、Windows Phone 和 Tizen 打造原生视觉感受，无须额外的编码或 UI 定制。

1.4.4 RazorFlow 移动开发软件

RazorFlow 是一款专业的 PHP 开发框架，用户可以用来创建适应不同设备、不同平台、不同浏览器响应式的 HTML 5 仪表板，只需加入一个 PHP 文件就可以输出数据了，并且可以和 MySQL 和 PostgreSQL 或 SQLite 数据库结合使用。如图 1-5 所示为 RazorFlow 软件界面。

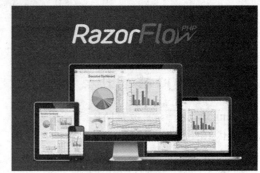

图 1-5 RazorFlow 界面

1.4.5 Literally Canvas 移动开发软件

Literally Canvas 是一款专为 HTML 5 开发人员提供的便捷画图工具，为用户准备了人性化的 API 接口，方便用户根据自己的需求随意绘画、修改制图内容，提高网页开发效率。

Literally Canvas 非常适合移动设备应用开发，具有绘制、擦除、设置颜色选择器、撤销、重做、平移和缩放等功能特点。如图 1-6 所示为 Literally Canvas 软件界面。

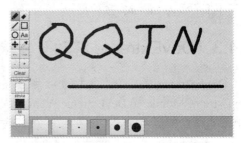

图 1-6 Literally Canvas 软件界面

1.5 HTML 5 移动开发编辑器

在编辑 HTML 5 代码的过程中，需要一些开发编辑器，本节就来介绍一些常用的 HTML 5 移动开发编辑器。

1.5.1 程序员必备神器——Sublime Text 3

Sublime Text 3 是一款程序员必备代码编辑器，也是 HTML 5 的文本编辑器，支持 64 位和 32 位操作系统。Sublime Text 3 在支持语法高亮、代码补全、代码片段（Snippet）、代码折叠、行号显示、自定义皮肤、配色方案等其他代码编辑器所拥有的功能的同时，又保证了其极快的运行速度。另外，Sublime Text 3 也是一个跨平台的编辑器，同时支持 Windows、Linux、Mac OS X 等操作系统。如图 1-7 所示为 Sublime Text 3 软件的开发工作界面。

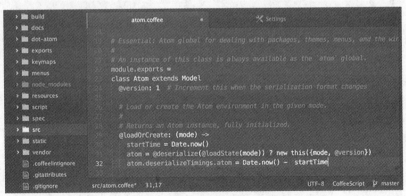

图 1-7　Sublime Text 3 软件开发工作界面

1.5.2　可配置的编辑器——Atom

开发团队将 Atom 称为一个 "为 21 世纪创造的可配置的编辑器"，它拥有非常精致细腻的界面，并且可配置项丰富，加上它提供了与 Sublime Text 上类似的 Package Control（包管理）功能，用户可以非常方便地安装和管理各种插件，并将 Atom 打造成真正适合自己的开发工具。如图 1-8 所示为 Atom 软件的开发工作界面。

图 1-8　Atom 软件开发工作界面

1.5.3　微软良心之作——VS Code

Visual Studio Code（简称 VS Code/VSC）是一款免费开源的现代化轻量级代码编辑器，支持几乎所有主流的开发语言，具有语法高亮、智能代码补全、自定义热键、括号匹配、代码片段、代码对比（Diff、GIT）等特性，支持插件扩展，并针对网页开发和云端应用开发做了优化，软件跨平台支持 Win、Mac 及 Linux，运行流畅。如图 1-9 所示为 Visual Studio Code 软件的开发工作界面。

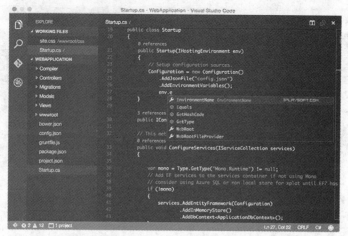

图 1-9　Visual Studio Code 软件开发工作界面

1.5.4　流行的集成开发环境——HBuilder

　　HBuilder 是 DCloud 推出的一款支持 HTML 5 的 Web 开发 IDE，快是其最大的优势。其通过完整的语法提示和代码输入法、代码块等方式，大幅提升 HTML、JS、CSS 的开发效率。同时，它还包括最全面的语法库和浏览器兼容性数据。如图 1-10 所示为 HBuilder 软件的开发工作界面。

图 1-10　HBuilder 软件开发工作界面

1.6　配置移动开发环境

　　移动开发环境有很多种，根据不同的运行环境，可以分为 Android 开发环境、iOS 开发环境、Windows Phone 开发环境等。下面以 Android 开发环境为例，来介绍配置移动开发环境的方法与技巧。

1. Java 环境搭建

搭建 Android 移动开发环境首先需要搭建 Java 环境，即 JDK（Java Development Kit）。对于 JDK 来说，随着时间的推移，JDK 的版本也在不断更新，目前 JDK 的最新版本是 JDK 1.8。由于 Oracle（甲骨文）公司在 2010 年收购了 Sun Microsystems 公司，所以要到 Oracle 官方网站（https://www.oracle.com/index.html）下载最新版本的 JDK。

1）JDK 下载和安装。

JDK 的下载和安装步骤具体如下：

（1）打开 ORACLE 官方网站，在首页的栏目中找到 Downloads 下的 Java for Developers 超链接，如图 1-11 所示。

（2）单击 Java for Developers 超链接，进入 Java SE Downloads 页面，如图 1-12 所示。

提示： 由于 JDK 版本的不断更新，当读者浏览 Java SE 的下载页面时，显示的是 JDK 当前的最新版本。

（3）单击 Java Platform(JDK)上方的 DOWNLOAD 按钮，打开 Java SE 的下载列表页面，如图 1-13 所示，其中有 Windows、Linux 和 Solaris 等不同平台环境下的 JDK 下载。

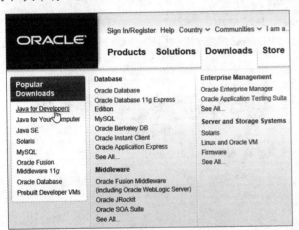

图 1-11　oracle 官方网站的首页

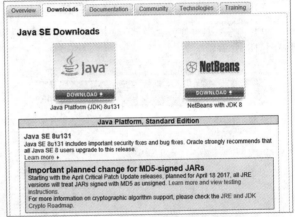

图 1-12　Java SE Downloads 页面

（4）下载前，首先选中 Accept License Agreement（接受许可协议）单选按钮，接受许可协议。由于本书使用的是 64 位版的 Windows 操作系统，因此这里选择与平台相对应的 Windows x64 类型的 jdk-8u131-windows-x64.exe 超链接，单击下载 JDK，如图 1-14 所示。

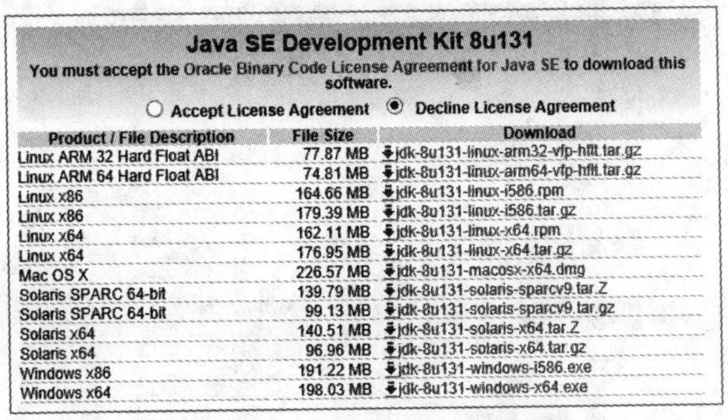

图 1-13　Java SE 的下载列表

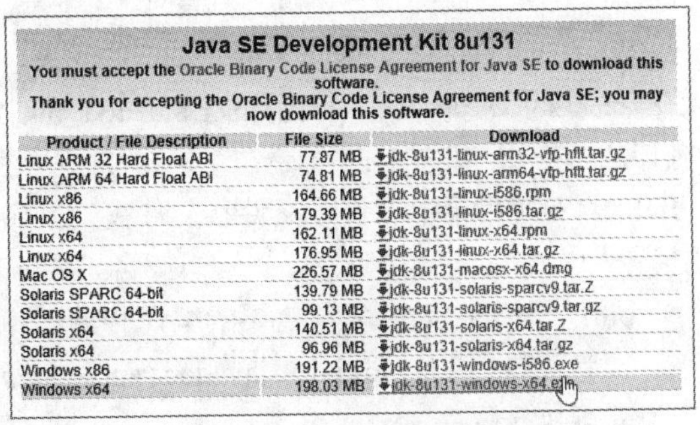

图 1-14　下载 JDK

（5）下载完成后，在硬盘上会发现一个名为 jdk-8u131-windows-x64.exe 的可执行文件，双击运行，出现 JDK 的安装界面，如图 1-15 所示。

（6）单击"下一步"按钮，进入"定制安装"界面，在其中选择组件及 JDK 的安装路径，这里修改为 D:\Java\jdk1.8.0_131\，如图 1-16 所示。

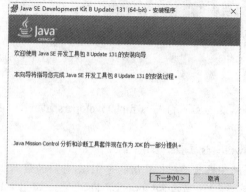

图 1-15　JDK 的安装界面

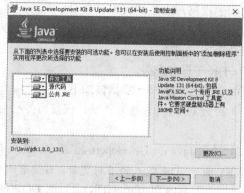

图 1-16　"定制安装"界面

提示：修改 JDK 的安装目录，尽量不要使用带有空格的文件夹名。

（7）单击"下一步"按钮，进入安装进度界面，如图 1-17 所示。

（8）在安装过程中，会出现"目标文件夹"窗口，选择 JRE 的安装路径，这里修改为 D:\java\jre1.8.0_131，如图 1-18 所示。

图 1-17　安装进度界面

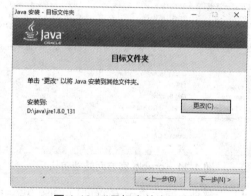

图 1-18　"目标文件夹"窗口

（9）单击"下一步"按钮，安装 JRE。安装完成后，弹出"JDK 安装完成"界面，如图 1-19 所示。

（10）单击"关闭"按钮，完成 JDK 的安装，这时会在安装目录下多一个名称为 jdk1.8.0_131 的文件夹，打开文件夹，如图 1-20 所示。

JDK 的安装目录下有许多文件和文件夹，其中重要的目录和文件的含义如下。

- bin：提供 JDK 开发所需要的编译、调试、运行等工具，如 javac、java、javadoc、appletviewer 等可执行程序。
- db：JDK 附带的数据库。
- include：存放用于本地要访问的文件。
- jre：Java 运行时的环境。

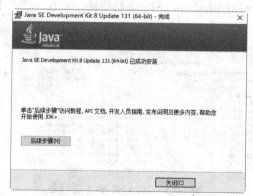

图 1-19　JDK 安装完成界面

- lib：存放 Java 的类库文件，即 Java 的工具包类库。
- src.zip：Java 提供的类库的源代码。

图 1-20　jdk1.8.0_131 文件夹

提示：JDK 是 Java 的开发环境，JDK 对 Java 源代码进行编译处理，它是为开发人员提供的工具。JRE 是 Java 的运行环境，它包含 Java 虚拟机（JVM）的实现及 Java 核心类库，编译后的 Java 程序必须使用 JRE 执行。在 JDK 的安装包中集成了 JDK 和 JRE，所以在安装 JDK 的过程中提示安装 JRE。

2）JDK 配置。

对于初学者来说，环境变量的配置是比较容易出错的，配置过程中应当仔细。使用 JDK 需要对 path 和 classpath 两个环境变量进行配置。下面是在 Windows10 操作系统中，环境变量的配置方法和步骤。

path 环境变量是告诉操作系统 Java 编译器的路径。具体配置步骤如下：

（1）在桌面上右击"此计算机"图标，在弹出的快捷菜单中选择"属性"命令，如图 1-21 所示。

（2）打开"系统"窗口，选择"高级系统设置"选项，如图 1-22 所示。

图 1-21　选择"属性"命令

图 1-22　选择"高级系统设置"选项

（3）打开"系统属性"对话框，选择"高级"选项卡，单击"环境变量"按钮，如图1-23所示。

（4）打开"环境变量"对话框，在"系统变量"下单击"新建"按钮，如图1-24所示。

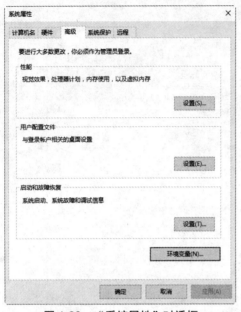

图1-23　"系统属性"对话框

图1-24　"环境变量"对话框

（5）打开"新建系统变量"对话框，在弹出的对话框的"变量名"中输入path，"变量值"为安装JDK的默认bin路径，这里输入D:\java\ jdk1.8.0_131\bin，如图1-25所示。单击"确定"按钮，path环境变量配置完成。

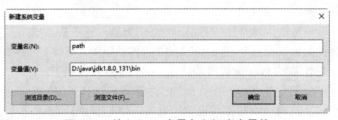

图1-25　输入path变量名和相应变量值

Java虚拟机在运行某个Java程序时，会按classpath指定的目录顺序去查找这个Java程序，配置classpath环境变量的步骤如下。

（1）参照配置path环境变量的步骤，打开"新建系统变量"对话框，"变量名"输入classpath，"变量值"为安装JDK的默认lib路径，这里输入D:\java\ jdk1.8.0_131\lib，如图1-26所示。

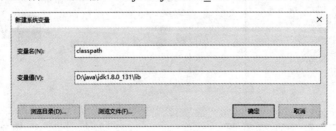

图1-26　输入classpath变量名和相应变量值

（2）单击"确定"按钮，classpath 环境变量配置完成。

提示：配置环境变量，多个目录间使用分号(;)隔开。在配置 classpath 环境变量时，通常在配置的目录前面添加点(.)，即当前目录，使.class 文件搜索时首先搜索当前目录，然后根据 classpath 配置的目录顺序依次查找，找到后执行。

3）测试 JDK。

JDK 安装、配置完成后，可以测试其是否能够正常运行。具体操作步骤如下：

（1）右击"开始"按钮，在弹出的快捷菜单中选择"运行"命令，打开"运行"对话框，输入命令 cmd，如图 1-27 所示。

（2）单击"确定"按钮，打开"命令提示符"窗口，输入 java –version，并按 Enter 键确认。系统如果输出 JDK 的版本信息，则说明 JDK 的环境搭建成功，如图 1-28 所示。

图 1-27　输入命令

图 1-28　JDK 环境搭建成功

注意：在命令提示符下输入测试命令时，Java 和减号之间有一个空格，但减号和 version 之间没有空格。

2. 安装 Android Studio

Java 环境搭建完成后，就要安装 Android Studio，它是集成开发环境，包含了 Android 开发所必需的 Android SDK（Software Development Kit），以及开发 Android 应用程序时所需要的工具，例如 Android 模拟器、调试工具等。

1）Android Studio 下载和安装。

Android Studio 下载和安装的具体步骤如下：

（1）在浏览器中输入下载 Android Studio 的网址 http://www.android-studio.org/，读者可根据自己操作系统下载相应的软件，这里下载"Windows（64 位）包含 Android SDK"的 Android Studio，单击下载保存即可，如图 1-29 所示。

平台	Android Studio 软件包	大小	SHA-1 校验和
Windows（64位）	android-studio-bundle-162.4069837-windows.exe 包含 Android SDK（推荐）	1,926 MB (2,020,009,280 bytes)	dc23bc968d381a5ca7fdd12bc7799b95ec0d11f1e4007387cb0de55c78b475ba
	android-studio-ide-162.4069837-windows.exe 无 Android SDK	451 MB (473,299,352 bytes)	f0b72473cb94ba4bcbc80eeb84f4b53364da097efa255f7cab71bcb10a28775a

图 1-29　下载 Android Studio

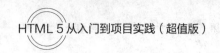
（2）下载完成后，双击 android-studio-bundle-162.4069837-windows.exe 文件，进行安装，打开欢迎界面，如图 1-30 所示。

（3）单击 Next 按钮，打开 Choose Components 窗口，可以看到，Android Studio 属 IDE 的工具部分，为必选项；Android SDK（SDK 工具包）和 Android Virtual Device（虚拟机部分 Performance）为可选项，勾选后如图 1-31 所示。

图 1-30　Android Studio 安装界面

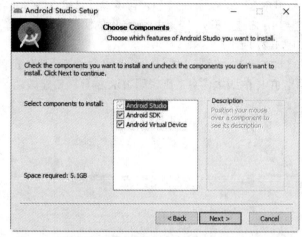

图 1-31　Choose Components 窗口

（4）单击 Next 按钮，打开 License Agreement 窗口，单击 I Agree 按钮接受许可协议，如图 1-32 所示。

（5）单击 I Agree 按钮后，打开 Configuration Settings 窗口，单击 Browse 按钮，分别选择 Android Studio 和 Android SDK 的安装路径，如图 1-33 所示。

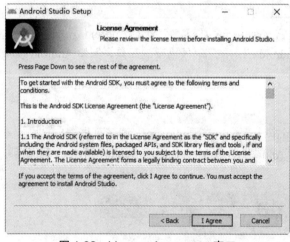

图 1-32　License Agreement 窗口

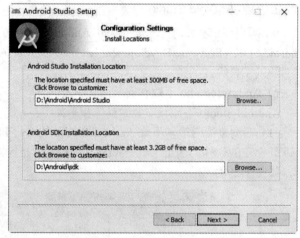

图 1-33　Configuration Settings 窗口

（6）单击 Next 按钮，打开 Choose Start Menu Folder 窗口，如图 1-34 所示。

（7）单击 Install 按钮，安装 Android Studio，如图 1-35 所示。

（8）稍等片刻，弹出 Installation Complete 窗口，如图 1-36 所示。

（9）单击 Next 按钮，弹出 Completing Android Studio Setup 窗口，安装完成，如图 1-37 所示。

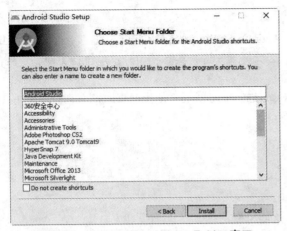

图 1-34　Choose Start Menu Folder 窗口

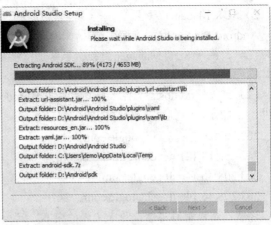

图 1-35　安装 Android Studio

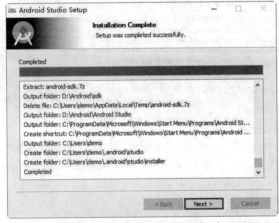

图 1-36　Installation Complete 窗口

图 1-37　Completing Android Studio Setup 窗口

（10）单击 Finish 按钮，Android Studio 安装完成，然后进行软件更新，完成后单击 Finish 按钮即可进入 Android Studio 欢迎界面，如图 1-38 所示。

图 1-38　Android Studio 欢迎界面

2）SDK Manager 管理。

Android Studio 2.3.3 安装完成后，单击 Start a new Android Studio project 超链接，进入 Android Studio 开发工具，由于 SDK Manager 更新、下载速度特别慢，因此需要在进行实际项目开发前进行更新、下载，具体操作如下。

（1）首先修改 hosts 文件，打开目录 C:\Windows\System32\drivers\etc，使用记事本打开目录中的 hosts 文件，添加如下内容到 hosts 文件的最后。

203.208.46.146 www.google.com；

74.125.113.121 developer.android.com；

203.208.46.146 dl.google.com；

203.208.46.146 dl-ssl.google.com。

注意：在添加时不修改原来文件的内容，只是附加这些内容。

提示：由于每个网站对应一个 IP 地址，在打开域名时需要使用 DNS 服务器解析成 IP 地址，然后才能访问。而在 hosts 文件中加入了 Android Studio 获取更新链接和下载链接的网址及其对应的 IP 地址，这样就省去了 DNS 解析这一步，从而节约了时间，提高了更新、下载的速度。

（2）在 SDK 的安装目录下找到 SDK Manager.exe，双击打开该文件。或者在 Android Studio 2.3.3 中选择 Tools→Android→SDK Manger 选项，如图 1-39 所示。

（3）打开 Default Settings 窗口，单击 Launch Standalone SDK Manager 超链接，如图 1-40 所示。

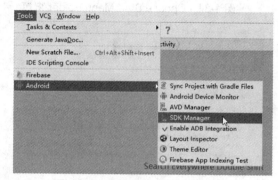

图 1-39　选择 SDK Manager 选项

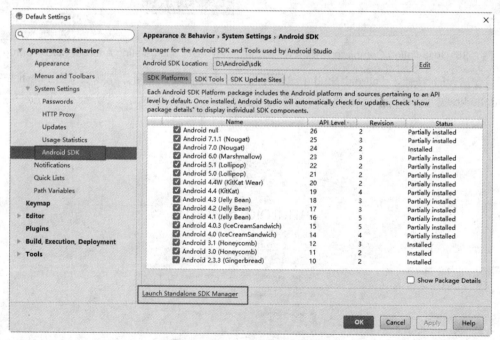

图 1-40　Default Settings 窗口

（4）打开 Android SDK Manager 窗口，选择 Tools→Options...选项，如图 1-41 所示。

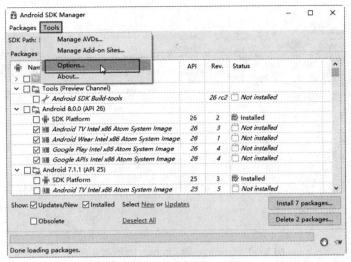

图 1-41 选择 Options...选项

（5）打开 Android SDK Manager - Settings 窗口，在 HTTP Proxy Server 文本框中输入 mirrors.neusoft.edu.cn，在 Http Proxy Port 文本框中输入 80，在 Others 选项组中勾选 Force https://...sources to be fetched using http://... 复选框，如图 1-42 所示。

（6）单击 Close 按钮，在 Android SDK Manager 窗口中选择 Packages→Reload 按钮，更新加载所有的 Packages，勾选 Packages 下的 Tools 和 Extras 文件夹以及其他 Android 版本中的全部 SDK Platform 复选框，并单击 Install 94 packages...按钮，如图 1-43 所示。

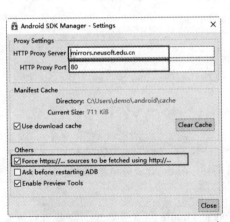

图 1-42 Android SDK Manager - Settings 窗口

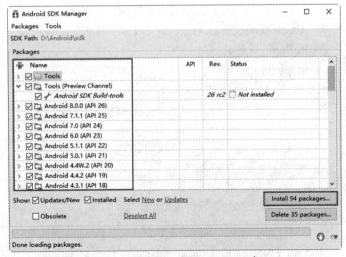

图 1-43 Android SDK Manager 窗口

（7）在打开的 Choose Packages to Install 窗口中选中 Accept License 单选按钮，并单击 Install 按钮，如图 1-44 所示。

（8）稍等片刻，安装完成后选择 Packages→Reload 按钮进行更新，即可操作完成。

3. Android Studio 开发工具介绍

Android Studio 是一个集成的 Android 开发环境，基于 IntelliJ IDEA。类似 Eclipse ADT，Android Studio 提供了集成的 Android 开发工具用于开发和调试。

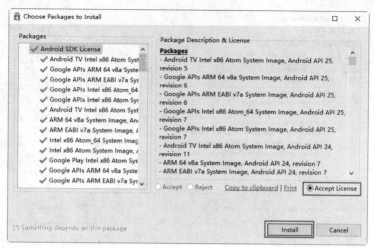

图 1-44　Choose Packages to Install 窗口

下面详细介绍 Android Studio 各个模块的功能使用。

（1）运行和调试区域。

这个区域是运行和调试相关的操作，如图 1-45 所示。该区域操作从左到右，依次介绍如下。

① Make Project：编译项目。

② Select Run/Debug Configuration：当前项目的模块列表，用于运行或调试配置。

③ Run：运行。

④ Debug：调试。

⑤ Run with Coverage：测试显示模块代码的覆盖率。

⑥ Attach debugger to Android process：将 debug 进程添加到当前进程中，调试 Android 运行的进程。

⑦ ReRun：重启。

⑧ Stop：停止。

（2）Android 设备和虚拟机区域。

这个区域主要是与 Android 设备和虚拟机相关的操作，如图 1-46 所示。该区域从左到右，依次介绍如下。

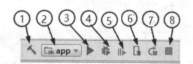

图 1-45　运行和调试区域

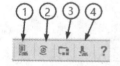

图 1-46　Android 设备和虚拟机区域

① AMD Manager：虚拟设备管理。

② Sync Project with Gradle Files：同步工程的 Gradle 文件，一般在 Gradle 配置被修改时需要进行同步。

③ Project Structure：项目结构，主要作用是对项目结构进行设置。

④ SDK Manager：Android SDK 管理器。

（3）文件资源区域。

这个区域主要是工程文件资源等相关的操作，如图 1-47 所示。该区域具体介绍如下。

① 项目中文件的组织方式，默认是 Android，还可通过下拉列表选择 Project、Packages、Scratches、ProjectFiles、Problems...等，最常用的是 Android 和 Project 两种。

② 定位当前打开文件在工程目录中的位置。

③ 关闭工程目录中所有的展开项。

④ 额外的一些系统配置，单击后打开一个弹出菜单，如图 1-48 所示。选中 Autoscroll to Source 和 Autoscroll from Source 两个选项后，Android Studio 会自动定位当前编辑文件在工程中的位置，非常方便。

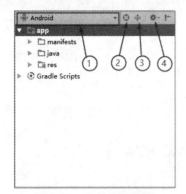

图 1-47 文件资源区域

图 1-48 在弹出的菜单中选择选项

（4）编写和布局区域。

这个区域是用来编写代码和设计布局的，具体如图 1-49 所示。该区域功能介绍如下。

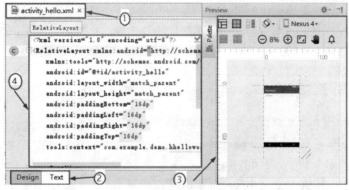

图 1-49 编写和布局区域

- 打开文件的 Tab 页。
- 布局编辑模式切换，一般使用 Text 模式，初学者可以使用 Design 模式编辑布局，再切换到 Text 模式。
- UI 布局预览区域。
- 编写代码区域。

（5）输出区域。

这个区域大部分是用来查看一些输出信息的，如图 1-50 所示，该区域功能介绍如下。

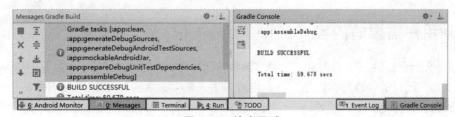

图 1-50 输出区域

- Android Monitor（监控）：显示应用的一些输出信息。
- Messages（信息）：显示工程编译的输出信息。
- Terminal（终端）：Android Studio 自带的命令行面板，用于进行命令行操作。
- Run（运行）：显示应用运行后的一些相关信息。
- TODO：显示标有 TOTO 注释的列表。
- Event Log（事件）：显示一些事件的日志。
- Gradle 控制台（Gradle Console）：显示 Gradle 构建应用时的一些输出信息。

在使用 Terminal 时，需要配置环境变量，具体如下：

- 在系统变量中配置变量名为 ANDROID_HOME 的变量，其值是 sdk 的安装目录，本书是 D:\Android\sdk。
- 将 Android SDK 中 adb 目录配置在 path 环境变量中，在系统变量 path 后面添加 "%ANDROID_HOME%\platform-tools"，启动 Android Studio 即可。

1.7 开发移动网站基础

在开发移动网站时，首先需要记住的是，移动网站也只是一个网站。而最好的网站应当适用于所有浏览器及操作系统，或者说尽量多的浏览器及操作系统。除此之外，在为移动设备创建网站时，还需要考虑以下几个基本问题，本节就来进行详细介绍。

1.7.1 移动设备屏幕适配

移动设备的屏幕适配情况包括屏幕尺寸大小和分辨率。一般情况下，移动设备的屏幕尺寸要比台式计算机小。目前，主流智能手机包括以下几种标准尺寸：

- 1280px×720px：如小米 5.0 尺寸的手机。
- 1280px×800px：如魅族 MX2 4.4 尺寸的手机。
- 1080px×1920px：如华为麦芒系列手机。

平板计算机不仅拥有越来越大的屏幕尺寸，而且在浏览方式上也有所不同。例如，大部分平板计算机以及一些智能手机都能够以横向或纵向模式进行浏览。这样，同一款设备，屏幕的宽度有时为 1024px，有时则为 800px 或更少。

但通常，平板计算机提供了更大的屏幕空间，可以认为在大部分平板计算机设备上，屏幕尺寸为（1024～1280）px×（600～800）px。

在平板计算机上以标准格式浏览大部分网站都很轻松，因为其浏览器使用起来就像在计算机显示器上使用一样清晰简单。另外，iOS 及 Android 系统中都有的缩放功能可轻易将难以阅读的微小区域放大。

1.7.2 移动用户需要的内容

在为移动设备设计网站时，需要记住用户不希望其浏览到的内容与在台式计算机上浏览到的内容是一样的。

例如，移动用户所在的位置经常发生变化，也就是说，他们通常在外走动，不是固定待在某个地方，在访问网站时通常带有特定目标。例如，一个在车里用手机访问餐厅网站的用户通常需要很快找到餐厅的地址及电话号码，若该移动网站没有在醒目的地方标出地址及电话号码，用户就会很快结束这次访问。

移动网站的内容不能受到限制。事实上，W3C 建议，"无论用户使用的是哪种设备，都应为他们提供同样的，尽可能多的合理信息及服务"。

另外，移动网站经常爱犯的错误是在网站的移动版本上删减内容，尽管为移动用户调整内容结构，让他们能尽快找到重要信息是必要的，但若用户需要的内容并不在移动网站上，就应该让他们能够浏览网站的完整版本。

这并不是说设计人员不需要对他们的内容格式或位置进行调整，而是应当让移动用户有机会和台式机用户一样接触到同样的内容。

1.7.3　使用的 HTML、CSS 及 JavaScript 是否有效且简洁

在为移动设备编写网页代码时，并不需要特意为其编写结构良好的代码，但是需要坚持使用正确、标准格式的 HTML、CSS 以及 JavaScript，能让页面在大部分设备中适用。另外，还可以通过 HTML 的有效验证来确认它是否正确、是否够简洁。

使用 W3C 验证器可以帮助用户检查 HTML、CSS 以及 JavaScript 是否有效且简洁，该验证器位于 http://validator.w3.org。除此之外，它还可以验证 RSS，甚至是页面上的无效链接。用户可以定期在这个验证器上检查网站，如图 1-51 所示。

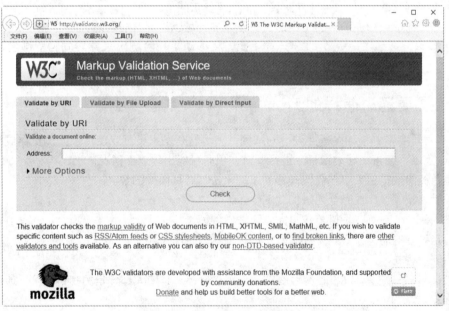

图 1-51　W3C 验证器

另外，除了编写有效的 HTML 代码外，在为移动设备编写 Web 页面时应注意避免以下情况。

- HTML 表格——由于移动设备的屏幕尺寸很小，使用水平滚动相对困难，从而导致表格难以阅读，因此，需要尽量避免在移动布局中使用表格。
- HTML 表格布局——通常来说，在 Web 页面布局中，不应使用 HTML 表格，而且在移动设备中，这些表格会让页面加载速度变慢，并影响美观，尤其是在它与浏览器窗口不匹配时。另外，在页面布局中通常使用的是嵌套表格，这类表格会让页面加载速度更慢，并且让渲染过程变得更困难。
- 弹出窗口——通常来讲，弹出窗口很让人厌烦，而在移动设备上它们甚至能让网站变得不可用，有些移动浏览器并不支持弹出窗口，还有一些浏览器则总是以意料之外的方式打开它们，通常会关闭

原窗口，然后打开新窗口。

- 图片布局——与在页面布局中使用表格类似，加入隐藏图像以增加空间及影响布局的方法经常会让一些老的移动设备死机或无法正确显示页面。另外，它们还会延长下载时间。
- 框架及图像地图——许多移动设备都无法支持此类 HTML 特性。事实上，从实用性来讲，HTML 5 的规范中已经丢弃了框架，但 iframe 除外。

另外，需要考虑的是，移动用户在访问网页时是需要为流量付费的，因此 Web 页面应尽可能的小，使用的 HTML 标签、CSS 属性和服务器请求越少，网站就会越受欢迎。

提示：尽管需要尽量避免表格、弹出窗口及图像地图，但 iOS 和 Android 上的移动页面还是能够很好地处理它们。但它们无法处理框架，因为框架并不是 HTML 5 的一部分。

1.7.4　是否使用独立域名

许多网站的移动版本都有一个独立的域名，因此移动用户可以绕过常规网站直接访问其移动版。此类域名通常为 m.exampe.com。

总体而言，为移动网站设置独立域名的好处有以下几点。

- 让用户更容易找到该移动网站。
- 可以为移动网站的 URL 进行独立宣传，制造更多访问量。
- 使用平板计算机或智能手机的用户通过更改域名便可以访问常规网站。
- 与使用脚本为移动用户更改 CSS 样式相比，将移动用户检测出来并导向独立域名这一方法更为轻松。

1.7.5　网站需要通过怎样的测试

用户应当在尽可能多的移动设备上进行网站测试。尽管开发人员可以使用不同浏览器或模拟不同的屏幕尺寸来测试，但若不直接在移动设备上进行测试，仍有可能出现以下情况。

- 移动运营商的数据包大小限制使得移动设备无法加载页面或图像。
- 无法正确加载图像，或完全无法加载图像。
- 无法水平滚动（在某些手机上几乎完全无法做到）。
- 需要特定设备的功能，否则无法正确工作。
- 不支持问价格式。
- 使用模拟器——许多移动设备都有在线或离线模拟器，其中大部分是免费的，可以通过它们进行一些基础测试。
- 租用设备——可以租用不同手机来测试应用在手机上的表现。
- 购买一些手机——这是比较昂贵的选择，但对致力于在移动 Web 开发上做出成绩的人来说，这是一项不错的投资。
- 寻求朋友和同事的帮助——这是测试网站最节省成本的做法，这种做法需要向身边的人借用手机或平板计算机，然后将网站放在在线 Web 服务器上进行测试。

最后，若想要进行移动开发，至少需要拥有一部移动设备来直接测试页面，在越多的设备上进行测试，网站就会变得越好。

1.8　测试工具

在移动应用开发过程中，测试是至关重要的一个环节，拥有好的测试工具不仅能实现事半功倍的效果，还能极大地降低开发者所需花费的时间和精力。本节就来介绍一些测试工具。

1.8.1　仿真器与模拟器

仿真器（Emulator），又称仿真程序，在软件工程中指可以使计算机或者其他多媒体平台（如掌上计算机、手机）运行其他平台上的程序。仿真器一般需要 ROM 才能执行，ROM 的最初来源是一些平台的 ROM 芯片，通过一些手段将原程序拷贝下来（这个过程一般称之为 dump），然后利用仿真器加载这些 ROM 来实现仿真过程。如图 1-52 所示为 Genymotion 仿真器，它是基于 VirtualBox 仿真器的。

在没有设备的情况下，最简单有效的测试工具就是模拟器。最好的模拟器是可以在桌面计算机上运行的模拟器。下面介绍几种常用的模拟器。

1. Android SDK 模拟器

为开发者提供了 Android 应用测试、构建及调试所必备的 API 库和工具。该模拟器能够帮助开发者极大地提高开发效率，无论是开发还是调试，均可以快速完成，如图 1-53 所示为 Android SDK 模拟器界面。

图 1-52　Genymotion 仿真器

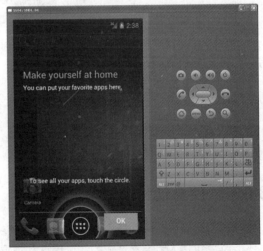

图 1-53　Android SDK 模拟器界面

2. BlackBerry 模拟器

使用 BlackBerry 模拟器，开发者不仅可以直接在 PC 上查看、测试并调试 BlackBerry 应用，还可以对屏幕、键盘、触控板等能否完美配合应用程序进行测试，如图 1-54 所示为 BlackBerry 模拟器界面。借助 BlackBerry 模拟器，运行和调试应用程序，就如同在真实的 BlackBerry 设备上一样。

3. iPhoney 模拟器

iPhoney 是一款专门用于 iPhone Web 应用测试的模拟器，可以为开发者提供一个与 iPhone 实际大小相同的 Web 浏览环境，支持 Safari，能够让开发者对应用设计进行完整的视觉质量测试。

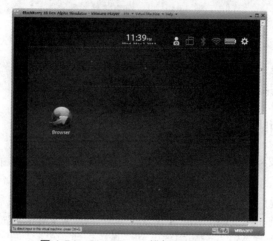

图 1-54　BlackBerry 模拟器界面

1.8.2　在线测试模拟器

在线模拟器的效果比不上桌面模拟器，因为它们功能更少，不过使用起来很方便，常用的在线测试模拟器有以下几种。

1. dotMobi 模拟器

能够允许开发者对某一特定的网站能否良好地适配移动 Web 浏览器进行测试，并且，还拥有一个从主页寻求额外支持的功能。

2. iPad Peek 模拟器

在线测试网站 iPad Peek 在 iOS 开发者中口碑颇高，其能够直接在线模拟测试网站兼容性的功能也十分强大。支持横竖屏预览，无论是 iPad 还是 iPhone，开发者只需登录 iPad Peek 网站，在其首页对话框中输入需要查看的域名地址，即可进行完美测试。此外，iPad Peek 还支持本地预览。

1.8.3　软件自动化测试

如今自动化测试已经广泛应用于各种移动设备的测试中，这是因为自动化测试在测试过程中节约了时间，还能避免包括人为因素造成的测试错误和遗漏。自动化测试工具有很多，一些是开源的，还有一些则价格昂贵。因此，在众多的可供选择的自动化测试工具中，要选到合适的是比较困难的。

目前，大多数个人计算机的操作系统是 Windows，而流行的移动操作系统是 Android、苹果 iOS、黑莓 OS、Windows 手机、Symbian 和其他。下面介绍几款常用的自动化测试工具。

1. Robotium

Robotium 是一款国外的 Android 自动化测试框架，主要针对 Android 平台的应用进行黑盒自动化测试，它提供了模拟各种手势操作（点击、长按、滑动等）、查找和断言机制的 API，能够对各种控件进行操作（见图 1-55）。Robotium 结合 Android 官方提供的测试框架达到对应用程序进行自动化测试的目的。

图 1-55　Robotium 测试工具

2. Monkeyrunner

Monkeyrunner 是一款流行的 Android 测试工具，用于自动化功能测试，如图 1-56 所示。Monkeyrunner 可以连接到计算机或模拟真实设备运行测试。该工具有一个接口，用它来控制智能手机、平板计算机或外部模拟器的 Android 代码。

这个测试工具的缺点是，它必须为每个设备编写脚本。另一个问题是，每次测试程序的用户界面发生变化都需要调整测试脚本。

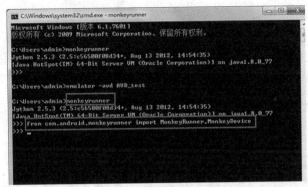

图 1-56　Monkeyrunner 测试工具

1.9　就业面试技巧与解析

1.9.1　面试技巧与解析（一）

面试官：我们公司已经拥有一个门户网站了，现在想让移动用户也能够使用它，请问你是如何确认这个网站是否提供了移动用户需要的功能的？

应聘者：最好的做法是直接咨询用户的意见，可以通过调查用户访问网站的途径以及对网站哪部分最感兴趣来得知用户需求。另外，也可以使用 Web 数据统计，若网站上没有相关数据分析器，建议安装 Google Analytics 或者 Piwik 等数据分析器来追踪用户在网站上的行为，在找出受欢迎的页面后，就可以确保移动用户也能很容易地访问这些页面。

也可以使用 Web 数据分析器来统计访问网站的浏览器类型（Firefox、IE、Chrome 等），以及用户如何使用网站（用户单击的页面以及离开的页面等）。通过这种方法，即便没有获得直接的用户反馈，也可以根据用户当前的浏览习惯来调整网站。

1.9.2　面试技巧与解析（二）

面试官：除了使用内容管理系统来维护移动站点外，不知道你有什么推荐？

应聘者：对于我个人来说，我通常使用带有 WordPress Mobile Pack 的 WordPress 来维护移动网站及常规网站。

第 2 章

HTML 5 快速上手

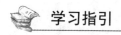 学习指引

HTML 5 作为最新的标记语言，它与旧版本的 HTML 标记语言相比变化很大，在未来的网站开发与移动 Web 开发中，它将作为最常用的标记语言。除此之外，HTML 5 的许多新功能还使其增加了更多的适用范围，所以在使用之前需要真正认识 HTML 5。

重点导读

· 熟悉 HTML 5 的语法结构。
· 掌握 HTML 5 的新技术改进。
· 了解 HTML 5 给移动 Web 开发带来的优势。

2.1　HTML 5 的语法结构

HTML 5 不是一种编程语言，而是一种描述性的标记语言，用于描述超文本中的内容和结构。HTML 5 最基本的语法是<标记符></标记符>。标记符通常都是成对使用，有一个开头标记和一个结束标记。结束标记只是在开头标记的前面加一个斜杠"/"。当浏览器收到 HTML 5 文件后，就会解释里面的标记符，然后把标记符相对应的功能表达出来。

如在 HTML 5 中用<p></p>标记符来定义一个段落，用
来定义一个换行符。当浏览器遇到<p></p>标记符时，会把该标记中的内容自动形成一个段落。当遇到
标记符时，会自动换行，并且该标记符后的内容会从一个新行开始。这里的
标记符是单标记，没有结束标记，标记后的"/"符号可以省略，为了规范代码，一般建议加上。

一个完整的 HTML 5 文件包括文档类型说明、标题、段落、列表、表格、绘制的图形及各种嵌入对象，这些对象统称为 HTML 元素。HTML 5 文件的语法结构如下：

```
<!DOCTYPE html>文档类型说明
<html >文件开始的标记
<head>文档头部开始的标记
```

```
文件头的内容
</head>文档头部结束的标记
<body>文件主体开始的标记
文档主体内容
</body>文件主体结束的标记
</html>文件结束的标记
```

从上面的代码可以看出，在 HTML 5 文件中，所有的标记都是相对应的，开头标记为< >，结束标记为</ >，在这两个标记中间添加内容。

2.1.1　文档类型说明

HTML 5 设计准则中的第 3 条——化繁为简，使得 Web 页面的文档类型说明（DOCTYPE）被极大地简化了。细心的读者会发现，在使用 Dreamweaver CS 6 创建的 HTML 文档时，文档头部的类型说明代码如下：

```
<!DOCTYPE html PUBLIC "-//W3C//DTD XHTML 1.0 Transitional//EN" "http://www.w3.org/TR/xhtml1/
DTD/xhtml1-transitional.dtd">
```

上面为 XHTML 文档类型说明，读者可以看到这段代码既麻烦又难记，HTML 5 对文档类型进行了简化，简单到 15 个字符就可以了，代码如下：

```
<!DOCTYPE html>
```

注意：doctype 的申明需要出现在 html 文件的第一行。

2.1.2　HTML 标记

HTML 标记代表文档的开始，由于 HTML 语言语法的松散特性，该标记可以省略，但是为了使之符合 Web 标准和文档的完整性，养成良好的编写习惯，建议不要省略该标记。

HTML 标记以<html>开头，以</html>结尾，文档的所有内容书写在开头和结尾的中间部分，语法格式如下：

```
<html>
  ⋮
</html>
```

2.1.3　头标记 head

头标记 head 用于说明文档头部相关信息，一般包括标题信息、元信息、定义 CSS 样式和脚本代码等。HTML 的头部信息是以<head>开始，以</head>结束，语法格式如下：

```
<head>
  ⋮
</head>
```

说明：<head>元素的作用范围是整篇文档，定义在 HTML 语言头部的内容往往不会在网页上直接显示。在 head 标记中一般可以设置 title 和 meta 等标记的内容。

2.1.4　标题标记 title

HTML 页面的标题一般用来说明页面的用途，它显示在浏览器的标题栏中。在 HTML 文档中，标题信息设置在<head>与</head>之间。标题标记以<title>开头，以</title>结束，语法格式如下：

```
<title>
  ⋮
</title>
```

标记中间的"："就是标题的内容，它可以帮助用户更好地识别页面。预览网页时，设置的标题在浏览器的左上方标题栏中显示，如图 2-1 所示。

此外，在 Windows 任务栏中显示的也是这个标题，页面的标题只有一个，它们位于 HTML 文档的头部，即<head>和</head>之间。

图 2-1　标题标记

2.1.5　元信息标记 meta

<meta>元素可提供有关页面的元信息（meta-information），比如针对搜索引擎和更新频度的描述及关键词。<meta>标签位于文档的头部，不包含任何内容。<meta>标签的属性定义了与文档相关联的名称/值对，如表 2-1 所示为<meta>标签提供的属性及取值。

表 2-1　<meta>标签提供的属性及取值

属　　性	值	描　　述
charset	character encoding	定义文档的字符编码
content	some_text	定义与 http-equiv 或 name 属性相关的元信息
http-equiv	content-type expires refresh set-cookie	把 content 属性关联到 HTTP 头部
name	author description keywords generator revised others	把 content 属性关联到一个名称

1. 字符集 charset 属性

在 HTML 5 中，有一个新的 charset 属性，它使字符集的定义更加容易。例如，下列代码告诉浏览器，网页使用 ISO-8859-1 字符集显示：

```
<meta charset="ISO-8859-1">
```

2. 搜索引擎的关键词

在早期，Meta Keywords 关键词对搜索引擎的排名算法起到了一定的作用，也是很多人进行网页优化的基础。关键词在浏览时是看不到的，使用格式如下：

```
<meta name="keywords" content="关键字,keywords" />
```

说明：

（1）不同的关键词之间，应用半角逗号隔开（英文输入状态下），不要使用"空格"或"|"间隔；

（2）是 keywords，不是 keyword；

（3）关键词标签中的内容应该是一个个的短语，而不是一段话。

例如，定义针对搜索引擎的关键词，代码如下：

```
<meta name="keywords" content="HTML, CSS, XML, XHTML, JavaScript" />
```

关键词标签 Keywords，曾经是搜索引擎排名中很重要的因素，但现在已经被很多搜索引擎完全忽略。如果我们加上这个标签，对网页的综合表现没有坏处；但是，如果使用不当，那么对网页非但没有好处，还有欺诈的嫌疑。因此，在使用关键词标签 Keywords 时，要注意以下几点：

（1）关键词标签中的内容要与网页核心内容相关，确信使用的关键词出现在网页文本中。

（2）使用用户易于通过搜索引擎检索的关键词，过于生僻的词汇不太适合做 META 标签中的关键词。

（3）不要重复使用关键词，否则可能会被搜索引擎惩罚。

（4）一个网页的关键词标签里最多包含 3~5 个最重要的关键词，不要超过 5 个。

（5）每个网页的关键词应该不一样。

注意：由于设计者或 SEO 优化者以前对 Meta Keywords 关键词的滥用，导致目前它在搜索引擎排名中的作用很小。

3. 页面描述

Meta Description 是一种 HTML 元标签，用来简略描述网页的主要内容，通常被搜索引擎用在搜索结果页上展示给最终用户看的文字片段。页面描述在网页中是不显示出来的，页面描述的使用格式如下：

```
<meta name="description" content="网页的介绍" />
```

例如，定义对页面的描述，代码如下：

```
<meta name="description" content="专业的技术教程" />
```

4. 页面定时跳转

使用<meta>标记可以使网页经过一定时间后自动刷新，这可通过将 http-equiv 属性值设置为 refresh 来实现。Content 属性值可以设置为更新时间。

在浏览网页时经常会看到一些欢迎信息的页面，在经过一段时间后，这些页面会自动转到其他页面，这就是网页的跳转。页面定时刷新跳转的语法格式如下：

```
<meta http-equiv="refresh" content="秒;[url=网址]" />
```

说明：上面的[url=网址]部分是可选项，如果有这部分，页面定时刷新并跳转，如果省略该部分，页面只定时刷新，不进行跳转。

例如，实现每 10s 刷新一次页面。将下述代码放入 head 标记部分即可。

```
<meta http-equiv="refresh" content="10" />
```

2.1.6　网页的主体标记

网页所要显示的内容都放在网页的主体标记内，它是 HTML 文件的重点所在。在后面章节所介绍的 HTML 标记都将放在这个标记内。然而它并不仅仅是一个形式上的标记，它本身也可以控制网页的背景颜色或背景图像，这将在后面进行介绍。主体标记是以<body>开始，以</body>标记结束，语法格式如下：

```
<body>
⋮
</body>
```

注意，在构建 HTML 结构时，标记不允许交错出现，否则会造成错误。

例如，在下列代码中，<body>开始标记出现在<head>标记内。

```
<html>
<head>
<title>html 标记</title>
<body>
</head>
```

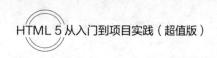

```
</body>
</html>
```

代码中的第 4 行<body>开始标记和第 5 行的</head>结束标记出现了交叉，这是错误的。HTML 5 中的所有代码都是不允许交叉出现的。

2.1.7　页面注释标记<!-- -->

注释是在 HTML 5 代码中插入的描述性文本，用来解释该代码或提示其他信息。注释只出现在代码中，浏览器对注释代码不进行解释，并且在浏览器的页面中不显示。在 HTML 5 源代码中适当地插入注释语句是一种非常好的习惯。对于设计者日后的代码修改、维护工作很有好处。另外，如果将代码交给其他设计者，其也能很快读懂前者所撰写的内容。语法格式如下：

```
<!--注释的内容-->
```

注释语句元素由前半部分和后半部分组成，前半部分一个左尖括号、一个半角感叹号和两个连字符，后半部分由两个连字符和一个右尖括号组成。具体代码实例如下：

```
<html>
<head>
<title>html 标记</title>
</head>
<body>
<!-- 这里是标题-->
<h1>HTML 5 标记测试</h1>
</body>
</html>
```

页面注释不但可以对 HTML 5 中一行或多行代码进行解释说明，而且可能注释掉这些代码。如果希望某些 HTML 5 代码在浏览器中不显示，那么可以将这部分内容放在<!--和-->之间。例如，修改上述代码，语法格式如下：

```
<html>
<head>
<title>html 标记</title>
</head>
<body>
<!-
<h1>HTML 5 标记测试</h1>
-->
</body>
</html>
```

修改后的代码，将<h1>标记作为注释内容处理，在浏览器中将不会显示这部分内容。

2.2　HTML 5 的新技术改进

HTML 5 在新技术方面做了很大的改进，下面就来进行具体介绍。

2.2.1　新增多个元素

自 1999 年以后 HTML 4.01 已经改变了很多，为了更好地处理今天的互联网应用，HTML 5 添加了很多新元素及功能，比如，图形的绘制、多媒体内容、更好的页面结构、更好的形式处理、移动定位、网页应用程序缓存、存储等。

2.2.2　新增多条属性

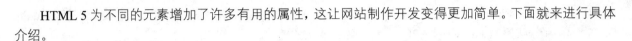

HTML 5 为不同的元素增加了许多有用的属性，这让网站制作开发变得更加简单。下面就来进行具体介绍。

1. 新增与链接相关的属性

（1）为 a 与 area 元素增加 media 属性。该属性有效的前提是 href 属性必须存在。media 属性定义了目标 URL 是针对哪种类型的媒介设备进行优化的。

（2）为 area 元素增加 hreflang 属性与 rel 属性。这可以使其保持与 a 和 link 元素的一致性。

（3）为 link 元素增加 sizes 属性。该属性可以指定关联图标（icon）的大小，所以通常与 icon 元素一起使用。

（4）为 base 元素增加 traget 属性，仍然是为了与 a 元素保持一致。

2. 新增与表单相关的属性

（1）为 input（type=text）、button、select 和 textarea 元素增加 autofocus 属性。该属性表示在打开页面时使元素自动获得焦点。

（2）为 input（type=text）和 textarea 元素增加 placeholder 属性。该属性可以在用户输入时进行提示。

（3）为 input、output、button、select、textarea 和 fieldset 增加 form 属性。该属性用于声明元素属于哪个表单，而并不关心元素具体在页面的哪个位置，甚至是表单之外都可以。

（4）为 input（type=text）和 textarea 元素增加 required 属性。该属性表示元素为必填项，当用户提交表单时系统会自动检查元素中是否有内容。

（5）为 input 元素增加了多个新属性：autocomplete、min、max、multiple、pattern 与 step。同时还新增了 list 和 datalist 两个元素，可以与 input 配合使用。

（6）为 input 和 button 元素增加了多个新属性：formaction、formenctype、formmethod、formnovalidate 与 formtarget。它们可以重载早期 HTML 版本中 form 元素的 action、enctype、method、novalidate 和 target 属性。

（7）为 input、button 和 form 元素增加 novalidate 属性。该属性可以取消用户提交表单时需要进行的相关检查。

（8）为 fieldset 元素增加 disabled 属性。该属性可以将其子元素设为无效状态。

3. 新增的其他属性

（1）为 ol 元素增加 reversed 属性，用于指定列表倒序显示。

（2）为 meta 元素增加 charset 属性，用于指定文档的字符编码，实际上该属性已经在之前的版本中被广泛应用了。

（3）为 menu 元素增加 type 与 label 两个属性。label 属性用于为菜单定义一个可见的标注，type 属性定义菜单的 3 种显示形式，即上下文菜单、工具条菜单、列表菜单。

（4）为 style 元素增加 scoped 属性，用于规定样式的作用域。

（5）为 script 元素增加 async 属性，用来定义脚本是否异步执行。

（6）为 html 元素增加 manifest 属性，在开发离线 Web 应用程序时，它与 API 结合使用，定义一个 URL，在这个 URL 上描述文档的缓存信息。

（7）为 iframe 元素增加了多个新属性，如 sandbox、seamless 和 srcdoc，主要用来提升页面安全性，防止不被信任的 Web 页面执行某些操作。

2.2.3　Video 和 Audio

HTML 5 中的 Video 和 Audio 是 HTML 5 中专门用来播放视频和音频资源的标签。Video 标签和 Audio 标签也提供了很实用的 JavaScript API，允许创建自定义的控件。

Video 标签默认为一个 300×150 的 inline-block。Audio 标签默认为一个 300×30 并且 Display 为 None 的 Inline-block（除非有 Controls 属性）。但手机 iOS 系统中的 Safari 浏览器不支持这个标签，其余的都支持。

2.2.4　2D/3D 制图特性

HTML 5 新增了<canvas></canvas>标签，该标签像所有的 DOM 对象一样具有自己本身的属性、方法和事件，其中就有制图的方法，结合 JavaScript，就可以调用它来绘制图形，如正方形、长方形、圆形和贝塞尔曲线等，如图 2-2 所示为使用<canvas></canvas>标签绘制的贝济埃曲线。

图 2-2　贝济埃曲线

2.2.5　浏览器支持特性

目前，几乎所有的主流浏览器都能很好地支持 HTML 5 的特性，下面具体介绍几种支持情况。

（1）Chrome，Firefox：支持 HTML 5 很多年，而且有自动升级，支持相对比较好。

（2）Safari，Opera：支持 HTML 5 多年，支持也很好。

（3）IE 浏览器：相对之前的版本，自 IE10 起支持效果比较好。在 IE 浏览器界面中选择"帮助"→"关于 Internet Explorer"菜单命令，即可在打开的对话框中查看浏览器版本信息，如图 2-3 所示。

图 2-3　IE 浏览器版本信息

2.2.6　本地存储特性

HTML 5 Storage 提供了一种方式让网站能够把信息存储到你本地的计算机上，并在以后需要的时候进行获取。这个概念和 Cookie 相似，区别是它是为了更大容量存储设计的。HTML 5 提供的 WebStorage 技术共有两个对象，分别为 window.sessionStorage 和 window.localStorage。

（1）window.sessionStorage——会话级存储。

存储一个数据：sessionStorage['key']=value;

　　　　　　　/sessionStorage.setItem('key',value);

读取一个数据：var data = sessionStorage['key'];

　　　　　　　/var data = sessionStorage.getItem('key');

获取数据的个数：sessionStorage.length

清除所有的数据：sessionStorage.clear();

清除一个数据：sessionStorage.removeItem('key');

（2）window.localStorage——本地存储。

存储一个数据：localStorage['key']=value;

　　　　　　　　/localStorage.setItem('key',value);

读取一个数据：var data = localStorage['key'];

　　　　　　　　/var data = localStorage.getItem('key');

获取数据的个数：localStorage.length

清除所有的数据：localStorage.clear();

清除一个数据：localStorage.removeItem('key');

2.2.7　本地 SQL 数据

本地 SQL 数据是 HTML 5 新增加的功能，这个功能可以把原本要保存在服务端的数据转换为保存在客户端，这样大大提高了 Web 应用程序的性能，减轻了服务器的负担，这其中就包含 Web SQL Database 等，也就是本地 SQL 数据。

2.2.8　WebSocket 技术

WebSocket 是 HTML 5 新加的一个协议，该协议的主要作用就是为了解决 Http 协议的 Request、Response 的一一对应和它自身的被动性，以及 ajax 轮询等问题。使用该协议可以发送多条信息，连接不中断，永久连接。不过，这也导致了服务器连接的客户端数量有限。

下面介绍客户端的使用，具体代码如下：

```
var ws=new WebSocket('ws://地址:端口号'); //创建 ws 客户端
ws.onopen=function(){                      //连接成功时触发
ws.send();                                 //发送信息
ws.onmessage=function(e){                  //获得信息时触发
e.data;                                    //接收的信息
}
}
```

2.2.9　Web Worker 技术

由于 JavaScript 是单线程的，所以 HTML 5 添加了 Web Worker 的功能，它允许 JavaScript 创建多个线程，但是子线程完全受主线程控制，且不能操作 DOM，从而来处理一些比较耗时的操作。

那么，如何创建一个子线程呢？一般情况下需要一个构造函数 var worker = new Worker('worker.js')来创建，下面给出与 Web Worker 一起工作的常用 API。具体介绍如下：

- postMessage()：用来在主线程和子线程间传递数据。
- terminate()：终止子线程，无法再调用，除非另外重新创建。
- message：消息发送时触发，通过事件的 data 属性获得传递的数据。
- error：当出错时触发，通过事件的 message 属性获得错误信息。

2.2.10　SVG 新特性

相对于 Canvas 绘图，SVG 是一种使用 XML 描述 2D 图形的技术，全称为 Scalable Vector Graphics，可

缩放的矢量图，在 2000 年就已经存在，HTML 5 把它纳入了标准标签库，并进行了一些修改。需要注意的是，SVG 图形的属性不属于 HTML DOM 标准，需要用 DOM 的方法来操作；SVG 的样式可以用 CSS，但是只能用其专有的属性；如果要使用 JavaScript 动态生成 SVG 中的元素，创建方法为 document.createElementNS()。此外，SVG 元素的 nodeName 都是纯小写形式。

2.2.11 地理地位特性

地理地位特性就是，使用 JavaScript 获取浏览器当前所在的地理坐标，实现 LBS（Location Based Service，基于定位的服务）。下面就是它的基本调用代码：

```
if(navigator.geolocation){
    navigator.geolocation.getCurrentPosition(successFn,errorFn,{
    enableHighAccuracy:true,//获得高精度位置,默认为false
    timeout:5000,//获取地理位置的超时时间,默认不限时
    maximumAge:3000//最长有效期
    });
}
```

在上述代码中，errorFn 就是获取地理位置信息失败后的回调函数，输出一些错误信息；successFn 是成功获取后的回调函数，可以结合一些框架实现地理定位，比如百度地图、Google Map API 等。

2.2.12 拖放 API 新特性

拖放 API 是 HTML 5 专门为了鼠标拖放新增的 7 个事件，可以分成以下 3 个部分。

（1）拖动的源对象（source）可以触发的事件，如表 2-2 所示。

表 2-2 源对象（source）可以触发的事件

事　件	描　述
dragstart:	拖动开始
drag:	拖动进行中
dragend:	拖动结束

（2）拖动的目标对象（target）可以触发的事件，如表 2-3 所示。

表 2-3 目标对象（target）可以触发的事件

事　件	描　述
dragenter:	拖动进入时
dragover:	源对象在目标对象上方时
dragleave:	拖动离开时
drop:	鼠标释放时

特别需要注意的一点是，如果想触发 drop 事件，必须阻止 dragover 的默认行为。

（3）源对象和目标对象间的数据传递。源对象和目标对象间的数据传递可以使用全局变量来完成，不过，这里介绍一个更好的方法，就是使用拖放事件的 dataTransfer 属性。具体代码如下。

源对象保存数据如下：

```
source.onxxx=function(e){
```

```
    e.dataTransfer.setData('key','value');
};
```

目标对象接收数据如下：

```
target.onxxx=function(e){
e.dataTransfer.getData('key');
}
```

2.3　HTML 5 给移动 Web 开发带来的优势

HTML 5 并非适用于每一款移动设备及移动 Web 浏览器，比如，许多旧式设备、非智能手机及平板计算机都无法很好地支持 HTML 5。但是，对于未来，我们有充分的理由来为那些支持 HTML 5 的移动设备开发应用程序。

2.3.1　HTML 5 包含了性能优良的 API

HTML 5 拥有与视频、音频、Web 应用程序、编辑页面内容、拖动以及展示浏览器历史等功能相关的 API。它们在移动设备上表现良好，因为移动设备浏览器不需要为这些功能特别使用插件或附加组件。只要主要浏览器支持 HTML 5，它便能支持 API。

另外，HTML 5 及开放 Web 标准还提供了用于地理定位、Web 存储及离线 Web 应用程序的 API，它们都非常适合在移动设备上使用。大部分智能手机和平板计算机都带有 GPS 或其他地理定位功能。Web 存储可将一个标准的 Web 页面变成应用程序，并将数据保存在移动设备上。离线应用程序在手机无法连接网络时可发挥巨大作用。事实上，移动设备对离线功能的需求比一般的桌面计算机更大。

2.3.2　HTML 5 便捷的开发环境

移动设备应用程序的开发是一条漫长的道路，对于大部分 Web 应用开发者来说，Objective-C 比较难懂。不过，这些开发者已经具备了 HTML4、CSS 及 JavaScript 的相关知识。掌握了这 3 种语言，就可以使用 HTML 5 及开放 Web 标准来构建优秀的移动应用程序了。

这就意味着对于以前做过 Web 开发的人员来说，由于已经具备了语言基础，他们就可以在很短的时间内开始移动应用的开发了。

2.3.3　备受青睐的 Web 应用程序

目前，移动应用程序的受欢迎程度与日俱增，但 Web 应用却结合了应用程序与浏览器两者的优点。HTML 5 Web 应用通过移动设备运行，这样用户既可以将其加入书签并使用其熟悉的工具，又可以享受到与典型应用一样的特征和功能。

为移动设备开发的 HTML 5 Web 应用可以在非移动设备的 HTML 5 浏览器中运行，其主要功能由该应用的编码确定，开发人员只要为标准 Web 浏览器及移动设备创建不同的样式表即可。与为每个新平台开发一个独立的应用相比，维护成本显然低得多。

2.4 就业面试技巧与解析

2.4.1 面试技巧与解析（一）

面试官：请问你在开发中经常用到哪些 HTML 5 新特性？

应聘者：我经常用到的 HTML 5 新特性有以下几个：

- 用于绘画的 canvas 元素。
- 用于媒介回放的 video 和 audio 元素。
- 对本地离线存储的更好的支持。
- 新的特殊内容元素，如 article、footer、header、nav、section。
- 新的表单控件，如 calendar、date、time、email、url、search。

2.4.2 面试技巧与解析（二）

面试官：请谈谈对 HTML 5 的理解。

应聘者：HTML 5 从广义上可以说是前端开发中各种最新技术的总称，包含了 HTML 5、CSS 3、JavaScript、ES 6 和各种开源框架等最新前端开发技术的总和。HTML 5 广泛而深入地吸收了移动互联网时代的技术要点，再加上自身跨平台、免安装、更新快等优势，使其逐渐成为现代互联网和移动互联网开发的核心技术。

第3章
使用 HTML 5 设计移动页面结构

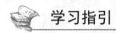

随着高端手机的盛行，移动互联应用开发也越来越受到人们的重视，用 HTML 5 开发移动应用是一个不错的选择。结合当前流行的 jQuery Mobile 库，开发移动端页面项目就变得简单多了。有关 jQuery Mobile 库的内容将在本书第 12～第 17 章详细介绍，本章将主要介绍 HTML 5 的一些元素。

重点导读

- 掌握 HTML 5 结构元素。
- 掌握 HTML 5 分组元素。
- 掌握 HTML 5 文本语义元素。
- 掌握 HTML 5 交互体验元素。
- 掌握 HTML 5 新多媒体元素。
- 掌握 HTML 5 新增全局属性。

3.1 结构元素

目前，许多移动网页都包含<div id="nav">、<div class="header">或者<div id="footer">等 HTML 代码，来指明导航链接、头部以及尾部。为此，HTML 5 提供了新的结构元素来明确一个 Web 页面的不同部分，如图 3-1 所示。

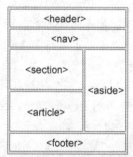

图 3-1　新的结构元素

3.1.1 <header>元素

<header>元素描述了文档的头部区域，用于定义内容的介绍展示区域。在页面中用户可以使用多个<header>元素。

【例 3-1】（实例文件：ch03\Chap3.1.html）<header>元素的使用。代码如下：

```
<!DOCTYPE html>
<html>
<body>
<header>
    <h1>《琵琶行》</h1>
</header>
<article>
    <header>
    <h1>千呼万唤始出来,犹抱琵琶半遮面.</h1>
    </header>
    <h1>嘈嘈切切错杂弹,大珠小珠落玉盘.</h1>
</article>
</body>
</html>
```

相关的代码实例可参考 Chap3.1.html 文件，在 IE 浏览器中运行的结果如图 3-2 所示。

提示：在 HTML 5 中，一个<header>元素通常包括至少一个（h1～h6）元素，也可以包括 hgroup 元素、nav 元素，还可以包括其他元素。但是<header>标签不能被放在<footer>、<address>或者另一个<header>元素内部。

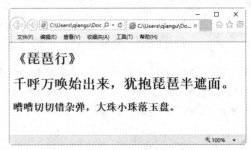

图 3-2　使用<header>元素后的运行结果

3.1.2　<nav>元素

<nav>用来将具有导航性质的链接划分在一起，使代码结构在语义化方面更加准确，同时对于屏幕阅读器等设备的支持也更好。具体来说，nav 元素可以用于以下这些场合。

- 传统导航条：现在主流网站上都有不同层级的导航条，其作用是将当前画面跳转到网站的其他主要页面上去。
- 侧边栏导航：现在主流博客网站及商品网站上都有侧边栏导航，其作用是将页面从当前文章或当前商品跳转到其他文章或其他商品页面上去。
- 页内导航：作用是在本页面几个主要的组成部分之间进行跳转。
- 翻页操作：是指在多个页面的前后页或博客网站的前后篇文章滚动。
- 其他：可以用于其他所有用户觉得是重要的、基本的导航链接组中。

提示：如果文档中有“前后”按钮，则应该把它放到<nav>元素中。另外，一个页面中可以拥有多个<nav>元素，以作为页面整体或不同部分的导航。

【例 3-2】（实例文件：ch03\Chap3.2.html）<nav>元素的使用。代码如下：

```
<!DOCTYPE html>
<html>
<head>
<title><nav>元素的使用</title>
</head>
<body>
<h2>技术资料</h2>
<nav>
    <ul>
      <li><a href="/html/">HTML 5 基础教程</a> </li>
      <li><a href="/Android/">Android 基础教程</a> </li>
```

```
        <li><a href="/js/">JavaScript 教程</a> </li>
        <li><a href="/jquery/">jQuery Mobile 教程</a></li>
    </ul>
</nav>
</body>
</html>
```

相关的代码实例可参考 Chap3.2.html 文件，在 IE 浏览器中运行的结果如图 3-3 所示。

注意：在 HTML 5 中不要用 menu 元素代替 nav 元素，menu 元素是用在一系列发出命令的菜单上的，是一种交互性的元素，或者更确切的说是使用在 Web 应用程序中的。

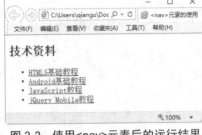

图 3-3　使用<nav>元素后的运行结果

3.1.3　<section>元素

<section>元素定义了文档中的节，如章节、页眉、页脚或文档中的其他部分。它可以与 h1、h2、h3、h4、h5、h6、p 等元素结合起来使用，标示文档结构。

【例 3-3】（实例文件：ch03\Chap3.3.html）<section>元素的使用。代码如下：

```
<!DOCTYPE HTML>
<html>
<head>
<title><section>元素的应用</title>
</head>
<body>
<section>
    <h3>《游子吟》</h3>
    <p>慈母手中线,</p>
    <p>游子身上衣.</p>
</section>
<section>
    <h3>《池上》</h3>
    <p>小娃撑小艇,</p>
    <p>偷采白莲回.</p>
</section>
</body>
</html>
```

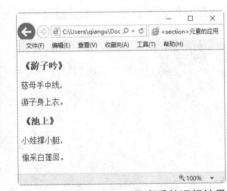

图 3-4　使用<section>元素后的运行结果

相关的代码实例可参考 Chap3.3.html 文件，在 IE 浏览器中运行的结果如图 3-4 所示，实现了内容的分块显示。

3.1.4　<article>元素

<article>元素定义外部的内容。外部内容可以是来自一个外部新闻提供者的一篇新文章，或者来自 blog 的文本，或者是来自论坛的文本，或者是来自其他外部的源内容。

【例 3-4】（实例文件：ch03\Chap3.4.html）<article>元素的使用。代码如下：

```
<!DOCTYPE html>
<html>
<head>
<title><article>元素的使用</title>
</head>
<body>
<article>
    <h1>态度决定一切,</h1>
```

```
        <p>细节决定未来.</p>
    </article>
    </body>
    </html>
```

相关的代码实例可参考 Chap3.4.html 文件，在 IE 浏览器中运行的结果如图 3-5 所示，实现了外部内容的定义。

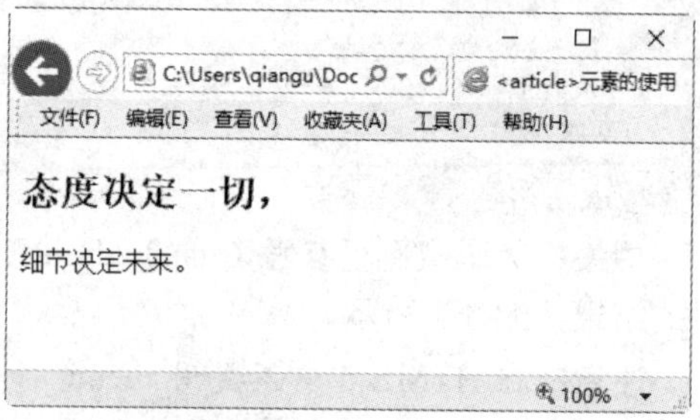

3.1.5 <aside>元素

<aside>元素一般用来表示网站当前页面或文章的附属信息部分，它可以包含与当前页面或主要内容相关的广告、导航条、引用、侧边栏评论部分，以及其他区别于主要内容的部分。

<aside>元素主要有以下两种使用方法：

（1）被包含在<article>元素中作为主要内容的附属信息部分，其中的内容可以是与当前文章有关的资料、名次解释等。

aside 标签的代码结构如下：

```
<article>
    <h1>……</h1>
    <p>……</p>
    <aside>……</aside>
</article>
```

（2）在<article>元素之外使用，作为页面或站点全局的附属信息部分。最典型的是侧边栏，其中的内容可以是友情链接，博客中的其他文章列表、广告单元等。

aside 标签的代码结构如下：

```
<aside>
    <h2>……</h2>
    <ul>
      <li>……</li>
      <li>……</li>
    </ul>
    <h2>……</h2>
    <ul>
      <li>……</li>
      <li>……</li>
    </ul>
</aside>
```

【例 3-5】（实例文件：ch03\Chap3.5.html）<aside>元素的使用。代码如下：

```
<!DOCTYPE html>
<html>
<head>
<title><aside>元素的应用</title>
</head>
<body>
    <p>人在一起叫聚会,心在一起叫团队! </p>
    <aside>
```

图 3-5 的说明：

态度决定一切，

细节决定未来。

图 3-5　使用<article>元素后的运行结果

```
        <h4>微笑</h4>
        <p>微笑是春日里的一场小雨,是寒冬里的一缕阳光! </p>
        </aside>
</body>
</html>
```

相关的代码实例可参考 Chap3.5.html 文件，在 IE 浏览器中运行的结果如图 3-6 所示。

提示：<aside>元素可位于布局的任意部分，用于表示任何非文档主要内容的部分。例如，可以在<section>元素中加入一个<aside>元素，甚至可以把该元素加入一些重要信息中，例如，文字引用。

图 3-6   使用<aside>元素后的运行结果

3.1.6   <footer>元素

footer 元素可以作为其上层父级内容区块或是一个根区块的脚注。footer 通常包括其相关区块的脚注信息，如作者、相关阅读链接及版权信息等。

【例 3-6】（实例文件：ch03\Chap3.6.html）<footer>元素的使用。代码如下：

```
<!DOCTYPE html>
<html>
<body>
<footer>
    <ul>
        <li>版权信息</li>
        <li>站点地图</li>
        <li>联系方式</li>
    </ul>
</footer>
</body>
</html>
```

相关的代码实例可参考 Chap3.6.html 文件，在 IE 浏览器中运行的结果如图 3-7 所示。

提示：与<header>元素一样，一个页面中也未限制<footer>元素的个数。同时，可以为<article>元素或<section>元素添加<footer>元素。

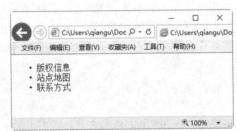

图 3-7   使用<footer>元素后的运行结果

3.2   分组元素

分组元素可以对页面中的内容进行分组，在 HTML 5 中涉及 3 个与分组有关的元素，分别是<hgroup>元素、<figure>元素和<figcaption>元素。

3.2.1   <hgroup>元素

<hgroup>元素用于对网页或区段（section）的标题进行组合，<hgroup>元素通常会将 h1～h6 元素进行分组，譬如一个内容区块的标题及其子标题算一组，<hgroup>的使用代码结构如下：

```
<hgroup>
```

```
        <h1> ... </h1>
        <h2>......</h2>
    </hgroup>
```

【例 3-7】（实例文件：ch03\Chap3.7.html）<hgroup>元素的使用。代码如下：

```
<!DOCTYPE html>
<html>
<body>
<article>
    <header>
        <hgroup>
            <h1>文章主标题</h1>
            <h2>文章子标题</h2>
        </hgroup>
        <p><time datetime="2018-05-29">2018 年 05 月 29 日</time></p>
    </header>
    <p>文章正文</p>
</article>
</body>
</html>
```

相关的代码实例可参考 Chap3.7.html 文件，在 IE 浏览器中运行的结果如图 3-8 所示。

注意：如果文章只有一个主标题，是不需要<hgroup>元素的。如果文章有主标题，主标题下有子标题，就需要使用<hgroup>元素了。

3.2.2 <figure>元素

<figure>元素是一种元素的组合，可带有标题（可选）。figure 标签用来表示网页上一块独立的内容，将其从网页上移除后不会对网页上的其他内容产生影响。figure 所表示的内容可以是图片、统计图或代码实例。figure 标签的使用代码结构如下：

图 3-8 使用<hgroup>元素后的运行结果

```
<figure>
<h1>......</h1>
<p>......</p>
</figure>
```

注意：使用<figure>元素时，需要 figcaption 元素为 figure 元素组添加标题。不过，一个<figure>元素内最多只允许放置一个 figcaption 元素，其他元素可无限放置。

【例 3-8】（实例文件：ch03\Chap3.8.html）<figure>元素的使用。代码如下：

```
<!DOCTYPE HTML>
<html>
<body>
<p>向日葵花,为菊科雏菊属植物.别名:春菊,马兰头花,为多年生草本.向日葵花耐寒,宜冷凉气候.在炎热条件下开花不良,易
枯死.</p>
<figure>
    <p>向日葵花</p>
    <img src="01.jpg" width="350" height="234" />
    <p>拍摄者:我爱自然,拍摄时间:2018 年 07 月</p>
</figure>
</body>
</html>
```

相关的代码实例可参考 Chap3.8.html 文件，在 IE 浏览器中运行的结果如图 3-9 所示。

注意：<figure>元素的内容应该与主内容相关，但如果被删除，则不应对文档流产生影响。

图 3-9 使用<figure>元素后的运行结果

3.2.3 <figcaption>元素

<figcaption>元素的作用是为<figure>元素定义标题。<figcaption>元素应该被置于<figure>元素的第一个或最后一个子元素的位置。

【例 3-9】（实例文件：ch03\Chap3.9.html）<figcaption>元素的使用。代码如下：

```
<!DOCTYPE HTML>
<html>
<body>
<p>向日葵花,为菊科雏菊属植物．别名:春菊,马兰头花,为多年生
草本．向日葵花耐寒,宜冷凉气候．在炎热条件下开花不良,易枯死.</p>
<figure>
    <p>向日葵花</p>
    <p>拍摄者:我爱自然, 拍摄时间:2018 年 07 月</p>
    <img src="01.jpg" width="350" height="234" />
    <figcaption>向日葵的别名为:朝阳花、转日莲、向阳花、望
日莲、太阳花</figcaption>
</figure>
</body>
</html>
```

相关的代码实例可参考 Chap3.9.html 文件，在 IE 浏览器中运行的结果如图 3-10 所示。

图 3-10 使用<figcaption>元素后的运行结果

3.3 文本语义元素

文本语义元素能够为浏览器和开发者清楚地描述其意义，下面介绍 HTML 5 中新增的几种文本语义元素。

3.3.1 <mark>元素

<mark>元素主要用来在视觉上向用户呈现那些需要突出显示或高亮显示的文字。<mark>元素的一个比较典型的应用就是在搜索结果中向用户高亮显示搜索关键词。其使用方法与<em>和<strong>有相似之处，但相比较而言，HTML 5 中新增的<mark>元素在突出显示时，更加随意与灵活。具体使用的代码结构如下：

```
<p>…… <mark>……</mark> ……</p>
```

【例 3-10】（实例文件：ch03\Chap3.10.html）<mark>元素的使用。代码如下：

在页面中，首先使用<h5>元素创建一个标题"优秀开发人员的素质"，然后通过<p>元素对标题进行阐述。在阐述的文字中，为了引起用户的注意，使用<mark>元素高亮处理字符"素质""过硬"和"务实"。代码如下：

```
<!DOCTYPE html>
    <html>
    <head>
<title>mark 元素的使用</title>
    </head>
    <body>
    <h5>优秀开发人员的<mark>素质</mark></h5>
    <p>
        一个优秀的 Web 页面开发人员,必须具有
    <mark>过硬</mark>的技术与
    <mark>务实</mark>的专业精神
 </p>
 </body>
 </html>
```

相关的代码实例可参考 Chap3.10.html 文件，在 IE 浏览器中运行的结果如图 3-11 所示。

提示：<mark>元素的这种高亮显示的特征，除用于文档中突出显示外，还常用于查看搜索结果页面中关键字的高亮显示，其目的主要是引起用户的注意。

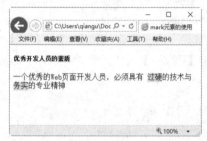

图 3-11　使用<mark>元素后的运行结果

注意：虽然<mark>元素在使用效果上与<em>或<strong>元素有相似之处，但三者的出发点是不一样的。<strong>元素是作者对文档中某段文字的重要性进行的强调；<em>元素是作者为了突出文章的重点而进行的设置；<mark>元素是数据展示时，以高亮的形式显示某些字符，与原作者本意无关。

3.3.2　<rp>、<rt>与<ruby>元素

<ruby>元素由一个或多个字符（需要一个解释/发音）和一个提供该信息的<rt>元素组成，还包括可选的<rp>元素，定义当浏览器不支持<ruby>元素时显示的内容。<rp>、<rt>与<ruby>元素结合使用的代码结构如下：

```
<ruby>
    <rt><rp>(</rp>  <rp>)</rp></rt>
</ruby>
```

【例 3-11】（实例文件：ch03\Chap3.11.html）使用<ruby>元素注释繁体字"漢"。

```
<!DOCTYPE html>
<html>
<body>
    <ruby>
        漢<rt><rp>(</rp> 汉 <rp>)</rp></rt>
</ruby>
</body>
</html>
```

图 3-12　使用<ruby>元素后的运行结果

相关的代码实例可参考 Chap3.11.html 文件，在 IE 浏览器中运行的结果如图 3-12 所示。

提示：支持<ruby>元素的浏览器不会显示<rp>元素的内容。

3.3.3　<time>元素

<time>元素是 HTML 5 新增加的一个标记，用于定义时间或日期。该元素可以代表 24 小时中的某一时刻，在表示时刻时，允许有时间差。在设置时间或日期时，只需将该元素的属性 datetime 设为相应的时间或日期即可。具体使用代码结构如下：

```
<p>
    <time>
    ⋮
    </time>
</p>
<p>
    <time datetime=
    ⋮
    </time>
</p>
```

【例 3-12】（实例文件：ch03\Chap3.12.html）<time>元素的应用。代码如下：

```
<!DOCTYPE html>
<html>
<body>
<h1>time 元素</h1>
<p id="p1">
    <time datetime="2018-3-17">
今天是 2018 年 3 月 17 日
    </time>
 <p>
 <p id="p2">
    <time datetime="2018-3-17T17:00">
现在时间是 2018 年 3 月 17 日晚上 5 点
    </time>
 <p>
 <p id="p3">
    <time datetime="2018-12-31">
    新款冬装将于今年年底上市
    </time>
</p>
    <p id="p4">
    <time datetime="2018-3-15" pubdate="true">
本消息发布于 2018 年 3 月 15 日
    </time>
</p>
</body>
</html>
```

相关的代码实例可参考 Chap3.12.html 文件，在 IE 浏览器中运行的结果如图 3-13 所示。

代码说明：

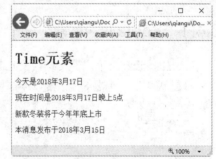

图 3-13　使用<time>元素后的运行结果

- <p>元素 ID 号为 p1 中的<time>元素表示的是日期。页面在解析时，获取的是属性 datetime 中的值，而标记之间的内容只是用于显示在页面中。
- <p>元素 ID 号为 p2 中的<time>元素表示的是日期和时间，它们之间使用字母 T 进行分隔。如果在整个日期与时间的后面加上一个字母 Z，则表示获取的是 UTC（世界统一时间）格式。
- <p>元素 ID 号为 p3 中的<time>元素表示的是将来时间。
- <p>元素 ID 号为 p4 中的<time>元素表示的是发布日期。

注意：为了在文档中将这两个日期进行区分，在最后一个<time>元素中增加了 pubdate 属性，表示此日期为发布日期。

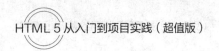

提示：<time>元素中的可选属性 pubdate 表示时间是否为发布日期，它是一个布尔值，该属性不仅可以用于<time>元素，还可用于<article>元素。

3.3.4 <wbr>元素

<wbr>即 Word Break Opportunity。<wbr>元素规定在文本中的何处适合添加换行符。如果单词太长，或者用户担心浏览器会在错误的位置换行，那么就可以使用<wbr>元素来添加单词换行时机。

【例 3-13】（实例文件：ch03\Chap3.13.html）<wbr>元素的应用。代码如下：

```
<!DOCTYPE html>
<html>
<head>
<title><wbr>元素的应用</title>
</head>
<body>
<p>尝试缩小浏览器窗口,下面段落中的"XMLHttpRequest"单词会被分
行:</p>
<p>学习 Ajax 之前,开发者必须熟悉<wbr>Http<wbr>Request 对
象.</p>
</body>
</html>
```

图 3-14 使用<wbr>元素后的运行结果

相关的代码实例可参考 Chap3.13.html 文件，在 IE 浏览器中运行的结果如图 3-14 所示。

3.4 交互体验元素

HTML 5 不仅为开发者增加了多个 Web 页面特征元素，还为用户增加了交互体验元素，如<meter>元素、<details>元素和<progress>元素等。

3.4.1 <details>元素

<details>元素用于描述文档或文档某个部分的细节，常常与<summary>元素配合使用，<summary>元素提供标题或图例。标题是可见的，用户单击标题时，会显示细节信息。具体使用的代码结构如下：

```
<details>
    <summary>......</summary>
    ⋮
</details>
```

【例 3-14】（实例文件：ch03\Chap3.14.html）使用<details>元素制作简单页面。代码如下：

```
<!DOCTYPE HTML>
<html>
<body>
<details>
    <summary>苹果冰淇淋</summary>
    <img src="02.jpg" alt="苹果冰淇淋"/>
    <div>
        <h3> 材料:苹果 500g,白糖 150g,新鲜牛奶两瓶.</h3>
        <p>制作方法:将苹果洗净,去皮挖核,切成薄片,搅成浆状,放入白糖及 1000 克开水,加入煮沸的牛奶,搅拌均匀,倒入盛
器内冷却后置于冰箱冻结即成.
        </p>
```

```
    </div>
  </details>
</body>
</html>
```

相关的代码实例可参考 Chap3.14.html 文件，在 Firefox 浏览器中运行的结果如图 3-15 所示。

单击"苹果冰淇淋"左侧的三角按钮，即可展开相应的细节内容，如图 3-16 所示。

图 3-15　使用<details>元素后的运行结果

图 3-16　细节内容

3.4.2　<meter>元素

<meter>元素定义度量衡，仅用于已知最大值和最小值的度量。例如：磁盘使用情况、查询结果的相关性等。

【例 3-15】（实例文件：ch03\Chap3.15.html）使用<meter>元素展示给定数据的范围。代码如下：

```
<!DOCTYPE html>
<html>
<head>
<title><meter>元素的应用</title>
</head>
<body>
  <p>展示给定的数据范围：</p>
  <p>
    徐海:<meter low="69" high="80" max="100" optimum="100" value="92"></meter>
    陈露:<meter low="69" high="80" max="100" optimum="100" value="72"></meter>
    李雪:<meter low="69" high="80" max="100" optimum="100" value="52"></meter>
  </p>
</body>
</html>
```

相关的代码实例可参考 Chap3.15.html 文件，在 Firefox 浏览器中运行的结果如图 3-17 所示。

注意： IE 浏览器不支持<meter>元素，另外，<meter> 元素不能作为一个进度条来使用，进度条的制作需要使用<progress>元素。

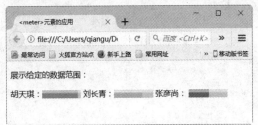

图 3-17　使用<meter>元素后的运行结果

3.4.3 <progress>元素

<progress>元素表示运行中的进程，可以使用其来显示 JavaScript 中耗费时间的函数的进程。例如下载文件时，文件下载到本地的进度值可以通过该元素动态展示在页面中，展示的方式既可以使用整数（如 1～100），也可以使用百分比（如 10%～100%）。

<progress>元素的属性及描述如表 3-1 所示。

表 3-1 <progress>元素的属性及描述

属　　性	值	描　　述
max	整数或浮点数	设置完成时的值，表示总体工作量
value	整数或浮点数	设置正在进行时的值，表示已完成的工作量

注意：<progress>元素中设置的 value 值必须小于或等于 max 属性值，且两者都必须大于 0。

【例 3-16】（实例文件：ch03\Chap3.16.html）使用<progress>元素表示下载进度。代码如下：

```
<!DOCTYPE HTML>
<html>
<body>
    对象的下载进度：
    <progress value="50" max="100">
    </progress>
</body>
</html>
```

相关的代码实例可参考 Chap3.16.html 文件，在 IE 浏览器中运行的结果如图 3-18 所示。

3.4.4 <summary>元素

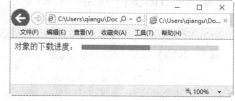

图 3-18 使用<progress>元素后的运行结果

<summary>元素为<details>元素定义一个可见的标题。当用户单击标题时会显示详细信息。

【例 3-17】（实例文件：ch03\Chap3.17.html）使用<summary>元素展示详细信息。代码如下：

```
<!DOCTYPE html>
<html>
<head>
<title><summary>元素的应用</title>
</head>
<body>
<details>
<summary>《池上》</summary>
    <p>小娃撑小艇,</p>
    <p>偷采白莲回.</p>
    <p>不解藏踪迹,</p>
    <p>浮萍一道开.</p>
</details>
</body>
</html>
```

相关的代码实例可参考 Chap3.17.html 文件，在 Firefox 浏览器中运行的结果如图 3-19 所示。

单击"池上"左侧的三角按钮，即可展开相应的细节内容，如图 3-20 所示。

图 3-19 使用<summary>元素后的运行结果

图 3-20 细节内容

3.5 新多媒体元素

目前，在网页上没有关于音频和视频的标准，多数音频和视频都是通过插件来播放的。为此，HTML 5 新增了多媒体元素，如<audio>元素、<video>元素、<source>元素、<embed>元素等。

3.5.1 <audio>元素

<audio>元素主要是定义播放声音文件或者音频流的标准。它支持 3 种音频格式，分别为 OGG、MP3 和 WAV。如果需要在 HTML 5 移动网页中播放音频，输入的基本格式如下：

```
<audio src="song.mp3" controls="controls">
</audio>
```

提示：其中 src 属性是规定要播放的音频的地址，controls 属性是供添加播放、暂停和音量控件。另外，在<audio>与</audio>之间插入的内容是供不支持<audio>元素的浏览器显示的。

【例 3-18】（实例文件：ch03\Chap3.18.html）<audio>元素的应用。代码如下：

```
<!DOCTYPE html>
<html>
<head>
<title>audio</title>
<head>
<body >
  <audio src="song.mp3" controls="controls">
</audio>
</body>
</html>
```

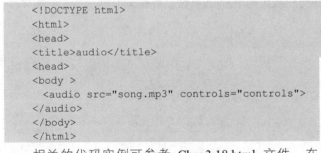

相关的代码实例可参考 Chap3.18.html 文件，在 IE11.0 浏览器中运行的结果如图 3-21 所示。

注意：IE 9.0 以前的版本浏览器不支持 audio 标签。

图 3-21 <audio>元素

3.5.2 <video>元素

<video>元素主要是定义播放视频文件或者视频流的标准。它支持 3 种视频格式，分别为 OGG、WebM 和 MPEG 4。如果需要在 HTML 5 移动网页中播放视频，输入的基本格式如下：

```
<video src="mov.mp4" controls="controls">
</ video >
```

另外，在<video>与</ video >之间插入的内容是供不支持<video>元素的浏览器显示的。

【例 3-19】（实例文件：ch03\Chap3.19.html）<video>元素的应用。代码如下：

```
<!DOCTYPE html>
<html>
<head>
<title>video</title>
<head>
<body >
<video src="mov.mp4" controls="controls">
</ video >
</body>
</html>
```

相关的代码实例可参考 Chap3.19.html 文件，在 IE 浏览器中运行的结果如图 3-22 所示。

在 Firefox 浏览器中，可以看到加载的视频控制条界面，单击"播放"按钮，即可查看视频的内容，如图 3-23 所示。

图 3-22　使用<video>元素后的运行结果

图 3-23　视频内容

3.5.3　<source>元素

<source>元素为媒体元素定义媒体资源，其允许用户规定两个视频/音频文件供浏览器根据它对媒体类型或者编解码器的支持进行选择。

【例 3-20】（实例文件：ch03\Chap3.20.html）<source>元素的应用。代码如下：

```
<!DOCTYPE html>
<html>
<head>
<title><source>元素</title>
</head>
<body>
<audio controls>
<source src="song.mp3" type="audio/mpeg">
</audio>
</body>
</html>
```

相关的代码实例可参考 Chap3.20.html 文件，在 IE11.0 浏览器中运行的结果如图 3-24 所示。

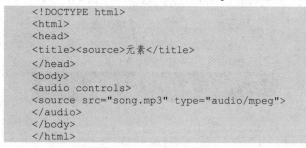

图 3-24　使用<source>元素后的运行结果

3.5.4　<embed>元素

<embed>元素用来插入各种多媒体，格式可以是 Midi、Wav、AIFF、AU、MP3 等。HTML 5 中代码结

构如下：

```
<embed src="……"/>
```

【例 3-21】（实例文件：ch03\Chap3.21.html）使用
<embed>元素插入动画。代码如下：

```
<!DOCTYPE HTML>
<html>
<body>
<embed src="images/飞翔的海鸟.swf"/>
</body>
</html>
```

相关的代码实例可参考 Chap3.21.html 文件，在
IE11.0 浏览器中运行的结果如图 3-25 所示。

图 3-25　使用<embed>元素后的运行结果

3.6　新增全局属性

在 HTML 5 中新增了许多全局属性，如 contenteditable 属性、spellcheck 属性、draggable 属性、data-*
属性等，利用这些属性可以轻松制作出移动页面结构。下面来详细介绍常用新增属性的应用。

3.6.1　contenteditable 属性

contenteditable 属性是 HTML 5 中新增的标准属性，其主要功能是指定是否允许用户编辑内容。该属性
有两个值：true 和 false。为内容指定 contenteditable 属性为 true 表示可以编辑，false 表示不可编辑。如果没
有指定值则会采用隐藏的 inherit（继承）状态，即如果元素的父元素是可编辑的，则该元素就是可编辑的。

【例 3-22】（实例文件：ch03\Chap3.22.html）contentEditable 属性应用实例。代码如下：

```
<!DOCTYPE html>
<head>
<title>contenteditable 属性应用实例</title>
</head>
<body>
<h3>对以下内容进行编辑</h3>
<ol contenteditable="true">
<li>列表一</li>
<li>列表二</li>
<li>列表三</li>
</ol>
</body>
</html>
```

相关的代码实例可参考 Chap3.22.html 文件，在 IE11.0
浏览器中运行的结果如图 3-26 所示。

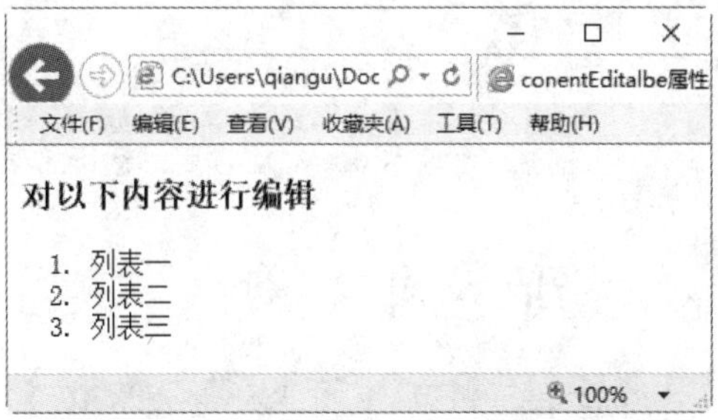

图 3-26　使用 contenteditable 属性后的运行结果

注意：对内容进行编辑后，如果关闭网页，编辑的内容
将不会被保存。如果想要保存其中的内容，则只能把该元素的 innerHTML 发送到服务器端进行保存。

3.6.2　data-*属性

data-*属性用于存储私有页面后应用的自定义数据，该属性可以在所有的 HTML 元素中嵌入数据。自
定义的数据可以让页面拥有更好的交互体验，而不需要使用 Ajax 或去服务端查询数据。data-*属性由以下
两部分组成：

- 属性名不要包含大写字母，在 data- 后必须至少有一个字符。
- 该属性可以是任何字符串。

【例 3-23】（实例文件：ch03\Chap3.23.html）data-*属性应用实例。代码如下：

```
<!DOCTYPE html>
<html>
<title> data-*应用实例</title>
<script>
function showDetails(animal)
{
    var animalType=animal.getAttribute("data-animal-type");
    alert(animal.innerHTML + "是" + animalType + ".");
}
</script>
</head>
<body>
<h1>物种</h1>
<p>单击一个物种,看看它是什么类型:</p>
<ul>
    <li onclick="showDetails(this)" id="owl" data-animal-type="鸟类">猫头鹰</li>
    <li onclick="showDetails(this)" id="salmon" data-animal-type="鱼类">三文鱼</li>
    <li onclick="showDetails(this)" id="tarantula" data-animal-type="蜘蛛">毒蜘蛛</li>
</ul>
</body>
</html>
```

相关的代码实例可参考 Chap3.23.html 文件，在 IE 浏览器中运行的结果如图 3-27 所示。

单击任何一个动物类型，即可弹出一个信息提示框，提示用户该动物属于哪个物种类型，物种类别就是 data-*属性的值，如图 3-28 所示。

图 3-27 使用 data-*属性后的运行结果

图 3-28 显示 data-*属性的值

3.6.3 draggable 属性

draggable 属性规定元素是否可拖动。默认情况下，链接和图像是可拖动的。draggable 属性经常用于拖放操作。

【例 3-24】（实例文件：ch03\Chap3.24.html）draggable 属性应用实例。代码如下：

```
<!DOCTYPE HTML>
<html>
<head>
<title> draggable 属性应用实例</title>
<style type="text/css">
#div1 {width:350px;height:70px;padding:10px;border:1px solid #aaaaaa;}
</style>
```

```
<script type="text/javascript">
function allowDrop(ev)
{
    ev.preventDefault();
}

function drag(ev)
{
    ev.dataTransfer.setData("Text",ev.target.id);
}

function drop(ev)
{
    var data=ev.dataTransfer.getData("Text");
    ev.target.appendChild(document.getElementById(data));
    ev.preventDefault();
}
</script>
</head>
<body>

<div id="div1" ondrop="drop(event)" ondragover="allowDrop(event)"></div>
<br />
<p id="drag1" draggable="true" ondragstart="drag(event)">这是一段可移动的段落.请把该段落拖入上面的
矩形.</p>
</body>
</html>
```

相关的代码实例可参考 Chap3.24.html 文件，在 IE 浏览器中运行的结果如图 3-29 所示。

拖动下方的段落，即可将其放置到上方的矩形中，如图 3-30 所示。

图 3-29　使用 draggable 属性后的运行结果

图 3-30　显示可拖动的段落

3.6.4　spellcheck 属性

spellcheck 属性是 HTML 5 中的新属性，规定是否对元素内容进行拼写检查。可对以下文本进行拼写检查：类型为 text 的 input 元素中的值（非密码）、textarea 元素中的值、可编辑元素中的值。

【例 3-25】（实例文件：ch03\Chap3.25.html）使用 spellcheck 属性的实例。代码如下：

```
<!DOCTYPE html>
<html>
<head>
<title>spellcheck 属性的应用</title>
</head>
<body>
```

```
<p contenteditable="true" spellcheck="true">使用 spellcheck 属性,使段落内容可被编辑.</p>
</body>
</html>
```

相关的代码实例可参考 Chap3.25.html 文件，在 IE 浏览器中运行的结果如图 3-31 所示。

选中需要编辑的文字进行编辑操作，如这里在页面中输入"你好！"，如图 3-32 所示。

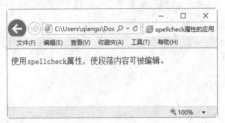
图 3-31　使用 spellcheck 属性后的运行结果

图 3-32　编辑文字

3.7　就业面试技巧与解析

3.7.1　面试技巧与解析（一）

面试官：HTML 5 中新多媒体元素有哪些？

应聘者：HTML 5 中新多媒体元素有以下几种。

- audio 元素：主要是定义播放声音文件或者音频流的标准。
- video 元素：主要是定义播放视频文件或者视频流的标准。
- <source>元素：为媒体元素定义媒体资源，其允许用户规定两个视频/音频文件供浏览器根据它对媒体类型或者编解码器的支持进行选择。
- embed 元素：用来插入各种多媒体，格式可以是 Midi、Wav、AIFF、AU、MP3 等。

3.7.2　面试技巧与解析（二）

面试官：HTML 5 中分组元素有哪些？

应聘者：HTML 5 中分组元素有以下 3 种：

- <hgroup>元素：用于对网页或区段（section）的标题进行组合，其通常会将 h1～h6 元素进行分组，譬如一个内容区块的标题及其子标题算一组。
- <figure>元素：用来表示网页上一块独立的内容，将其从网页移除后不会对网页中的其他内容产生影响。
- <figcaption>元素：用于为<figure>元素定义标题。

第4章

使用 HTML 5 设计移动页面表单

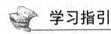

HTML 5 表单可以用来在网页上显示特定的信息，网站管理者要实现与浏览者之间的沟通，就必须借助于表单。表单通常用于用户注册、调整表与搜索界面等。在 HTML 5 中，表单拥有多个新的表单输入类型，这些新类型为用户提供了更好的输入控制和用户验证。

重点导读

- 熟悉 HTML 5 表单元素。
- 掌握 HTML 5 新增表单元素。
- 熟悉 HTML 5 表单元素的输入类型。
- 掌握 HTML 5 表单的属性。
- 掌握 HTML 5 表单的验证。

4.1 认识表单

表单在设计移动页面中起着重要的作用，它是服务器与用户交互信息的主要手段。一个表单至少应该包括说明性文字、用户填写的表格、提交和重填按钮等内容。

4.1.1 表单概述

表单主要用于收集网页上浏览者的相关信息。其标签为<form></form>。表单的基本语法格式如下：

```
<form action="url" method="get|post" enctype="mime">
</form >
```

其中，action="url"，指定处理提交表单的格式，它可以是一个 URL 地址或一个电子邮件地址。method="get|post"，指明提交表单的 HTTP 方法。enctype="mime"，指明用来把表单提交给服务器时的互联网媒体形式。

表单是一个能够包含表单元素的区域，通过添加不同的表单元素，将显示不同的效果。

【例 4-1】（实例文件：ch04\Chap4.1.html）一个简单的表单。代码如下：

```
<!DOCTYPE html>
<html>
<body>
<form>
下面是输入用户登录信息
<br><br>
用户名称<br>
<input type="text" name="user">
<br>
用户密码<br>
<input type="password" name="password">
<br>
<input type="submit" value="登录">
</form>
</body>
</html>
```

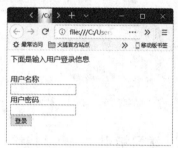

相关的代码实例可参考 Chap4.1.html 文件，在 Firefox 浏览器
中运行的结果如图 4-1 所示。

图 4-1　简单的表单

4.1.2　表单的基本结构

表单是一个包含表单元素的区域，在网页中负责数据采集功
能。一个表单由 3 个部分组成，分别是表单元素、表单域和表单
按钮。

- 表单元素：这里包含了处理表单数据所用 CGI 程序的 URL
  及数据提交到服务器的方法。
- 表单域：包含了文本框、密码框、多行文本框、隐藏域、
  复选框、单选按钮以及下拉列表框和文件上传框等。
- 表单按钮：包含提交按钮、取消按钮和重置按钮等，用于
  将数据传送到服务器上或者取消输入；还可以用表单按钮
  控制其他定义了处理脚本的工作。

如图 4-2 所示为一个移动网页的注册页面，里面包含了表单元
素、表单域以及表单按钮三部分。

图 4-2　注册页面

4.2　新增表单元素

HTML 5 新增了 3 个表单元素，分别是<datalist>元素、<keygen>元素、元素。下面分别进行介绍。

4.2.1　<datalist>元素

<datalist>元素规定了<input>元素可能的选项列表，其被用来为<input>元素提供"自动完成"的特性。
用户能看到一个下拉列表，里边的选项是预先定义好的，将作为用户的输入数据。一般情况下，使用<input>
元素的 list 属性来绑定<datalist>元素。

【例 4-2】（实例文件：ch04\Chap4.2.html）<datalist>元素的应用。代码如下：

```
<!DOCTYPE html>
<html>
<head>
<title><datalist>元素的应用</title>
</head>
<body>
<input list="browsers" name="browser">
<datalist id="browsers">
    <option value="Internet Explorer">
    <option value="Firefox">
    <option value="Chrome">
    <option value="Opera">
    <option value="Safari">
</datalist>
<input type="submit">
</form>
</body>
</html>
```

相关的代码实例可参考 Chap4.2.html 文件，在 Firefox 浏览器中运行的结果如图 4-3 所示。

单击文本框，即可在弹出的下拉列表中选择表单详细信息，如图 4-4 所示。

图 4-3　应用<datalist>元素后的运行结果

图 4-4　表单详细信息

4.2.2　<keygen>元素

<keygen>元素的作用是提供一种验证用户的可靠方法，当提交表单时，会生成两个键，一个是私钥，一个公钥。私钥（private key）存储于客户端，公钥（public key）则被发送到服务器。公钥可用于之后验证用户的客户端证书（client certificate）。

【例 4-3】（实例文件：ch04\Chap4.3.html）<keygen>元素的应用。代码如下：

```
<!DOCTYPE html>
<html>
<head>
<title><keygen>元素的应用</title>
</head>
<body>
<form action="demo_keygen.php" method="get">
 用户名:<input type="text" name="usr_name">
 加密:<keygen name="security">
 <input type="submit">
</form>
</body>
</html>
```

相关的代码实例可参考 Chap4.3.html 文件，在 Firefox 浏览器中运行的结果如图 4-5 所示。

在"用户名"文本框中输入用户名，并单击"加密"右侧的下拉按钮，在弹出的下拉列表中选择加密的方式，如图 4-6 所示。

图 4-5　应用<keygen>元素后的运行结果

图 4-6　选择加密方式

4.2.3　<output>元素

<output>元素用于不同类型的输出，如计算或脚本输出。下面给出一个实例，将计算的结果显示在<output>元素中。

【例 4-4】（实例文件：ch04\Chap4.4.html）<output>元素的应用。代码如下：

```
<!DOCTYPE html>
<html>
<head>
<title><output>元素的应用</title>
</head>
<body>
<form oninput="x.value=parseInt(a.value)+parseInt(b.value)">0
<input type="range" id="a" value="50">100
+<input type="number" id="b" value="50">
=<output name="x" for="a b"></output>
</form>
</body>
</html>
```

相关的代码实例可参考 Chap4.4.html 文件，在 Firefox 浏览器中运行的结果如图 4-7 所示。

移动页面中的滑块，即可在右侧显示计算结果，如图 4-8 所示。

图 4-7　应用<output>元素后的运行结果

图 4-8　移动滑块显示计算结果

4.3　表单的输入类型

HTML 5 拥有多个新的表单输入类型，它们提供了更好的输入控制和验证。常用的输入类型包括 url、tel、cdor、email、range 等。

4.3.1　url 类型

url 类型是用于说明网站网址的。显示为一个文本字段输入 URL 地址。在提交表单时，会自动验证 url 的值。代码格式如下：

```
<input type="url" name="userurl"/>
```

另外，用户可以使用普通属性设置 url 输入框，例如可以使用 max 属性设置其最大值，用 min 属性设置其最小值，用 step 属性设置合法的数字间隔，利用 value 属性规定其默认值。

【例 4-5】（实例文件：ch04\Chap4.5.html）url 类型的应用。代码如下：

```
<!DOCTYPE html>
<html>
<head>
<title>url 类型元素</title>
</head>
<body>
<form>
<br/>
请输入网址：
<input type="url" name="userurl"/>
</form>
</body>
</html>
```

相关的代码实例可参考 Chap4.5.html 文件，在 Firefox 浏览器中运行的结果如图 4-9 所示，用户即可输入相应的网址。

如果输入的不是完整的 URL 网址格式，表单将会显示粉红色边框。需要注意的是，完整的 URL 格式必须要以"http://"开头，如图 4-10 所示。

图 4-9　应用 url 类型后的运行结果

图 4-10　完整的 URL 格式

4.3.2　tel 类型

tel 类型的 input 元素被设计为用来输入电话号码的专用文本框。它没有特殊的校验规则，不强制输入数字（因为许多电话号码通常带有其他文字），譬如 010-66870831。但是开发者可以通过 pattern 属性来制定对于输入的电话号码格式的验证，其代码格式如下：

```
<input type="tel" name="tel1" />
```

【例 4-6】（实例文件：ch04\Chap4.6.html）tel 类型的应用。代码如下：

```
<!DOCTYPE HTML>
<html>
<head>
<title>tel 类型元素</title>
</head>
<body>
<form >
<input type="tel" name="tel1" pattern="010-66688899" />
<input type="submit" />
</form>
</body>
</html>
```

相关的代码实例可参考 Chap4.6.html 文件，在 Firefox 浏览器中运行的结果如图 4-11 所示。

在文本框中输入不满足 pattern 属性强制规则的号码格式，单击"提交查询"按钮后会弹出错误提示，如图 4-12 所示。

图 4-11　应用 tel 类型后的运行结果

图 4-12　错误提示

4.3.3　color 类型

color 类型的 input 元素用来选取颜色，它提供了一个颜色选取器。代码如下：

```
<input type="color" name="tel1" />
```

【例 4-7】（实例文件：ch04\Chap4.7.html）color 类型的应用。代码如下：

```
<!DOCTYPE HTML>
<html>
<head>
<title>color 类型元素</title>
</head>
<body>
<form >
<input type="color" name="tel1" />
<input type="submit" />
</form>
</body>
</html>
```

相关的代码实例可参考 Chap4.7.html 文件，在 Firefox 浏览器中运行的结果如图 4-13 所示。

单击颜色色块，即可弹出"颜色"对话框，在其中选择需要的颜色，如图 4-14 所示。

图 4-13　应用 color 类型后的运行结果

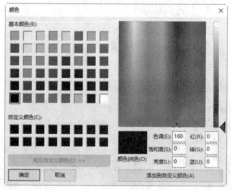
图 4-14　选择需要的颜色

4.3.4　email 类型

与 url 类型类似，email 类型用于让浏览者输入 E-mail 地址。在提交表单时，会自动验证 email 域的值。代码如下：

```
<input type="email" name="user_email"/>
```

【例 4-8】（实例文件：ch04\Chap4.8.html）email 类型的应用。代码如下：

```
<!DOCTYPE html>
<html>
<head>
<title>E-mail 类型元素</title>
</head>
<body>
<form>
<br/>
请输入您的邮箱地址：
<input type="email" name="user_email"/>
<br>
<input type="submit" value="提交">
</form>
</body>
</html>
```

相关的代码实例可参考 Chap4.8.html 文件，在 Firefox 浏览器中运行的结果如图 4-15 所示，用户即可输入相应的邮箱地址。

如果用户输入的邮箱地址不合法，单击"提交"按钮后会弹出提示信息，如图 4-16 所示。

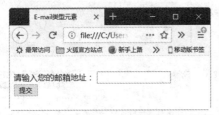

图 4-15　应用 E-mail 类型后的运行结果

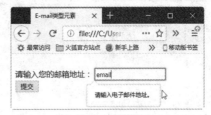

图 4-16　提示信息

4.3.5　range 类型

Range 类型是显示一个滚动的控件，与 number 类型一样，用户可以使用 max、min 和 step 属性控制控件的范围。代码如下：

```
<input type="range" name="" min="" max="" />
```

其中，min 和 max 分别控制滚动控件的最小值和最大值。

【例 4-9】（实例文件：ch04\Chap4.9.html）range 类型的应用。代码如下：

```
<!DOCTYPE html>
<html>
<head>
<title>range 类型元素</title>
</head>
<body>
<form>
<br/>
技能考核我的成绩名次为：
<input type="range" name="ran" min="1" max="10" />
</form>
</body>
</html>
```

相关的代码实例可参考 Chap4.9.html 文件，在 Firefox 浏览器中运行的结果如图 4-17 所示。

用户可以拖动滑块，从而选择合适的数字来显示成绩的名次，如图 4-18 所示。

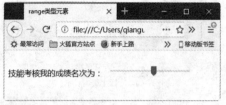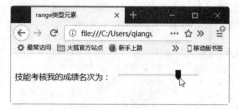

图 4-17　应用 range 类型后的运行结果　　　　　　图 4-18　拖动滑块

提示：默认情况下，滑块位于滚珠的中间位置。如果用户指定的最大值小于最小值，则允许使用反向滚动轴，目前浏览器还不能很好地支持这一属性。

4.3.6　search 类型

search 类型的 input 元素是一种专门用来输入搜索关键词的文本框。代码如下：

```
<input type="search" name="search1" />
```

【例 4-10】（实例文件：ch04\Chap4.10.html）search 类型的应用。代码如下：

```
<!DOCTYPE HTML>
<html>
<head>
<title>search 类型元素</title>
</head>
<body>
<form >
<input type="search" name="user_search" />
<input type="submit" />
</form>
</body>
</html>
```

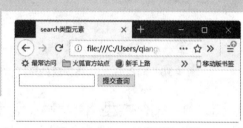

相关的代码实例可参考 Chap4.10.html 文件，在 Firefox 浏览器中运行的结果如图 4-19 所示。

图 4-19　search 类型的应用

4.3.7　number 类型

number 类型提供了一个输入数字的输入类型。用户可以直接输入数字，或者通过单击微调框中的向上或向下按钮选择数字。代码如下：

```
<input type="number" name="shuzi" />
```

【例 4-11】（实例文件：ch04\Chap4.11.html）number 类型的应用。代码如下：

```
<!DOCTYPE html>
<html>
<head>
<title>number 类型元素</title>
</head>
<body>
<form>
<br/>
最近一周浏览此网页
<input type="number" name="shuzi "/>次了哦!
</form>
</body>
</html>
```

相关的代码实例可参考 Chap4.11.html 文件，在 Firefox 浏览器中运行的结果如图 4-20 所示。用户可以直接输入数字，也可以单击微调按钮选择合适的数字。

注意：建议用户使用 min 和 max 属性规定输入的最小值和最大值。

图 4-20　应用 number 类型后的运行结果

4.3.8　datepickers 类型

datepickers 类型是指日期类型，HTML 5 中提供了多个可供选择日期和时间的新输入类型，用于验证输入的日期与时间，表 4-1 为 HTML 5 中新增的日期和时间输入类型。

表 4-1　HTML 5 新增日期和时间输入类型

日期和时间类型	描　　述
Date	允许用户从日期选择器选择一个日期
month	允许用户选择一个月份
week	允许用户选择周和年
time	允许用户选择一个时间
datetime	允许用户选择一个日期（UTC 时间）
datetime-local	允许用户选择一个日期和时间（无时区）

1. Date 类型元素

在 HTML 5 中，新增了日期输入类型 date，其含义为选择日、月、年。date 属性的代码如下：

```
<input type="date" name="user_date" />
```

【例 4-12】（实例文件：ch04\Chap4.12.html）Data 类型的应用。代码如下：

```
<!DOCTYPE html>
<html>
<head>
<title>Date 类型元素</title>
</head>
<body>
<form>
<br/>
请选择购买商品的日期：
<br>
<input type="date" name="user_date" />
</form>
</body>
</html>
```

相关的代码实例可参考 Chap4.12.html 文件，在 Firefox 浏览器中运行的结果如图 4-21 所示。

单击日期输入框，即可在弹出的日期选取框中选择需要的日期，如图 4-22 所示。

2. time 类型元素

在 HTML 5 中，新增了时间输入类型 time，其含义为选取时间（小时和分钟）。time 属性的代码格式如下：

```
<input type="time" name="user_date" />
```

图 4-21　应用 Data 类型后的运行结果

图 4-22　选择需要的日期

【例 4-13】（实例文件：ch04\Chap4.13.html）time 类型的应用。代码如下：

```
<!DOCTYPE HTML>
<html>
<head>
<title>time 类型元素</title>
</head>
<body>
<form>
Time:<input type="time" name="user_date" />
<input type="submit" />
</form>
</body>
</html>
```

相关的代码实例可参考 Chap4.13.html 文件，在 Firefox 浏览器中运行的结果如图 4-23 所示。用户可以在表单中输入标准的 time 格式，然后单击"提交查询"按钮，如图 4-24 所示。

图 4-23　应用 time 类型后的运行结果

图 4-24　输入标准的 time 格式

3. month 类型元素

在 HTML 5 中，新增了日期输入类型 month，其含义为选取月、年。month 属性的代码格式如下：

```
<input type="month" name="user_date" />
```

【例 4-14】（实例文件：ch04\Chap4.14.html）month 类型的应用。代码如下：

```
<!DOCTYPE HTML>
<html>
<head>
<title>month 类型元素</title>
</head>
<body>
<form>
Month:<input type="month" name="user_date" />
<input type="submit" />
```

```
</form>
</body>
</html>
```

相关的代码实例可参考 Chap4.14.html 文件，在 Firefox 浏览器中运行的结果如图 4-25 所示。

用户可以在表单中输入标准的 month 格式，然后单击"提交查询"按钮，如图 4-26 所示。

图 4-25　应用 month 类型后的运行结果

图 4-26　用户在表单中输入标准的 month 格式

4. datetime 类型元素

在 HTML 5 中，新增了时间输入类型 datetime，其含义为选取时间、日、月、年（UTC 时间）。UTC 是协调世界时，又称世界统一时间、世界标准时间、国际协调时间。由于中国采用的是第 8 时区的时间，所以中国及其他亚洲国家大都会采用 UTC+8 的时间。datetime 属性的代码格式如下：

```
<input type="datetime" name="user_date" />
```

【例 4-15】（实例文件：ch04\Chap4.15.html）datetime 类型的应用。代码如下：

```
<!DOCTYPE HTML>
<html>
<head>
<title>datetime 类型元素</title>
</head>
<body>
<form>
日期和时间:<input type="datetime" name="user_date" />
<input type="submit" />
</form>
</body>
</html>
```

相关的代码实例可参考 Chap4.15.html 文件，在 Firefox 浏览器中运行的结果如图 4-27 所示。

用户在表单中输入标准的 datetime 格式，然后单击"提交查询"按钮，如图 4-28 所示。

图 4-27　应用 datetime 类型后的运行结果

图 4-28　输入标准的 datetime 格式

5. datetime-local 类型元素

在 HTML 5 中，新增了时间输入类型 datetime-local，其含义为选取时间、日、月、年（本地时间）。例如，中国使用的 datetime-local 就是第 8 时区的时间。datetime-local 属性的代码如下：

```
<input type="datetime-local" name="user_date" />
```

【例 4-16】（实例文件：ch04\Chap4.16.html）datetime-local 类型的应用。代码如下：

```
<!DOCTYPE HTML>
```

```
<html>
<head>
<title>datetime-local 类型元素</title>
</head>
<body>
<form >
日期和时间:<input type="datetime-local" name="user_date" />
<input type="submit" />
</form>
</body>
</html>
```

相关的代码实例可参考 Chap4.16.html 文件，在 Firefox 浏览器中运行的结果如图 4-29 所示。用户可以在表单中输入标准的 datetime-local 格式。

6. week 类型元素

在 HTML 5 中，新增了日期输入类型 week，其含义为选取周和年。week 属性的代码格式如下：

```
<input type="week" name="user_date" />
```

【例 4-17】（实例文件：ch04\Chap4.17.html）week 类型的应用。代码如下：

```
<!DOCTYPE HTML>
<html>
<head>
<title>week 类型元素</title>
</head>
<body>
<form>
星期:<input type="week" name="user_date" />
<input type="submit" />
</form>
</body>
</html>
```

相关的代码实例可参考 Chap4.17.html 文件，在 Firefox 浏览器中运行的结果如图 4-30 所示。用户可以在表单中输入标准的 week 格式。

图 4-29 输入标准的 datetime-local 格式

图 4-30 输入标准的 week 格式

4.4 表单的属性

HTML 5 中新增了一系列与表单有关的属性，本节将介绍 HTML 5 中新增的属性，首先介绍表单的新增属性，然后介绍与表单的 input 元素有关的新增属性。

4.4.1 <form>新属性

表单属性就是与 form 元素有关的属性，HTML 5 中新增的与表单有关的属性有两个，如表 4-2 所示。

表 4-2　新增<form>属性

属 性 名 称	描　　述
autocomplete	规定是否启用表单的自动完成功能
novalidate	如果使用该属性，则提交表单时不进行验证

1. autocomplete 属性

autocomplete 属性的值包括 on 和 off，如果将属性值指定为 on，那么表示执行自动完成功能；如果将属性值指定为 off，那么表示关闭自动完成功能。

【例 4-18】（实例文件：ch04\Chap4.18.html）autocomplete 属性的应用。代码如下：

```
<!DOCTYPE html>
<html>
<head>
<title>autocomplete 属性</title>
</head>
<body>
<form id="formOne" autocomplete="on">
    用户名称:<input type="text" name="name"><br>
    用户昵称:<input type="text" name="name"><br>
    邮件地址:<input type="email" name="email" autocomplete="off"><br>
    <input type="submit">
</form>
</body>
</html>
```

相关的代码实例可参考 Chap4.18.html 文件，在 Firefox 浏览器中运行的结果如图 4-31 所示。根据页面提示在文本框中输入相关信息，如图 4-32 所示。

图 4-31　应用 autocomplete 属性后的运行结果

图 4-32　在文本框中输入信息

删除输入的信息，当再次想要输入信息时，就会自动显示上次输入的信息，如图 4-33 所示。

提示： autocomplete 属性不仅可以用于<form>元素，还可以用于所有类型的<input>元素。

2. novalidate 属性

novalidate 属性是一个 boolean（布尔）属性，其规定在提交表单时不验证 form 或 input 域。

图 4-33　显示上次输入的信息

【例 4-19】（实例文件：ch04\Chap4.19.html）novalidate 属性的应用。代码如下：

```
<!DOCTYPE html>
<html>
<head>
<title>novalidate 属性的应用</title>
```

```
</head>
<body>
<form action="demo-form.php" novalidate>
邮件地址:<input type="email" name="user_email">
<input type="submit">
</form>
</body>
</html>
```

相关的代码实例可参考 Chap4.19.html 文件，在 Firefox 浏览器中运行的结果如图 4-34 所示。这样在提交查询时，不会验证输入的表单元素是否符合要求，而是直接提交给服务器。

4.4.2　<input>新属性

图 4-34　应用 novalidate 属性后的运行结果

HTML 5 中新增了一系列与<input>元素有关的属性，为<input>元素指定这些属性可以实现不同的功能。表 4-3 为 HTML 5 新增的<input>属性。

表 4-3　HTML 5 新增的<input>属性

属 性 名	说　　明
autocomplete	规定<input>元素输入字段是否应该启用自动完成功能
autofocus	规定当页面加载时<input>元素应该自动获得焦点
form	规定<input>元素所属的一个或多个表单
formaction	规定当表单提交时处理输入控件的文件的 URL（只针对 type="submit"和 type="image"）
formenctype	规定当表单数据提交到服务器时如何编码（只适合 type="submit"和 type="image"）
formmethod	定义发送表单数据到 action URL 的 HTTP 方法（只适合 type="submit"和 type="image"）
formnovalidate	覆盖<form>元素的 novalidate 属性
formtarget	规定表示提交表单后在哪里显示接收到响应的名称或关键词（只适合 type="submit"和 type="image"）
height	规定<input>元素的高度（只针对 type="image"）
width	规定<input>元素的宽度（只针对 type="image"）
list	引用<datalist>元素，其中包含<input>元素的预定义选项
min	规定<input>元素的最小值
max	规定<input>元素的最大值
multiple	规定允许用户输入到<input>元素的多个值
pattern	规定用于验证<input>元素的值的正则表达式
placeholder	规定可描述输入<input>字段预期值的简短的提示信息
required	规定必须在提交表单之前填写输入字段
step	规定<input>元素的合法数字间隔

在新增的<input>属性中，一些属性在前面已经介绍并使用过，如 autocomplete 属性等，下面再来介绍几种常用的属性。

1. autofocus 属性

autofocus 属性指定页面加载后是否自动获取焦点，一个页面上只能有一个元素指定 autofocus 属性。autofocus 属性适用于所有类型的<input>标记，该属性的值是布尔值，将标记的属性值指定为 true 时，表示页面加载完毕后会自动获取该焦点。

【例 4-20】（实例文件：ch04\Chap4.20.html）autofocus 属性的应用。代码如下：

```
<!DOCTYPE html>
<html>
<head>
<title>autofocus 属性</title>
</head>
<body>
<form>
 用户名:<input type="text" name="name" autofocus><br>
 昵　称:<input type="text" name="niche"><br>
 <input type="submit">
</form>
</body>
</html>
```

相关的代码实例可参考 Chap4.20.html 文件，在 Firefox 浏览器中运行的结果如图 4-35 所示。页面的焦点自定位在"用户名"文本框中。

2. pattern 属性

pattern 属性描述了一个正则表达式用于验证<input>元素的值，pattern 属性适用于 text、search、url、tel、email 和 password 等元素类型。

图 4-35　应用 autofocus 属性后的运行结果

【例 4-21】（实例文件：ch04\Chap4.21.html）pattern 属性的应用。代码如下：

```
<!DOCTYPE html>
<html>
<head>
<title>pattern 属性</title>
<style>
#rgbaL1 {
    width:300px;
    height:200px;
    font-size:14px;
    color:#000;
    margin-left:20px;
}
</style>
</head>
<body>
    <form action="#" method="get">
      <table align="center" width="100%">
        <tr>
          <td align="right" width="20%">姓名:</td>
          <td><input type="text" name="username" pattern="^[\u4e00-\u9fa5\uf900-\ufa2d]{1,11}$" />
            （汉字,只能包含中文字符（长度大于 2 小于 12）)</td>
        </tr>
        <tr>
          <td align="right">QQ 号码:</td>
          <td><input type="text" name="myqq" pattern="^[1-9][0-9]{4,}$" />
            （QQ 号从 152000 开始）</td>
        </tr>
```

```
        <tr>
          <td align="right">固定电话:</td>
          <td><input type="tel" name="mytel" pattern="\d{3}-\d{8}|\d{4}-\d{7}"/>
            （国内电话号码(0855-12545××、010-878545××) ) </td>
        </tr>
        <tr>
          <td align="right">手机号码:</td>
          <td><input type="text" name="myphone" pattern="^(13[0-9]|14[5|7]|15[0|1|2|3|5|6|7|8|9]
|18[0|1|2|3|5|6|7|8|9])\d{8}$"/>
            （以 13、17、15、18 开头的电话号码）</td>
        </tr>
        <tr>
          <td align="right">身份证号:</td>
          <td><input type="text" name="mycard"  pattern="^\d{15}|\d{18}$"/>
            （15 位或 18 位身份证号）</td>
        </tr>
        <tr>
          <td></td><td><input type="submit" value="提 交" /></td>
        </tr>
    </table>
  </form>
</body>
</html>
```

相关的代码实例可参考 Chap4.21.html 文件，在 Firefox 浏览器中运行的结果如图 4-36 所示。

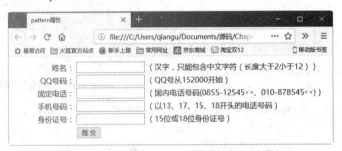

图 4-36　应用 pattern 属性后的运行结果

3. multiple 属性

multiple 属性指定输入框可以选择多个值，该属性适用于 email 和 file 类型的<input>标签。multiple 属性用于 email 类型的<input>标记时，表示可以向文本框中输入多个 E-mail 地址，多个地址之间通过逗号进行分隔；multiple 属性用于 file 类型的<input>标记时，表示可以选择多个文件。

【例 4-22】（实例文件：ch04\Chap4.22.html）multiple 属性的应用。代码如下：

```
<!DOCTYPE html>
<html>
<head>
<title>multiple 属性</title>
<style>
#rgbaL1 {
    width:300px;
    height:200px;
    font-size:14px;
    color:#000;
    margin-left:20px;
}
</style>
</head>
<body>
```

```
  <div id="smiddle">
    <article> <br/>
      <form id="formOne">
        电子邮箱:<input  type="email" name="myemail" multiple="true"/>  （如果电子邮箱有多
个,请使用逗号进行分隔)<br/><br/>
        上传照片:<input type="file" name="selfile" multiple /><br/><br/>
        <input type="submit" value="提交" />
      </form>
    </article>
  </div>
  </body>
</html>
```

相关的代码实例可参考 **Chap4.22.html** 文件,在 Firefox 浏览器中运行的结果如图 4-37 所示。在 "电子邮件" 文本框中输入需要的邮件地址,然后根据需要单击 "浏览" 按钮,在打开的 "文件上传" 对话框中选择多个需要上传的文件。

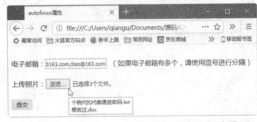

图 4-37　应用 multiple 属性后的运行结果

4. required 属性

如果开发者要求某个输入框的内容必须填写,就可以为<input>标记指定 required 属性,其适用于 text、search、url、telephone、email、password、datepickers、number、checkbox、radio 及 file 类型的<input>元素。

【例 4-23】（实例文件：ch04\Chap4.23.html）required 属性的应用。代码如下:

```
<!DOCTYPE html>
<html>
<head>
<title>required 属性</title>
<style>
#rgbaL1 {
    width:300px;
    height:200px;
    font-size:14px;
    color:#000;
    margin-left:20px;
}
</style>
</head>
<body>
<div id="smiddle">
  <article>
    <form action="#" method="get">
      <table align="center" width="100%">
        <tr>
          <td align="right" width="20%">姓名:</td>
          <td><input type="text" name="username" pattern="^[\u4e00-\u9fa5\uf900-\ufa2d]{1,11}$"
placeholder="例如:小雨或王天琦" required />
              （汉字,只能包含中文字符（长度大于 2 且小于 12））</td>
        </tr>
        <tr>
          <td align="right">QQ 号码:</td>
          <td><input type="text" name="myqq" pattern="^[1-9][0-9]{4,}$" placeholder="10000" />
              （QQ 号从 100000 开始）</td>
        </tr>
        <tr>
```

```
        <td align="right">固定电话:</td>
        <td><input type="tel" name="mytel" pattern="\d{3}-\d{8}|\d{4}-\d{7}"/>
            （国内电话号码(010-548789××、0389-895421××))</td>
    </tr>
    <tr>
        <td align="right">手机号码:</td>
        <td><input type="text" name="myphone" pattern="^(13[0-9]|14[5|7]|15[0|1|2|3|5|6|7|8|
9]|18[0|1|2|3|5|6|7|8|9])\d{8}$" required="true"/>
            （以 13、17、15、18 开头的电话号码）</td>
    </tr>
    <tr>
        <td align="right">身份证号:</td>
        <td><input type="text" name="mycard"  pattern="^\d{15}|\d{18}$"/>
            （15 位或 18 位身份证号）</td>
    </tr>
    <tr>
        <td></td><td><input type="submit" value="提 交" /></td>
    </tr>
    </table>
    </form>
    </article>
</div>
</body>
</html>
```

相关的代码实例可参考 Chap4.23.html 文件，在 Firefox 浏览器中运行的结果如图 4-38 所示。这时可以看到"姓名"和"QQ 号码"两个文本框中不能为空。

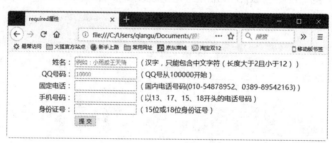

图 4-38　应用 required 属性的运行结果

4.5　表单的验证

HTML 5 中新增了大量的输入类型、表单属性和表单元素，同时也加强了对表单元素的验证功能，表单验证是一种用户体验的优化，它为终端用户检测无效的数据并标记这些错误。

4.5.1　认识表单验证

表单验证是 JavaScript 中的高级选项之一，它可用来在数据被送往服务器前对 HTML 表单中的这些输入数据进行验证，被 JavaScript 验证的这些典型的表单数据有以下几种：

* 用户是否已填写表单中的必填项目？
* 用户输入的邮件地址是否合法？
* 用户是否已输入合法的日期？

- 用户是否在数据域（numeric field）中输入了文本？

在 HTML 5 中，自动验证是 HTML 5 表单的默认验证方式，它会在表单提交时执行自动验证。如果输入框的内容不合法，那么验证将无法通过，不会提交表单。HTML 5 中新增加的多种属性实现了自动验证的功能，具体包括如下：

- required 属性：限制在提交时元素内容不能为空。如果元素中的内容为空，则不允许提交。
- pattern 属性：根据设置的正则表达式的格式验证输入的内容是否有效，如果无效，则不允许提交。
- max 和 min 属性：限制数值类型输入范围的最大值和最小值，不在范围内的不允许提交。
- step 属性：限制元素的值每次增加或者减少的基数，不是基数倍数时不允许提交，例如，当想让用户输入的值在 0～100 之间，而且必须是 5 的倍数时，可以将 step 属性的值指定为 5。

4.5.2　CheckValidity()验证

有时 HTML 5 的自动验证功能并不能满足开发者的需求，这就需要使用显示验证方式，该方式需要调用 CheckValidity()方法，它对表单内所有元素或单个元素都可以进行有效验证。目前，<form>元素、<input>元素、<select>元素等表单元素都具有 CheckValidity()方法，该方法以布尔值的形式返回验证结果。也就是说，如果<input>元素中的数据是合法的，则返回 true，否则返回 false。

【例 4-24】（实例文件：ch04\Chap4.24.html）CheckValidity()验证的应用。代码如下：

```
<!DOCTYPE html>
<html>
<head>
</head>
<body>
<p>输入数字并单击验证按钮:</p>
<input id="id1" type="number" min="100" max="300" required>
<button onclick="myFunction()">验证</button>
<p>如果输入的数字小于100或大于300,会提示错误信息.</p>
<p id="demo"></p>
<script>
function myFunction() {
    var inpObj=document.getElementById("id1");
    if (inpObj.checkValidity()==false) {
        document.getElementById("demo").innerHTML=inpObj.validationMessage;
    } else {
        document.getElementById("demo").innerHTML="输入正确";
    }
}
</script>
</body>
</html>
```

相关的代码实例可参考 Chap4.24.html 文件，在 Firefox 浏览器中运行的结果如图 4-39 所示。

在文本框中输入不符合要求的数字，这时会在页面的下方显示输入错误的信息提示，如图 4-40 所示。

在文本框中输入符合要求的数字，这时会在页面的下方显示输入正确的信息提示，如图 4-41 所示。

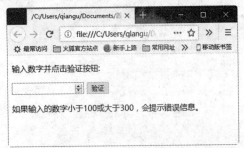

图 4-39　应用 CheckValidity()验证后的运行结果

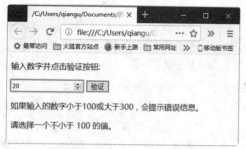

图 4-40　不符合要求的数字

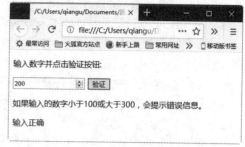

图 4-41　符合要求的数字

4.5.3　SetCustomValidity()验证

SetCustomValidity()方法适用于 HTML 5 中的所有类型的<input>元素，通过自定义的方式对用户输入的信息进行验证。该属性设置<input>元素的 validationMessage 属性，用于自定义错误提示信息的方法。使用 SetCustomValidity 设置了自定义提示后，validity.customError 就会变成 true，checkValidity 就会返回 false。重新判断需要取消自定义提示，代码如下：

```
SetCustomValidity('')
SetCustomValidity(null)
SetCustomValidity(undefined)
```

【例 4-25】　（实例文件：ch04\Chap4.25.html）SetCustomValidity()验证的应用。代码如下：

```
<!DOCTYPE html>
<html>
<head>
<title>SetCustomValidity()验证</title>
</head>
<body>
    <p>输入数字并单击验证按钮:</p>
    <input id="id1" type="number" min="100" max="300" required>
    <button onclick="myFunction()">验证</button>
    <p>如果输入的数字小于 100 或大于 300,会提示错误信息.</p>
    <p id="demo"></p>
<script>
function myFunction() {
    var inpObj=document.getElementById("id1");
    inpObj.setCustomValidity(''); // 取消自定义提示的方式
    if (inpObj.checkValidity()==false) {
        if(inpObj.value==""){
            inpObj.setCustomValidity("不能为空! ");
        }else if(inpObj.value<100 || inpObj.value>300){
            inpObj.setCustomValidity("请重新输入数值（100～300 之间）!");
        }
        document.getElementById("demo").innerHTML=inpObj.validationMessage;
    } else {
        document.getElementById("demo").innerHTML="输入正确";
    }
}
</script>
</body>
</html>
```

相关的代码实例可参考 Chap4.25.html 文件，在 Firefox 浏览器中运行的结果如图 4-42 所示。

在文本框中输入不符合要求的数字，这时会在页面的下方显示需重新输入的验证信息，如图 4-43 所示。

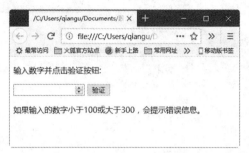

图 4-42　应用 SetCustomValidity()验证后的运行结果

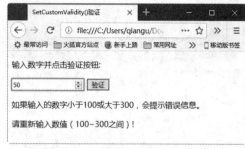

图 4-43　不符合要求的数字

如果页面里的文本框为空，然后单击"验证"按钮，则会在页面下方显示"不能为空"的自定义信息提示，如图 4-44 所示。

图 4-44　文本框为空的信息提示

4.6　典型案例——制作用户反馈页面

在本实例中，将使用一个表单内的各种元素来开发一个简单的移动用户反馈页面。

【例 4-26】（实例文件：ch04\Chap4.26.html）制作移动用户反馈页面。代码如下：

```html
<!DOCTYPE html>
<html>
<head>
<title>用户反馈页面</title>
</head>
<body>
<h1 align=center>用户反馈页面</h1>
<form method="post" >
<p>姓    名：
<input type="text" class=txt size="12" maxlength="20" name="username" />
</p><p>性    别：
<input type="radio" value="male" />男
<input type="radio" value="female" />女
</p><p>年    龄：
<input type="text" class=txt name="age"  />
</p>
<p>联系电话：
<input type="text" class=txt name="tel" />
</p><p>电子邮件：
<input type="text" class=txt name="email" />
</p><p>联系地址：
<input type="text"  class=txt name="address" />
```

```
</p>
<p>
请输入您对网站的建议<br>
<textarea    name="yourworks"    cols="50"    rows="5">
</textarea>
<br>
<input type="submit" name="submit" value="提交"/>
<input type="reset" name="reset" value="清除" />
</p>
</form>
</body>
</html>
```

相关的代码实例可参考 Chap4.26.html 文件，在 Firefox 浏览器中运行的结果如图 4-45 所示。可以看到创建了一个用户反馈页面，该页面中包含"用户反馈页面""姓名""性别""年龄""联系方式""电子邮件""联系地址"等表单元素，还包含了"提交"和"清除"按钮。

图 4-45　用户反馈页面

4.7　就业面试技巧与解析

4.7.1　面试技巧与解析（一）

面试官：请问 HTML 5 表单的输入类型有哪些？

应聘者：HTML 5 表单的输入类型包括以下几种。

- url 类型：用于说明网站网址。
- tel 类型：tel 类型的<input>元素被设计为用来输入电话号码的专用文本框。
- color 类型：color 类型的<input>元素用来选取颜色，它提供了一个颜色选取器。
- email 类型：用于让浏览者输入 E-mail 地址。
- range 类型：显示一个滚动的控件，与 number 类型一样，用户可以使用 max、min 和 step 属性控制控件的范围。
- search 类型：search 类型的<input>元素是一种专门用来输入搜索关键词的文本框。
- number 类型：提供了一个输入数字的输入类型。
- datepickers 类型：是指日期类型，HTML 中提供了多个可供选取日期和时间的新输入类型，用于验证输入的日期与时间。

4.7.2　面试技巧与解析（二）

面试官：请问 HTML 5 新增了哪些表单元素？

应聘者：HTML 5 新增加的表单元素有以下三种。

- <datalist>：规定了<input>元素可能的选项列表。
- <keygen>：作用是提供一种验证用户的可靠方法，当提交表单时，会生成两个键，一个是私钥，一个公钥。私钥存储于客户端，公钥则被发送到服务器，公钥可用于之后验证用户的客户端证书。
- <output>：用于不同类型的输出，如计算或脚本输出。

第 5 章
使用 HTML 5 绘制移动页面元素

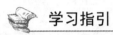

学习指引

在使用 HTML 5 开发移动网页的过程中，有时需要绘制一些元素，如文字、图形等。这就需要使用 HTML 5 新增的 canvas 标签了，该标签可以对 2D 或位图进行动态脚本的渲染，结合 JavaScript 可以绘制移动页面元素。

重点导读

- 熟悉什么是 canvas。
- 掌握绘制基本形状。
- 掌握绘制颜色渐变。
- 掌握图形变换和组合。
- 掌握图片的常用操作。
- 掌握绘制文本元素。
- 掌握绘制动画特效。

5.1　什么是 canvas

canvas 是 HTML 5 新增元素之一，用于图形的绘制，不过<canvas>标签只是图形容器，也就是画布，并不具有绘制图形功能，用户必须使用脚本（通常是 JavaScript）来绘制图形，如常见的矩形、圆形、字符等，还可以用来添加图像，甚至绘制文字。

canvas 标签包含两个属性，分别是 width 和 height，表示矩形区域的宽度和高度，这两个属性都是可选的，并且都可以通过 CSS 来定义，其默认值是 300px 和 150px。canvas 在网页中常用格式如下：

```
<canvas id="myCanvas" width="200" height="100" style="border:1px solid #000000;">
您的浏览器不支持 HTML 5 canvas 标签.
</canvas>
```

在上面的实例代码中，id 表示画布对象名称，width 和 height 分别表示宽度和高度；最初的画布是不可见的，此处为了观察这个矩形区域，这里使用 CSS 样式，即 style 标记。style 表示画布的样式。如果浏览器不支持画布标记，会在画布中间显示提示信息。

【例 5-1】（实例文件：ch05\Chap5.1.html）绘制一个简单的矩形。代码如下：

```
<!DOCTYPE html>
<html>
<head>
<title>绘制</title>
</head>
<body>
<canvas        id="myCanvas"        width="200"        height="100"
style="border:1px solid #000000;">
您的浏览器不支持 HTML 5 canvas 标签.
</canvas>
</body>
</html>
```

相关的代码实例可参考 Chap5.1.html 文件，在 Firefox 浏览器中运行的结果如图 5-1 所示。

图 5-1　绘制简单的矩形

5.2　绘制基本形状

画布 canvas 结合 JavaScript 不但可以绘制简单的矩形，还可以绘制一些其他的常见图形，例如直线、圆等、曲线等。

5.2.1　绘制矩形

单独的一个 canvas 标记只是在页面中定义了一块矩形区域，并无特别之处，开发人员只有配合使用 JavaScript 脚本，才能够完成各种图形、线条，以及复杂的图形变换操作。与基于 SVG 来实现同样绘图效果相比较，canvas 绘图是一种像素级别的位图绘图技术，而 SVG 则是一种矢量绘图技术。

使用 canvas 和 JavaScript 绘制一个矩形，可能会涉及一种或多种方法，这些方法如表 5-1 所示。

表 5-1　canvas 绘制矩形的方法与功能介绍

方　　法	功　　能
fillRect	绘制一个矩形，这个矩形区域没有边框，只有填充色。这个方法有 4 个参数，前两个表示左上角的坐标位置，第三个参数为长度，第四个参数为高度
strokeRect	绘制一个带边框的矩形。该方法的 4 个参数的解释同上
clearRect	清除一个矩形区域，被清除的区域将没有任何线条。该方法的 4 个参数的解释同上

【例 5-2】（实例文件：ch05\Chap5.2.html）绘制一个复杂的矩形。代码如下：

```
<!DOCTYPE html>
<html>
<body>
<canvas id="myCanvas" width="300" height="200" style="border:1px solid blue">
</canvas>
<script type="text/javascript">
var c=document.getElementById("myCanvas");
```

```
var cxt=c.getContext("2d");
cxt.fillStyle="rgb(0,0,200)";
cxt.fillRect(10,20,100,100);
</script>
</body>
</html>
```

相关的代码实例可参考 Chap5.2.html 文件，在 Firefox 浏览器中运行的结果如图 5-2 所示。可以看到网页中，在一个蓝色边框中显示了一个蓝色矩形。

提示： 在上面代码中，首先定义一个画布对象，其 id 名称为 myCanvas，高度为 200px，宽度为 150px，其次定义画布边框显示样式。

在 JavaScript 代码中，首先获取画布对象，然后使用 getContext 获取当前 2d 的上下文对象，并使用 fillRect 绘制一个矩形。其中涉及一个 fillStyle 属性，该属性用于设定填充的颜色、透明度等，如果设置为 rgb(200,0,0)，则表示一个颜色，不透明；如果设置为 rgba(0,0,200,0.5)，则表示一个颜色，透明度为 50%。

图 5-2　绘制复杂的矩形

5.2.2 绘制圆形

在 canvas 中通过 beginPath()方法开始绘制路径，绘制完成后调用 fill()和 stroke()完成填充和设置边框，通过 closePath()方法结束路径的绘制。在画布中绘制圆形，可能要涉及下面几个方法，如表 5-2 所示。

表 5-2　canvas 绘制圆形的方法与功能介绍

方　　法	功　　能
beginPath()	开始绘制路径
arc(x,y,radius,startAngle, endAngle,anticlockwise)	x 和 y 定义的是圆的原点，radius 是圆的半径。startAngle 和 endAngle 是弧度，不是度数，anticlockwise 是用来定义画圆的方向，值是 true 或 false
closePath()	结束路径的绘制
fill()	进行填充
stroke()	设置边框

【例 5-3】（实例文件：ch05\Chap5.3.html）绘制圆形。代码如下：

```
<!DOCTYPE html>
<html>
<body>
<canvas id="myCanvas" width="200" height="200" style="border:1px solid blue">
</canvas>
<script type="text/javascript">
var c=document.getElementById("myCanvas");
var cxt=c.getContext("2d");
cxt.fillStyle="#FFAA00";
cxt.beginPath();
cxt.arc(100,100,80,0,Math.PI*2,true);
cxt.closePath();
cxt.fill();
</script>
</body>
</html>
```

相关的代码实例可参考 Chap5.3.html 文件，在 Firefox 浏览器中运行的结果如图 5-3 所示。可以看到在网页的矩形边框中显示了一个黄色的圆。

图 5-3　绘制圆形

5.2.3　绘制直线

使用 moveTo 与 lineTo 可以绘制直线。使用 moveTo(x,y)方法设置绘图起始坐标，而 lineTo(x,y)方法可以从当前起点绘制直线、圆弧及曲线到目标位置。最后，可以调用 closePath()方法将自定义图形进行闭合，该方法将自动创建一条从当前坐标到起始坐标的直线。canvas 绘制直线的方法与功能如表 5-3 所示，其中常用的方法是 moveTo 和 lineTo。

表 5-3　canvas 绘制直线的方法与功能介绍

方法或属性	功　能
moveTo(x,y)	不绘制，只是将当前位置移动到新目标坐标（x,y），并作为线条的开始点
lineTo(x,y)	绘制线条到指定的目标坐标（x,y），并且在两个坐标之间画一条直线。不管调用哪一个，都不会真正画出图形，因为还没有调用 stroke（绘制）和 fill（填充）函数。当前，只是在定义路径的位置，以便后面绘制时使用
strokeStyle	指定线条的颜色
lineWidth	设置线条的粗细

【例 5-4】（实例文件：ch05\Chap5.4.html）绘制直线。代码如下：

```
<!DOCTYPE html>
<html>
<body>
<canvas id="myCanvas" width="200" height="200" style="border:1px solid blue">
</canvas>
<script type="text/javascript">
var c=document.getElementById("myCanvas");
var cxt=c.getContext("2d");
cxt.beginPath();
cxt.strokeStyle="rgb(100,0,100)";
cxt.moveTo(20,20);
cxt.lineTo(200,50);
cxt.lineWidth=10;
cxt.stroke();
cxt.closePath();
</script>
</body>
</html>
```

相关的代码实例可参考 Chap5.4.html 文件，在 Firefox 浏览器中运行的结果如图 5-4 所示，可以看到在网页中绘制了一条直线。

提示：在上面代码中，使用 moveTo 方法定义一个坐标位置，为（20,20），下面以此坐标位置为起点绘制一条直线，并使用 lineWidth 设置直线的宽度，使用 strokeStyle 设置直线的颜色，使用 lineTo 设置直线的结束位置。

图 5-4　绘制直线

5.2.4　绘制贝济埃曲线

使用 bezierCurveTo 可以绘制贝济埃曲线，在数学的数值分析领域，贝济埃曲线（Bézier 曲线）是计算机图形学中相当重要的参数曲线。bezierCurveTo() 表示为一个画布的当前子路径添加一条三次贝塞尔曲线。这条曲线的开始点是画布的当前点，而结束点是(x,y)。两条贝塞尔曲线控制点(cpX1,cpY1)和(cpX2,cpY2)定义了曲线的形状。当这个方法返回的时候，当前的位置为(x,y)。方法 bezierCurveTo 具体语法格式如下：

```
bezierCurveTo(cpX1, cpY1, cpX2, cpY2, x, y)
```

其参数的含义如表 5-4 所示。

表 5-4　bezierCurveTo 方法的参数及描述

参　　数	描　　述
cpX1, cpY1	和曲线的开始点（当前位置）相关联的控制点的坐标
cpX2, cpY2	和曲线的结束点相关联的控制点的坐标
x, y	曲线的结束点的坐标

【例 5-5】（实例文件：ch05\Chap5.5.html）绘制贝济埃曲线。代码如下：

```
<!DOCTYPE html>
<html>
<head>
<title>贝济埃曲线</title>
<script>
    function draw(id)
    {
        var canvas=document.getElementById(id);
        if(canvas==null)
        return false;
        var context=canvas.getContext('2d');
        context.fillStyle="#eeeeff";
        context.fillRect(0,0,400,300);
        var n=0;
        var dx=150;
        var dy=150;
        var s=100;
        context.beginPath();
        context.globalCompositeOperation='and';
        context.fillStyle='rgb(100,255,100)';
        context.strokeStyle='rgb(0,0,100)';
        var x=Math.sin(0);
        var y=Math.cos(0);
        var dig=Math.PI/15*11;
        for(var i=0;i<30;i++)
        {
            var x=Math.sin(i*dig);
```

```
            var y=Math.cos(i*dig);
            context.bezierCurveTo(dx+x*s,dy+y*s-100,dx+x*s+100,dy+y*s,dx+x*s,dy+y*s);
        }
        context.closePath();
        context.fill();
        context.stroke();
    }
</script>
</head>
<body onload="draw('canvas');">
<h2>贝济埃曲线</h2>
<canvas id="canvas" width="400" height="300" />
</body>
</html>
```

相关的代码实例可参考 Chap5.5.html 文件，在 Firefox 浏览器中运行的结果如图 5-5 所示。可以看到，在网页中显示了一条贝济埃曲线。

提示：在上述代码中，首先使用语句 fillRect(0,0,400,300) 绘制了一个矩形，其大小和画布相同，其填充颜色为浅青色。下面定义几个变量，用于设定曲线的坐标位置，在 for 循环中使用 bezierCurveTo 绘制贝济埃曲线。

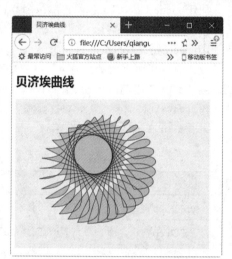

图 5-5　绘制贝济埃曲线

5.2.5　绘制带阴影的图形

在画布 canvas 上绘制带有阴影效果的图形非常简单，只需要设置几个属性即可。这几个属性分别为 shadowOffsetX、shadowOffsetY、shadowBlur 和 shadowColor，其属性 shadowColor 表示阴影颜色，其值和 CSS 颜色值一致。shadowBlur 表示设置阴影模糊程度。此值越大，阴影越模糊。shadowOffsetX 和 shadowOffsetY 属性表示阴影的 x 和 y 偏移量，单位是像素。

【例 5-6】（实例文件：ch05\Chap5.6.html）绘制带阴影的图形。代码如下：

```
<!DOCTYPE html>
<html>
  <head>
  <title>绘制阴影效果图形</title>
  </head>
  <body>
    <canvas id="my_canvas" width="200" height="200" style="border:1px solid #ff0000"></canvas>
    <script type="text/javascript">
      var elem=document.getElementById("my_canvas");
      if (elem && elem.getContext) {
        var context=elem.getContext("2d");
        //shadowOffsetX 和 shadowOffsetY:阴影的 x 和 y 偏移量,单位是像素.
        context.shadowOffsetX=15;
        context.shadowOffsetY=15;
        //hadowBlur:设置阴影模糊程度.此值越大,阴影越模糊.其效果和 Photoshop 的高斯模糊滤镜相同.
        context.shadowBlur=10;
        //shadowColor:阴影颜色.其值和 CSS 颜色值一致.
        //context.shadowColor='rgba(255, 0, 0, 0.5)';   或下面的十六进制的表示方法
        context.shadowColor='#f00';
        context.fillStyle='#00f';
        context.fillRect(20, 20, 150, 100);
      }
    </script>
```

```
  </body>
</html>
```

相关的代码实例可参考 Chap5.6.html 文件，在 Firefox 浏览器中运行的结果如图 5-6 所示。可以看到，在网页上显示了一个蓝色矩形，其阴影为红色矩形。

5.3　绘制颜色渐变

渐变是两种或更多颜色的平滑过渡，是指在颜色集上使用逐步抽样算法，并将结果应用于描边样式和填充样式中。canvas 的绘图上下文支持两种类型的渐变：线性渐变和放射性渐变，其中放射性渐变也称为径向渐变。

图 5-6　绘制带阴影的图形

5.3.1　线性颜色渐变

创建线性颜色渐变首先需要创建渐变对象，然后为渐变对象设置颜色并指明过渡方式，最后在 context 上为填充样式或描边样式设置渐变。

要设置显示颜色，需要在渐变对象上使用 addColorStop 函数。除了可以变换成其他颜色外，还可以为颜色设置 alpha 值（如透明），并且 alpha 值也是可以变化的。为了达到这样的效果，需要使用颜色值的另一种表示方法，例如内置 alpha 组件的 CSSrgba 函数。绘制线性渐变，会使用到下面几个方法，如表 5-5 所示。

表 5-5　绘制线性渐变的方法与功能介绍

方　　法	功　　能
addColorStop	函数允许指定两个参数：颜色和偏移量。颜色参数是指开发人员希望在偏移位置描边或填充时所使用的颜色。偏移量是一个 0.0～1.0 的数值，代表沿着渐变线渐变的距离有多远
createLinearGradient(x0,y0,x1,x1)	沿着直线从 (x0,y0) 至 (x1,y1) 绘制渐变

【例 5-7】（实例文件：ch05\Chap5.7.html）绘制线性颜色渐变。代码如下：

```
<!DOCTYPE html>
<html>
<head>
<title>线性渐变</title>
</head>
<body>
<h1>绘制线性渐变</h1>
<canvas id="canvas" width="400" height="300" style="border:1px solid red"/>
<script type="text/javascript">
var c=document.getElementById("canvas");
var cxt=c.getContext("2d");
var gradient=cxt.createLinearGradient(0,0,0,canvas.height);
gradient.addColorStop(0,'#FFFFFF');
gradient.addColorStop(1,'#FF0000');
cxt.fillStyle=gradient;
cxt.fillRect(0,0,400,400);
</script>
</body>
</html>
```

相关的代码实例可参考 Chap5.7.html 文件，在 Firefox 浏览器中运行的结果如图 5-7 所示。可以看到在网页中，创建了一个垂直方向上的渐变，从上到下颜色逐渐变深。

提示： 上面的代码使用 2D 环境对象产生了一个线性渐变对象，渐变的起始点是（0，0），渐变的结束点是（0，canvas.height）。下面使用 addColorStop 函数设置渐变颜色，最后将渐变填充到上下文环境的样式中。

5.3.2 径向颜色渐变

除了线性渐变以外，HTML 5 canvas API 还支持放射性渐变，所谓放射性渐变就是颜色会介于两个指定圆间的锥形区域平滑变化。放射性渐变和线性渐变使用的颜色终止点是一样的。如果要实现放射线渐变，即径向渐变，需要使用 createRadialGradient 方法。

图 5-7　绘制线性渐变

createRadialGradient(x0,y0,r0,x1,y1,r1)方法表示沿着两个圆之间的锥面绘制渐变。其中前 3 个参数代表开始的圆，圆心为 (x0,y0)，半径为 r0。最后 3 个参数代表结束的圆，圆心为(x1,y1)，半径为 r1。

【例 5-8】（实例文件：ch05\Chap5.8.html）绘制径向渐变。代码如下：

```
<!DOCTYPE html>
<html>
<head>
<title>径向渐变</title>
</head>
<body>
<h1>绘制径向渐变</h1>
<canvas id="canvas" width="400" height="300" style="border:1px solid red"/>
<script type="text/javascript">
var c=document.getElementById("canvas");
var cxt=c.getContext("2d");
var gradient=cxt.createRadialGradient(canvas.width/2,canvas.
height/2,0,canvas.width/2,canvas.height/ 2,150);
gradient.addColorStop(0,''#FFFFFF");
gradient.addColorStop(1,"#FF0000");
cxt.fillStyle=gradient;
cxt.fillRect(0,0,400,400);
</script>
</body>
</html>
```

相关的代码实例可参考 Chap5.8.html 文件，在 Firefox 浏览器中运行的结果如图 5-8 所示。可以看到，在网页中从圆的中心亮点开始，向外逐步发散，形成了一个径向渐变。

提示： 在上面代码中，首先创建渐变对象 gradient，此处使用方法 createRadialGradient 创建了一个径向渐变，然后使用 addColorStop 添加颜色，最后将渐变填充到上下文环境中。

图 5-8　绘制径向渐变

5.4　图形变换和组合

画布 canvas 不但可以使用 moveTo 这样的方法来移动画笔、绘制图形和线条，还可以使用变换来调整画笔下的画布。变换的方法包括旋转、缩放、变形和平移等。

5.4.1　图形平移

如果要对图形实现平移，需要使用 translate(x, y) 方法，该方法表示在平面上平移，即开始以原点为参考，然后以偏移后的位置作为坐标原点。也就是说原来在（100,100），然后偏移（1,1），新的坐标原点在（101,101）而不是（1,1）。

【例 5-9】（实例文件：ch05\Chap5.9.html）图形平移。代码如下：

```html
<!DOCTYPE html>
<html>
<head>
<title>图形平移</title>
<script>
    function draw(id)
    {
        var canvas=document.getElementById(id);
        if(canvas==null)
        return false;
        var context=canvas.getContext('2d');
        context.fillStyle="#eeeeff";
        context.fillRect(10,10,400,300);
        context.translate(10,10);
        context.fillStyle='rgba(0,255,255,0.5)';
        for(var i=0;i<50;i++){
            context.translate(60,60);
            context.fillRect(0,0,100,50);
        }
    }
</script>
</head>
<body onload="draw('canvas');">
<h3>图形平移</h3>
<canvas id="canvas" width="400" height="300" />
</body>
</html>
```

相关的代码实例可参考 Chap5.9.html 文件，在 Firefox 浏览器中运行的结果如图 5-9 所示。可以看到网页中从坐标位置(10,10)开始绘制矩形，并每次以指定的平移距离绘制矩形。

提示：在 draw 函数中，使用 fillRect 方法绘制了一个矩形，在下面使用 translate 方法平移到一个新位置，并从新位置开始，使用 for 循环，连续移动多次坐标原点，即多次绘制矩形。

5.4.2　图形缩放

图形缩放是指图形的缩小或放大效果，实现该功能需要使用 scale(x,y)函数，该函数带有两个参数，分别代表在 x、y 两个方向上的值。每个参数在 canvas 显示图像的时候，向其传递在本方向轴上

图 5-9　图形平移

图像要放大（或者缩小）的量。如果 x 值为 2，就代表所绘制图像中全部元素都会变成两倍宽。如果 y 值为 0.5，绘制出来的图像全部元素都会变成之前的一半高。

【例 5-10】（实例文件：ch05\Chap5.10.html）图形缩放。代码如下：

```
<!DOCTYPE html>
<html>
<head>
<title>图形缩放</title>
<script>
    function draw(id)
    {
        var canvas=document.getElementById(id);
        if(canvas==null)
        return false;
        var context=canvas.getContext('2d');
        context.fillStyle="#eeeeff";
        context.fillRect(0,0,400,300);
        context.translate(10,50);
        context.fillStyle='rgba(0,255,0,0.25)';
        for(var i=0;i<50;i++){
            context.scale(3,1);
            context.fillRect(0,0,100,50);
        }
    }
</script>
</head>
<body onload="draw('canvas');">
<h3>图形缩放</h3>
<canvas id="canvas" width="400" height="300" />
</body>
</html>
```

相关的代码实例可参考 Chap5.10.html 文件，在 Firefox 浏览器中运行的结果如图 5-10 所示。在上面代码中，实现缩放操作是放在 for 循环中完成的，在此循环中，以原来图形为参考物，使其在 x 轴方向增加为 3 倍宽，y 轴方向变为原来的 1 倍。

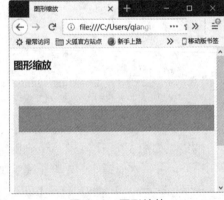

图 5-10　图形缩放

5.4.3　图形旋转

变换操作并不限于缩放和平移，还可以使用函数 context.rotate(angle)来旋转图像，甚至可以直接修改底层变换矩阵以完成一些高级操作，如剪裁图像的绘制路径。例如 context.rotate(1.57)表示旋转角度参数以弧度为单位。

rotate()方法默认地从左上端的（0,0）开始旋转，通过指定一个角度，改变了画布坐标和 Web 浏览器中<canvas>元素的像素之间的映射，使得任意后续绘图在画布中都显示为旋转。它并没有旋转<canvas>元素本身。注意，这个角度是用弧度指定的。

【例 5-11】（实例文件：ch05\Chap5.11.html）图形旋转。代码如下：

```
<!DOCTYPE html>
<html>
<head>
<title>图形旋转</title>
<script>
    function draw(id)
    {
        var canvas=document.getElementById(id);
        if(canvas==null)
```

```
        return false;
        var context=canvas.getContext('2d');
        context.fillStyle="#eeeeff";
        context.fillRect(0,0,400,300);
        context.translate(150,150);
        context.fillStyle='rgba(255,0,0,0.25)';
        for(var i=0;i<50;i++){
            context.rotate(Math.PI/10);
            context.fillRect(0,0,100,50);
        }
    }
</script>
</head>
<body onload="draw('canvas');">
<h3>图形旋转</h3>
<canvas id="canvas" width="400" height="300" />
</body>
</html>
```

相关的代码实例可参考 Chap5.11.html 文件，在 Firefox 浏览器
中运行的结果如图 5-11 所示。在显示页面上多个矩形以中心弧度
为原点进行旋转。在上面代码中，使用 rotate()方法在 for 循环中，
对多个图形进行旋转，其旋转角度相同。

5.4.4　矩阵变换

矩阵变换是 context 内实现平移、缩放和旋转的一种机制。它

图 5-11　图形旋转

的主要原理是矩阵相乘。矩阵变换最常用的一种方法就是 transform()，该方法替换该图的当前转换矩阵。
具体语法格式如下：

```
context.transform(a,b,c,d,e,f);
```

参数值介绍如表 5-6 所示。

表 5-6　参数值

参　　数	描　　述
a	水平缩放绘图
b	水平倾斜绘图
c	垂直倾斜绘图
d	垂直缩放绘图
e	水平移动绘图
f	垂直移动绘图

在使用 transform()方法时，画布上的每个对象都拥有一个当前的变换矩阵，transform()方法替换当前的
变换矩阵，它以下面描述的矩阵来操作当前的变换矩阵：

```
a  c  e
b  d  f
0  0  1
```

换句话说，transform()允许用户缩放、旋转、移动并倾斜当前的环境。该变换只会影响 tansform()方法
调用之后的绘图。

注意：transform()方法的行为相对于由 rotate()、scale()、translate()或 transform()完成的其他变换。例如：

如果用户已经将绘图设置为放到两倍，则 transform()方法会把绘图再放大两倍，用户的绘图最终将被放大四倍。

【例5-12】（实例文件：ch05\Chap5.12.html）利用矩阵变换图形。代码如下：

```
<!DOCTYPE html>
<html>
<head>
<title>矩阵变换</title>
</head>
<body>
<canvas id="myCanvas" width="300" height="150" style="border:1px solid #d3d3d3;">
</canvas>
<script>
var c=document.getElementById("myCanvas");
var ctx=c.getContext("2d");
ctx.fillStyle="yellow";
ctx.fillRect(0,0,250,100)
ctx.transform(1,0.5,-0.5,1,30,10);
ctx.fillStyle="red";
ctx.fillRect(0,0,250,100);
ctx.transform(1,0.5,-0.5,1,30,10);
ctx.fillStyle="blue";
ctx.fillRect(0,0,250,100);
</script>
</body>
</html>
```

相关的代码实例可参考 Chap5.12.html 文件，在 Firefox 浏览器中运行的结果如图 5-12 所示。可以看出页面中绘制了一个矩形，然后通过 transform()方法添加一个新的变换矩阵，再次绘制矩形，添加一个新的变换矩阵，然后再次绘制矩形。

图 5-12　利用矩阵变换图形

5.4.5　图形组合

前面介绍过，可以将一个图形画在另一个图形上，但大多数情况下，这样做不够好。例如，它这样受制于图形的绘制顺序。不过，用户可以利用 globalCompositeOperation 属性来改变这些做法，这样不仅可以在已有图形上再画新图形，还可以用来遮盖、清除某些区域。其语法格式如下：

```
globalCompositeOperation=type
```

该属性的作用是设置不同形状的组合类型，其中 type 表示方的图形是已经存在的 canvas 内容，圆的图形是新的形状，其默认值为 source-over，表示在 canvas 内容上画新的形状。

属性值 type 具有 12 个含义，其具体含义如表 5-7 所示。

表 5-7　globalCompositeOperation 属性的值

属 性 值	说 　 明
source-over(default)	这是默认设置，新图形会覆盖在原有内容之上
destination-over	会在原有内容之下绘制新图形
source-in	新图形仅出现与原有内容重叠的部分，其他区域都变成透明的
destination-in	原有内容中与新图形重叠的部分会被保留，其他区域都变成透明的
source-out	结果是只有新图形中与原有内容不重叠的部分会被绘制出来
destination-out	原有内容中与新图形不重叠的部分会被保留

续表

属　性　值	说　　明
source-atop	新图形中与原有内容重叠的部分会被绘制，并覆盖于原有内容之上
destination-atop	原有内容中与新内容重叠的部分会被保留，并会在原有内容之下绘制新图形
lighter	两图形中重叠部分做加色处理
darker	两图形中重叠部分做减色处理
xor	重叠的部分会变成透明的
copy	只有新图形会被保留，其他都会被清除掉

【例 5-13】（实例文件：ch05\Chap5.13.html）图形组合。代码如下：

```html
<!DOCTYPE html>
<html>
<head>
<title>图形组合</title>
<script>
function draw(id)
{
 var canvas=document.getElementById(id);
   if(canvas==null)
  return false;
   var context=canvas.getContext('2d');
   var oprtns=new Array(
      "source-atop",
       "source-in",
       "source-out",
      "source-over",
       "destination-atop",
      "destination-in",
       "destination-out",
       "destination-over",
        "lighter",
        "copy",
        "xor"
    );
    var i=10;
     context.fillStyle="blue";
    context.fillRect(60,60,200,200);
     context.globalCompositeOperation=oprtns[i];
    context.beginPath();
   context.fillStyle="red";
    context.arc(100,100,100,0,Math.PI*2,false);
    context.fill();
}
</script>
</head>
<body onload="draw('canvas');">
<h1>图形组合</h1>
<canvas id="canvas" width="400" height="300" />
</body>
</html>
```

图 5-13　图形组合

相关的代码实例可参考 Chap5.13.html 文件，在 Firefox 浏览器
中运行的结果如图 5-13 所示。在显示页面上绘制了一个矩形和圆，
矩形和圆交叉的位置，以空白显示。

5.5　图片的常用操作

利用画布 canvas 不仅可以绘制图形，还可以对图片进行操作，如绘制图片、平铺图片、剪裁图片等。

5.5.1　绘制图片

使用 drawImage()方法可以在画布 canvas 上绘制图片，可以绘制图片的某一部分，也可以添加或减少图片的尺寸，drawImage()方法包含 3 种使用语法，具体介绍如下。

1. drawImage(image,dx,dy)

这种方法是最常用的绘制方法，主要作用是接受一个图片，并将之画到 canvas 中。这里需要给出坐标（dx,dy），该坐标代表图片的左上角。例如，坐标（0，0）将把图片画到 canvas 的左上角。

【例 5-14】（实例文件：ch05\Chap5.14.html）绘制图片 1。代码如下：

```html
<!DOCTYPE html>
<html>
<head>
<title>绘制图片</title>
<style>
#rgbaL1 {
    width:300px;
    height:200px;
    font-size:14px;
    color:#000;
    margin-left:20px;
}
</style>
</head>
<body>
<div id="smiddle">
 <article>
  <p>要使用的图片:</p>
   <img src="01.jpg" id="img">
 <canvas id="MyCanvas" width="400" height="300">当前浏览器不支持 canvas 元素</canvas>
 </article>
<script>
window.onload=function(){
  var canvas=document.getElementById("MyCanvas");
  if(canvas.getContext){
     var context=canvas.getContext("2d");
     var image=document.getElementById("img");
     context.drawImage(image,0,0);
  }
}
</script>
</body>
</html>
```

相关的代码实例可参考 Chap5.14.html 文件，在 Firefox 浏览器中运行的结果如图 5-14 所示。第一张图片是要使用的原图，第二张图片是绘制的图片，显示在画布之中。

提示： 通过 drawImage(image,dx,dy)方法绘制图片时，如果图片的高度小于或等于画布的高度，那么绘制时图片正常显示。如果图片的高度大于画布的高度，那么将会绘制图片的一部分。

图 5-14　绘制图片 1

2. drawImage(image,dx,dy,width,height)

与上一个方法相比，该方法多出了两个参数，一个是高度，一个是宽度，用于设置绘制图片的高度与宽度，然后把该图片画到 canvas 上的(dx,dy)位置处。

【例 5-15】（实例文件：ch05\Chap5.15.html）绘制图片 2。代码如下：

```
<!DOCTYPE html>
<html>
<head>
<title>绘制图片</title>
<style>
#rgbaL1 {
    width:300px;
    height:200px;
    font-size:14px;
    color:#000;
    margin-left:20px;
}
</style>
</head>
<body>
<div id="smiddle">
  <article>
   <p>要使用的图片:</p>
    <img src="01.jpg" id="img">
  <canvas id="MyCanvas" width="400" height="300">当前浏览器不支持 canvas 元素</canvas>
  </article>
<script>
window.onload=function(){
   var canvas=document.getElementById("MyCanvas");
   if(canvas.getContext){
      var context=canvas.getContext("2d");
      var image=document.getElementById("img");
      context.drawImage(image,0,0,300,250);
   }
}
</script>
</body>
</html>
```

相关的代码实例可参考 Chap5.15.html 文件，在 Firefox 浏览器中运行的结果如图 5-15 所示。第一张图片是要使用的原图，第二张图片是绘制的图片，显示在画布中，与原图片相比，可以看到绘制图片的高度与宽度都发生了改变。

图 5-15　绘制图片 2

3. drawImage(img,sx,sy,swidth,sheight,dx,dy,width,height)

在画布中绘制一个图片，通过参数（sx,sy,swidth,sheight）指定图片裁剪的范围，缩放到(width,height)大小，最后把它画到 canvas 上的(dx,dy)位置。

【例 5-16】（实例文件：ch05\Chap5.16.html）绘制图片 3。代码如下：

```html
<!DOCTYPE html>
<html>
<head>
<title>绘制图片</title>
<style>
#rgbaL1 {
    width:300px;
    height:200px;
    font-size:14px;
    color:#000;
    margin-left:20px;
}
</style>
</head>
<body>
<div id="smiddle">
  <article>
    <p>要使用的图片:</p>
     <img src="01.jpg" id="img">
   <canvas id="MyCanvas" width="400" height="300">当前浏览器不支持 canvas 元素</canvas>
  </article>
<script>
window.onload=function(){
    var canvas=document.getElementById("MyCanvas");
    if(canvas.getContext){
       var context=canvas.getContext("2d");
       var image=document.getElementById("img");
      context.drawImage(image,60,60,400,300,0,0,400,300);
    }
}
</script>
</body>
</html>
```

相关的代码实例可参考 Chap5.16.html 文件，在 Firefox 浏览器中运行的结果如图 5-16 所示。第一张图片是要使用的原图，第二张图片是绘制的图片，显示在画布之中，与原图相比，可以看到绘制图片的高度与宽度都发生了改变，并且图片的一部分被剪裁掉了。

图 5-16 绘制图片 3

5.5.2 平铺图片

使用 createPattern()方法表示在指定的方向上重复指定元素，该方法通常用于平铺图片，基本语法格式如下：

```
context.createPattern(image,"repeat|repeat-x|repeat-y|no-repeat");
```

使用 createPattern()方法需要传入两个参数，第一个参数指定使用的图片或视频等元素，第二个参数指定平铺的方法，具体取值参数说明如表 5-8 所示。

表 5-8 参数说明

参 数	描 述
Image	规定要使用的模式的图片、画布或视频元素
Repeat	默认。该模式在水平和垂直方向重复
repeat-x	该模式只在水平方向重复
repeat-y	该模式只在垂直方向重复
no-repeat	该模式只显示一次（不重复）

【例 5-17】（实例文件：ch05\Chap5.17.html）平铺图片。代码如下：

```
<!DOCTYPE html>
<html>
<head>
<title>平铺图片</title>
</head>
<body>
<p>图片应用:</p>
<img src="02.jpg" id="lamp">
<p>画布:</p>
<button onclick="draw('repeat')">重复</button>
<button onclick="draw('repeat-x')">重复-x</button>
<button onclick="draw('repeat-y')">重复-y</button>
<button onclick="draw('no-repeat')">不重复</button> </br>
<canvas id="myCanvas" width="400" height="320" style="border:1px solid #d3d3d3;"></canvas>
<script>
function draw(direction)
{
```

```
        var c=document.getElementById("myCanvas");
        var ctx=c.getContext("2d");
        ctx.clearRect(0,0,c.width,c.height);
        var img=document.getElementById("lamp")
        var pat=ctx.createPattern(img,direction);
        ctx.rect(0,0,400,320);
        ctx.fillStyle=pat;
        ctx.fill();
    }
</script>
</body>
</html>
```

相关的代码实例可参考 Chap5.17.html 文件，在 IE 浏览器中可以查看运行结果，如图 5-17 所示。通过单击"重复"按钮、"重复-x"按钮、"重复-y"按钮、"不重复"按钮，可以分别查询平铺图片的效果，分别如图 5-18～图 5-21 所示。

图 5-17　平铺图片

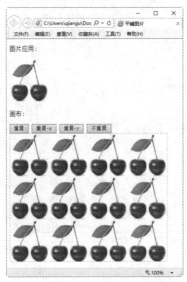

图 5-18　"重复"按钮

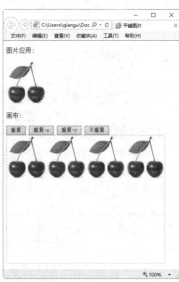

图 5-19　"重复-x"按钮

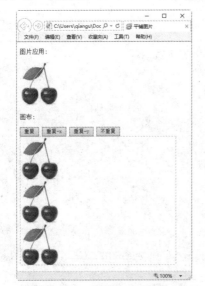

图 5-20　"重复-y"按钮

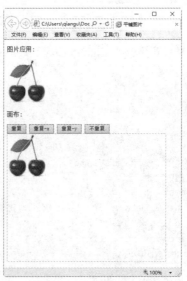

图 5-21　"不重复"按钮

5.5.3　裁剪图片

clip()方法表示从原始画布中剪切任意形状和尺寸，一旦剪切了某个区域，则所有之后的绘图都会被限制在剪切过的区域内，而且不能访问画布上的其他区域。为了解决这一问题，开发者可以在使用 clip()方法之前，通过 save 方法对当前画布区域进行保存，并在以后的任意时间对其进行恢复，恢复的方法是使用restore()方法。

【例 5-18】（实例文件：ch05\Chap5.18.html）裁剪图片。代码如下：

```
!DOCTYPE html>
<html>
<head>
<title>图片裁剪</title>
<style>
#rgbaL1 {
    width:300px;
    height:200px;
    font-size:14px;
    color:#000;
    margin-left:20px;
}
</style>
</head>
<body>
  <article>
  <img src="03.jpg" width="350" height="300">
    <canvas id="MyCanvas" width="350" height="300">当前浏览器不支持 canvas 元素</canvas>
  </article>
<script>
window.onload=function(){
    var canvas=document.getElementById("MyCanvas");
    if(canvas.getContext){
        var context=canvas.getContext("2d");
        context.fillStyle="white";
        context.fillRect(0, 0, 350, 300);
        image=new Image();
        image.onload=function () {
           drawImg(context,image);
        }
        image.src="03.jpg";
    }
}
    function drawImg(context, image) {
        create5StarClip(context);
        context.drawImage(image,0,0);
    }
    function create5StarClip(context) {
        var n=0,dx=180,dy=135,s=150;
        context.beginPath();
        var x=Math.sin(0);
        var y=Math.cos(0);
        var dig=Math.PI / 5 * 4;
        for (var i=0; i < 5; i++) {
            var x=Math.sin(i * dig);
            var y=Math.cos(i * dig);
            context.lineTo(dx + x * s, dy + y * s);
        }
        context.closePath();
        context.clip();
    }
</script>
</body>
</html>
```

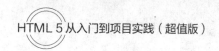

相关的代码实例可参考 Chap5.18.html 文件，在 Firefox 浏览器中运行的结果如图 5-22 所示。在显示页面上绘制一个 5 边形，图片作为 5 边形的背景显示，从而实现对对象图片的裁剪。

图 5-22　裁剪图片

5.5.4　像素处理

图像是由一个个像素点组成的，在画布中，可以使用 ImageData 对象来保存图像像素值，它有 width、height 和 data 3 个属性，其中 data 属性就是一个连续数组，图像的所有像素值其实是保存在 data 里面的。data 属性保存像素值的方法如下：

```
imageData.data[index*4 +0]
imageData.data[index*4 +1]
imageData.data[index*4 +2]
imageData.data[index*4 +3]
```

上面取出了 data 数组中连续相邻的 4 个值，这 4 个值分别代表了图像中第 index+1 个像素的红色、绿色、蓝色和透明度值的大小。需要注意的是 index 从 0 开始，图像中总共有 width×height 个像素，数组中总共保存了 width×height×4 个数值。

画布对象有 3 个方法用来创建、读取和设置 ImageData 对象，如表 5-9 所示。

表 5-9　创建、读取与设置 ImageData 对象的方法

方　　法	说　　明
createImageData(width,height)	在内存中创建一个指定大小的 ImageData 对象（即像素数组），对象中的像素点都是黑色透明的，即 rgba(0,0,0,0)
getImageData(x,y,width,height)	返回一个 ImageData 对象，这个 IamgeData 对象中包含了指定区域的像素数组
putImageData(data,x,y)	将 ImageData 对象绘制到屏幕的指定区域上

【例 5-19】（实例文件：ch05\Chap5.19.html）像素化处理图片。代码如下：

```
<!DOCTYPE html>
<html>
<head>
<title>像素化处理</title>
</head>
<body onload="draw('canvas');">
<h1>像素化处理图片</h1>
<canvas id="canvas" width="400" height="300"></canvas>
<script>
```

```
function draw(id){
    var canvas=document.getElementById(id);
    if(canvas==null){
        return false;
    }
    var context=canvas.getContext('2d');
    image=new Image();
    image.src="01.jpg";
    image.onload=function(){
        context.drawImage(image,0,0);
        var imagedata=context.getImageData(0,0,image.width,
image.height);
        for(var i=0,n=imagedata.data.length;i<n;i+=4){
            imagedata.data[i+0]=255-imagedata.data[i+0];
            imagedata.data[i+1]=255-imagedata.data[i+2];
            imagedata.data[i+2]=255-imagedata.data[i+1];

        }
        context.putImageData(imagedata,0,0);
    };
    }
</script>
</body>
</html>
```

图 5-23　像素化处理后的图片

相关的代码实例可参考 Chap5.19.html 文件，在 Firefox 浏览器中运行的结果如图 5-23 所示，可以看到，在页面上显示了一个图像，其图像明显经过像素化处理。

5.6　绘制文本元素

文本是用户在页面中最常见的内容，通过上下文对象提供的属性和方法可以绘制出指定的文本信息，下面就来介绍绘制文本元素的方法。

5.6.1　绘制普通文字

在画布中绘制文本，需要使用到上下文对象中的属性和方法，通过属性可以设置文本的字体样式和对齐方式等信息，最常用的属性如表 5-10 所示。

表 5-10　绘制文字时的属性

属　性　名	描　　　述
font	设置或返回文本内容的当前字体，包括字体样式、字体变种、字体大小与粗细、行高和字体名称
textAlign	设置或返回文本内容的当前对齐方式，其属性值可以是 start（默认的）、end、left、right 和 center
textBaseline	设置或返回在绘制文本时使用的当前文本基线，其属性值可以是 top、hanging、middle、alphabetic、ideographic 和 bottom。对于简单的英文字母，可以放心地使用 top、middle 或 bottom 作为文本基线

了解了绘制文字时的属性，下面介绍绘制文字的方法，Web 开发者可以通过 3 种方法绘制文本，如表 5-11 所示。

表 5-11　绘制文字的 3 种方法

方　法　名	描　述
fillText(text,x,y,maxwidth)	绘制带 fillStyle 填充的文字，文本参数以及用于指定文本位置的坐标参数。maxwidth 是可选参数，用于限制字体大小，它会将文本字体强制收缩到指定尺寸
strokeText(text,x,y,maxwidth)	绘制只有 strokeStyle 边框的文字，其参数含义和上一个方法相同
measureText()	该方法会返回一个度量对象，其包含了在当前 context 环境下指定文本的实际显示宽度

【例 5-20】（实例文件：ch05\Chap5.20.html）绘制普通文本。代码如下：

```
<!DOCTYPE html>
<html>
  <head>
   <title>Canvas</title>
  </head>
  <body>
   <canvas id="my_canvas" width="200" height="200" style="border:1px solid #ff0000"></canvas>
   <script type="text/javascript">
      var elem=document.getElementById("my_canvas");
      if (elem && elem.getContext) {
        var context=elem.getContext("2d");
        context.fillStyle  ='#00f';
        //font:文字字体,同 CSSfont-family 属性
        context.font='italic 30px 微软雅黑';    //斜体 30px 微软雅黑字体
        //textAlign:文字水平对齐方式.可取属性值:start, end, left,right, center.默认值:start.
        context.textAlign='left';
        //文字竖直对齐方式.可取属性值:top, hanging, middle,alphabetic, ideographic, bottom.默认
值:alphabetic
        context.textBaseline='top';
        //要输出的文字内容,文字位置坐标,第四个参数为可选选项——最大宽度.如果需要的话,浏览器会缩减文字以
让它适应指定宽度
        context.fillText ('春花秋月何时了!', 0, 0,180);    //有填充
        context.font       ='bold 30px sans-serif';
        context.strokeText('春花秋月何时了!', 0, 50,180); //只有文字边框
      }
   </script>
  </body>
</html>
```

相关的代码实例可参考 Chap5.20.html 文件，在 Firefox 浏览器中运行的结果如图 5-24 所示，在页面上显示了一个画布边框，画布中显示了两行不同的文字，第一行文字以斜体显示，颜色为蓝色，第二行文字以加粗样式显示，颜色为黑色。

5.6.2　绘制阴影文本

上下文对象提供了一系列与阴影有关的属性，通过这些属性，不仅可以绘制文本的阴影效果，还可以绘制图形的阴影效果。绘制阴影文本的属性如表 5-12 所示。

图 5-24　绘制普通文本

表 5-12　绘制阴影文本的属性

属　性　名	描　述
shadowColor	设置或返回用于阴影的颜色

属 性 名	描　　述
shadowBlur	设置或返回用于阴影的模糊级别
shadowOffsetX	设置或返回阴影与形状的水平距离
shadowOffsetY	设置或返回阴影与形状的垂直距离

【例 5-21】（实例文件：ch05\Chap5.21.html）绘制阴影文本。代码如下：

```
<!DOCTYPE html>
<html>
<head>
<title>绘制阴影文本</title>
<style>
#rgbaL1 {
    width:300px;
    height:200px;
    font-size:14px;
    color:#000;
    margin-left:20px;
}
</style>
</head>
<body>
<div id="smiddle">
 <article>
   <h1></h1>
   <p> </p>
   <canvas id="MyCanvas" width="720" height="300">当前浏览器不支持 canvas 元素</canvas>
 </article>
 <script>
window.onload=function(){
   var title="《早发白帝城》";
   var canvas=document.getElementById("MyCanvas");
   if(canvas.getContext){
      var context=canvas.getContext("2d");
      context.font="italic 20px sans-serif";
      context.strokeStyle="#43CD80";
      context.shadowColor="blue";
      context.shadowBlur=1;
      context.shadowOffsetX=2;
      context.shadowOffsetY=-2;
      context.fillText(title,200,30);
      //绘制诗歌作者内容
      context.font="italic 18px sans-serif";
      context.fillStyle="blue";
      context.textBaseline="bottom";
      context.shadowColor="#EE1289";
      context.shadowBlur=2;
      context.shadowOffsetX=-2;
      context.shadowOffsetY=2;
      context.fillText("（作者:李白）",340,30);

      //绘制诗歌内容
      context.font="30px 隶书";
      context.fillStyle="#404040";
      context.shadowColor="#43CD80";
      context.shadowBlur=3;
      context.shadowOffsetX=-2;
      context.shadowOffsetY=-2;
      context.fillText("朝辞白帝彩云间,",160,70);
```

```
        context.fillText("千里江陵一日还.",160,90);
        context.fillText("两岸猿声啼不住,",160,110);
        context.fillText("轻舟已过万重山.",160,130);
      }
    </script>
  </div>
</body>
</html>
```

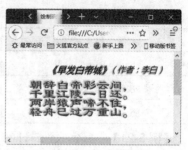

图 5-25 绘制阴影文本

相关的代码实例可参考 Chap5.21.html 文件，在 Firefox 浏览器中运行的结果如图 5-25 所示。

5.7 绘制动画特效

使用 canvas 与 JavaScript 不仅可以绘制静态文本，还可以绘制动画特效，如动态闪动的线条、可以走动的页面时钟。

5.7.1 了解动画

由于使用 JavaScript 脚本操作 canvas，因此，要实现一些交互动画是很容易的，只不过 canvas 并非是为了绘制动画而出现的，因此没有动画制作中帧的概念。不过，使用 JavaScript 中的定时器不断地绘制 canvas 画面，就可以实现动画特效了。

JavaScript 中的 setInterval(code,millisec)方法可以按照指定的时间间隔 millisec 来反复调用 code 所指向的函数或者代码串，基本语法结构如下：

```
setInterval(code, millisec);
```

上述语法中，code 参数表示要调用一个代码串，也可以是一个函数，millisec 参数表示周期性执行或调用 code 之间的时间间隔，以毫秒计。这样，通过将绘图函数作为第一个参数传给 setInterval()方法，在每次被调用的过程中移动画面中图形的位置，来最终实现动画特效。

5.7.2 绘制动态闪动线条

JavaScript 的功能非常强大，下面利用 canvas 元素、上下文对象以及 setInterval()方法绘制动态线条，线条的颜色随机设置。

【例 5-22】（实例文件：ch05\Chap5.22.html）绘制动态闪动线条。代码如下：

```
<!DOCTYPE html>
<html>
<head>
<title>绘制动态线条</title>
<style>
#rgbaL1 {
    width:300px;
    height:200px;
    font-size:14px;
    color:#000;
    margin-left:20px;
}
</style>
</head>
```

```
<body>
<div id="smiddle">
  <article>
    <center>
    <canvas id="MyCanvas" width="400" height="400" style="border:5px red solid">当前浏览器不支持
canvas元素</canvas>
    </center>
  </article>
<script>
var mycanvas =document.getElementById("MyCanvas");
if(mycanvas.getContext){
    var mycontext=mycanvas.getContext("2d");
    var x,y,x2,y2,r,g,b;
    function line() {
        x=Math.floor(Math.random()*190) + Math.floor(Math.random()*190);
        y=Math.floor(Math.random()*190) + Math.floor(Math.random()*190);
        x2=Math.floor(Math.random()*190) + Math.floor(Math.random()*190);
        y2=Math.floor(Math.random()*190) + Math.floor(Math.random()*190);
        r=Math.floor(Math.random()*255);
        g=Math.floor(Math.random()*255);
        b=Math.floor(Math.random()*255);
        mycontext.moveTo(x, y);               //原点
        mycontext.lineTo(x2, y2);             //目标点
        mycontext.strokeStyle='rgb(' + r + ',' + g + ',' + b + ')';
        mycontext.lineWidth=Math.floor(Math.random()*6);
        mycontext.stroke();
        mycontext.restore();
    }
}
setInterval(line, 500);
</script>
</div>
</body>
</html>
```

相关的代码实例可参考 Chap5.22.html 文件，在 Firefox 浏览器中
运行的结果如图 5-26 所示。

5.7.3　绘制动态页面时钟

使用 JavaScript 技术和 HTML 5 中新增的画布 canvas 可以轻松制
作动态页面时钟特效。在画布上绘制时钟，需要绘制表盘、时针、分
针、秒针和中心圆等图形，然后将这几个图形组合起来，构成一个时
针界面，最后使用 JavaScript 代码，根据时间确定秒针、分针和时针。

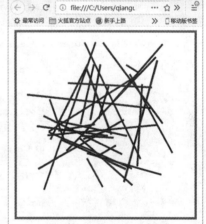

图 5-26　绘制动态闪动线条

【例 5-23】（实例文件：ch05\Chap5.23.html）绘制动态页面时钟。代码如下：

```
<!DOCTYPE html>
<html>
<head>
<title>制作动态页面时钟</title>
</head>
<body>
<canvas id="canvas" width="200" height="200" style="border:1px solid #000;">您的浏览器不支持
canvas.</canvas>
 <script type="text/javascript" language="javascript" charset="utf-8">
 var canvas=document.getElementById('canvas');
 var ctx=canvas.getContext('2d');
 if(ctx){
  var timerId;
  var frameRate=60;
```

```
function canvObject(){
  this.x=0;
  this.y=0;
  this.rotation=0;
  this.borderWidth=2;
  this.borderColor='#000000';
  this.fill=false;
  this.fillColor='#ff0000';
  this.update=function(){
   if(!this.ctx)throw new Error('你没有指定ctx对象.');
   var ctx=this.ctx
   ctx.save();
   ctx.lineWidth=this.borderWidth;
   ctx.strokeStyle=this.borderColor;
   ctx.fillStyle=this.fillColor;
   ctx.translate(this.x, this.y);
   if(this.rotation)ctx.rotate(this.rotation * Math.PI/180);
   if(this.draw)this.draw(ctx);
   if(this.fill)ctx.fill();
   ctx.stroke();
   ctx.restore();
  }
};
function Line(){};
Line.prototype=new canvObject();
Line.prototype.fill=false;
Line.prototype.start=[0,0];
Line.prototype.end=[5,5];
Line.prototype.draw=function(ctx){
 ctx.beginPath();
 ctx.moveTo.apply(ctx,this.start);
 ctx.lineTo.apply(ctx,this.end);
 ctx.closePath();
};

function Circle(){};
Circle.prototype=new canvObject();
Circle.prototype.draw=function(ctx){
 ctx.beginPath();
 ctx.arc(0, 0, this.radius, 0, 2 * Math.PI, true);
 ctx.closePath();
};

var circle=new Circle();
circle.ctx=ctx;
circle.x=100;
circle.y=100;
circle.radius=90;
circle.fill=true;
circle.borderWidth=6;
circle.fillColor='#ffffff';

var hour=new Line();
hour.ctx=ctx;
hour.x=100;
hour.y=100;
hour.borderColor="#000000";
hour.borderWidth=10;
hour.rotation=0;
hour.start=[0,20];
hour.end=[0,-50];

var minute=new Line();
minute.ctx=ctx;
minute.x=100;
minute.y=100;
```

```
    minute.borderColor="#333333";
    minute.borderWidth=7;
    minute.rotation=0;
    minute.start=[0,20];
    minute.end=[0,-70];

    var seconds=new Line();
    seconds.ctx=ctx;
    seconds.x=100;
    seconds.y=100;
    seconds.borderColor="#ff0000";
    seconds.borderWidth=4;
    seconds.rotation=0;
    seconds.start=[0,20];
    seconds.end=[0,-80];

    var center=new Circle();
    center.ctx=ctx;
    center.x=100;
    center.y=100;
    center.radius=5;
    center.fill=true;
    center.borderColor=' green ';

    for(var i=0,ls=[],cache;i<12;i++){
     cache=ls[i]=new Line();
     cache.ctx=ctx;
     cache.x=100;
     cache.y=100;
     cache.borderColor=" green ";
     cache.borderWidth=2;
     cache.rotation=i * 30;
     cache.start=[0,-70];
     cache.end=[0,-80];
    }

    timerId=setInterval(function(){
     // 清除画布
     ctx.clearRect(0,0,200,200);
     // 填充背景色
     ctx.fillStyle='green';
     ctx.fillRect(0,0,200,200);
     // 表盘
     circle.update();
     // 刻度
     for(var i=0;cache=ls[i++];)cache.update();
     // 时针
     hour.rotation=(new Date()).getHours() * 30;
     hour.update();
     // 分针
     minute.rotation=(new Date()).getMinutes() * 6;
     minute.update();
     // 秒针
     seconds.rotation=(new Date()).getSeconds() * 6;
     seconds.update();
     // 中心圆
     center.update();
    },(1000/frameRate)|0);
   }else{
    alert('您的浏览器不支持 canvas 无法预览时钟！');
   }
</script>
</body>
</html>
```

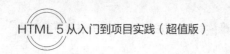

相关的代码实例可参考制作 Chap5.23.html 文件，然后双击该文件，在 Firefox 浏览器中运行的结果如图 5-27 所示，可以看到页面中出现了一个时钟，其秒针在不停地移动。

图 5-27　绘制动态页面时钟

5.8　典型案例——绘制移动页面素材

漫画中最常见的一种图形，就是火柴棒人，通过简单的几个笔画，就可以绘制一个传神的动漫人物。使用 canvas 和 JavaScript 同样可以绘制一个火柴棒人物。具体操作步骤如下。

步骤 1：分析需求。

一个火柴棒人，由下面几个部分组成，一个脸部，一个是身躯。脸部是一个圆形，其中包括眼睛和嘴；身躯是几条直线组成，包括手和腿等。实际上此案例就是绘制圆形、弧度和直线的组合。实例完成后，效果如图 5-28 所示。

步骤 2：实现 HTML 页面，定义画布 canvas。代码如下：

```
<!DOCTYPE html>
<html>
<title>绘制火柴棒人</title>
<body>
<canvas id="myCanvas" width="500" height="300" style="border:1px solid blue">
</canvas>
</body>
</html>
```

在 IE 中浏览效果如图 5-29 所示，页面显示了一个画布边框。

图 5-28　火柴棒人

图 5-29　定义画布边框

步骤 3：实现头部轮廓绘制。代码如下：

```
<script type="text/javascript">
var c=document.getElementById("myCanvas");
var cxt=c.getContext("2d");
cxt.beginPath();
cxt.arc(100,50,30,0,Math.PI*2,true);
cxt.fill();
</script>
```

这会产生一个实心的、填充的头部，即圆形。在 arc 函数中，x 和 y 的坐标为（100，50），半径为 30px，另两个参数的弧度为弧度的开始和结束，第 6 个参数表示绘制弧形的方向，即顺时针和逆时针方向。

在 IE 中浏览效果如图 5-30 所示，页面显示了实心圆，其颜色为黑色。

步骤 4：JS 绘制笑脸。代码如下：

```
cxt.beginPath();
cxt.strokeStyle='#c00';
cxt.lineWidth=3;
cxt.arc(100,50,20,0,Math.PI,false);
cxt.stroke();
```

此处使用 beginPath 方法，表示重新绘制，并设定线条宽度，然后绘制了一个弧形，这个弧形是从嘴部开始的弧形。

在 IE 浏览器中浏览效果如图 5-31 所示，页面上显示了一个漂亮的半圆式的笑脸。

图 5-30　绘制头部轮廓

图 5-31　绘制笑脸

步骤 5：JS 绘制眼睛。代码如下：

```
cxt.beginPath();
cxt.fillStyle="#c00";
cxt.arc(90,45,3,0,Math.PI*2,true);
cxt.fill();
cxt.moveTo(113,45);
cxt.arc(110,45,3,0,Math.PI*2,true);
cxt.fill();
cxt.stroke();
```

首先填充弧线，创建了一个实体样式的眼睛，arc 绘制左眼，然后使用 moveto 绘制右眼。在 IE 中浏览效果如图 5-32 所示，页面显示了一双眼睛。

步骤 6：绘制身躯。代码如下：

```
cxt.moveTo(100,80);
cxt.lineTo(100,150);
cxt.moveTo(100,100),
cxt.lineTo(60,120);
cxt.moveTo(100,100);
cxt.lineTo(140,120);
cxt.moveTo(100,150);
cxt.lineTo(80,190);
cxt.moveTo(100,150);
```

```
cxt.lineTo(140,190);
cxt.stroke();
```

上面代码以 moveTo 作为开始坐标，以 lineTo 为终点，绘制不同的直线，这些直线的坐标位置需要在不同地方汇集，两只手在坐标位置（100，100）交叉，两只脚在坐标位置（100，150）交叉。

在 IE 浏览器中浏览效果如图 5-33 所示，页面显示了一个火柴棒人，相比较上一个图形，多了一个身躯。

图 5-32　绘制眼睛

图 5-33　定义身躯

5.9　就业面试技巧与解析

5.9.1　面试技巧与解析（一）

面试官：画布中 stroke 和 fill 二者的区别是什么？

应聘者：HTML 5 中将图形分为两大类：第一类称作 Stroke，就是轮廓、勾勒或者线条，总之，图形是由线条组成的；第二类称作 Fill，就是填充区域。上下文对象中有两个绘制矩形的方法，可以让我们很好地理解这两大类图形的区别：一个是 strokeRect，还有一个是 fillRect。

5.9.2　面试技巧与解析（二）

面试官：定义 canvas 宽度和高度时，是否可以在 CSS 属性中定义呀？

应聘者：在添加一个 canvas 标签的时候，会在 canvas 的属性里填写要初始化的 canvas 的高度和宽度，代码如下：

```
<canvas width="500" height="400">Not Supported!</canvas>
```

如果把高度和宽度写在了 CSS 里面，结果发现在绘图的时候坐标获取出现差异，canvas.width 和 canvas.height 分别是 300 和 150，和预期的不一样。这是因为 canvas 要求这两个属性必须与 canvas 标记一起出现。

第 6 章

CSS 3 样式入门与基础语法

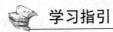 **学习指引**

使用 CSS 技术可以对文档进行精细的页面美化，它不仅可以对单个页面进行格式化，还可以对多个页面使用相同的样式进行修饰，以达到统一的效果。本章将详细介绍 CSS 3 基础知识，主要内容包括 CSS 3 的语法结构、编写方法、选择器的应用以及在网页中调用 CSS 样式的方法。

重点导读

- 掌握 CSS 3 的核心概念。
- 掌握 CSS 3 选择器的应用。
- 掌握调用 CSS 3 的方式。
- 掌握代码结构编写规范。

6.1　CSS 3 简介

CSS 是英文 Cascading Style Sheets（层叠样式表单）的缩写，通常又称为"风格样式表（Style Sheet）"或级联样式表，它是用来进行页面风格设计的。给页面添加 CSS，最大的优势就是在后期维护中只需要修改代码即可。具体来讲，CSS 3 的作用有以下几个方面。

- 在几乎所有的浏览器上都可以使用。
- 以前一些必须通过图片转换才能实现的功能，现在只要用 CSS 3 就可以轻松实现，从而更快地下载页面。
- 使页面的字体变得更漂亮，更容易编排，使页面真正赏心悦目。
- 用户可以轻松地控制页面的布局。
- 用户可以将许多网页的风格格式同时更新，不用再一页一页地更新了。
- 用户可以将站点上所有的网页风格都使用一个 CSS 文件进行控制，只要修改这个 CSS 文件中相应的行，那么整个站点的页面都会随之发生变动。

6.2 CSS 3 的核心概念

在网页中加入 CSS 样式的目的是将网页结构代码与网页格式风格代码分离开来，从而使网页设计者可以对网页的布局进行更多的控制。

6.2.1 CSS 3 的语法结构

CSS 3 的语法非常简单，这也是其深受用户喜爱和被广泛应用的原因。CSS 3 语法规则由两个主要的部分构成，分别是选择器，以及一条或多条声明，具体语法结构如图 6-1 所示。

选择器通常是用户需要改变样式的 HTML 元素，其直接与 HTML 代码对应，声明（declaration）非常人性化。属性（property）是用户希望设置的样式属性（style attribute），绝大部分属性名都是有含义的英文单词或词组，每个属性对应一个值，属性值大部分也是直接用有意义的单词表示，例如颜色值可以取 yellow、red 和 orange，预设的 border 样式有 solid 和 dashed，属性和值之间用冒号分开。

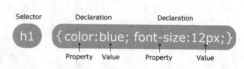

图 6-1　CSS 3 语法结构

CSS 3 语法具有很高的容错性，即一条错误的语句并不会影响之后语句的解析。例如以下代码：

```
<style>
h1{
    color:blue              /*这里没有分号,导致语法错误*/
    font-size:20px          /*这条声明不会被应用*/
}
h2{
    -color:red;             /*对于不识别的属性名,CSS 将自动忽略*/
    font-size:22px;         /*前面的错误不影响这条声明的作用*/
}
</style>
```

注意：虽然 CSS 3 的容错性非常高，但是在编写的过程中也要注意语法错误的检查，用户可以使用 CSS Lint、Dreamweaver 等工具来检查 CSS 3 语法格式。

6.2.2 盒模型

所有 HTML 元素可以看作盒子，在 CSS 3 中，Box Model 这一术语在设计和布局时使用。CSS 3 盒模型本质上是一个盒子，封装周围的 HTML 元素，它包括边距、边框、填充和实际内容。盒模型允许用户在其他元素和周围元素边框之间的空间放置元素，如图 6-2 所示为盒模型（Box Model）示意图。

盒模型中不同部分的说明：

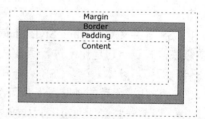

图 6-2　盒模型（Box Model）示意图

- Margin（外边距）：清除边框外的区域，外边距是透明的。
- Border（边框）：围绕在内边距和内容外的边框。
- Padding（内边距）：清除内容周围的区域，内边距是透明的。
- Content（内容）：盒子的内容，显示文本和图像。

为了正确设置元素在所有浏览器中的宽度和高度，用户需要知道盒模型是如何工作的。下面介绍计算盒模型高度与宽度的方法。

【例 6-1】（实例文件：ch06\Chap6.1.html）计算盒模型的总宽度。代码如下：

```
<!DOCTYPE html>
<html>
<head>
<title>计算盒模型的宽度</title>
<style>
div {
    background-color:lightgrey;
    width:300px;
    border:25px solid green;
    padding:25px;
    margin:25px;
}
</style>
</head>
<body>
<h2>盒模型演示</h2>
<p>CSS 盒模型本质上是一个盒子,封装周围的 HTML 元素,它包括边距,边框,填充和实际内容.</p>
<div>这里是盒子内的实际内容,有 25px 内间距,25px 外间距、25px 绿色边框.</div>
</body>
</html>
```

相关的代码实例可参考 Chap6.1.html 文件，在 Firefox 浏览器中运行的结果如图 6-3 所示。这里也可以自己计算：300px（宽）+50px（左+右填充）+50px（左+右边框）+50px（左+右边距）=450px，因此盒模型的总宽度为 450px。

根据上面的计算，可以得出计算盒模型高度与宽度的方法：

元素的总宽度计算公式如下：

总元素的宽度=宽度+左填充+右填充+左边框+右边框+左边距+右边距

元素的总高度计算公式如下：

元素的总高度=高度+顶部填充+底部填充+上边框+下边框+上边距+下边距

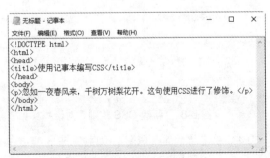

图 6-3　计算盒模型的总宽度

6.2.3　CSS 3 的编写方法

CSS 3 是纯文本格式文件，在编写 CSS 3 时，常用的编写方法有两种，一种是使用简单纯文本编辑工具，如记事本；另一种是使用专业的 CSS 编辑工具，如 Dreamweaver。

1. 使用记事本编写 CSS

使用记事本编写 CSS，首先打开记事本，然后输入相应 CSS 代码。具体步骤如下：

（1）打开记事本，输入 HTML 网页代码，如图 6-4 所示。

（2）添加 CSS 代码。在 head 标记中间添加 CSS 样式代码，如图 6-5 所示。从窗口可以看出，在 head 标

图 6-4　记事本窗口

记中间，添加了一个 style 标记，即 CSS 样式标记。在 style 标记中间，对 p 样式进行了设定，设置段落居中显示并且颜色为红色，如图 6-5 所示。

（3）运行网页文件。网页编辑完成后，使用 IE 浏览器打开，可以看到段落在页面中间以红色字体显示，如图 6-6 所示。

图 6-5　添加 CSS 代码

图 6-6　字体以红色显示

2. 使用 Dreamweaver 编写 CSS

Dreamweaver 的 CSS 编辑器具有提示和自动创建 CSS 功能，深受开发人员喜爱。

【例 6-2】使用 Dreamweaver 创建 CSS 步骤如下。

（1）创建 HTML 文档。使用 Dreamweaver 创建 HTML 文档，此处创建了一个名为 Chap6.2.html 的文档，输入内容如图 6-7 所示。

（2）添加 CSS 样式。在设计模式中，选中"春花秋月何时了……"段落后，右击并在弹出的快捷菜单中选择"CSS 样式"→"新建"菜单命令，弹出"新建 CSS 规则"对话框，在"为 CSS 规则选择上下文选择器类型"下拉列表中，选择"标签（重新定义 HTML 元素）"选项，如图 6-8 所示。

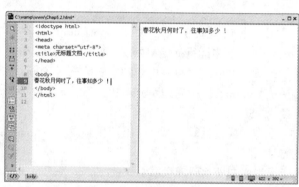

图 6-7　输入内容

（3）单击"确定"按钮，打开"body 的 CSS 规则定义"对话框，在其中设置相关的类型，如图 6-9 所示。

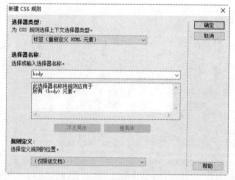

图 6-8　"新建 CSS 规则"对话框

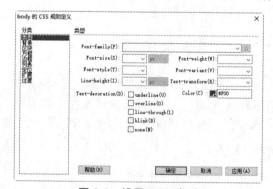

图 6-9　设置 CSS 类型

（4）单击"确定"按钮，即可完成 p 样式的设置。设置完成后，HTML 文档内容发生变化。从代码模式窗口中可以看到在 head 标记中，增加了一个 style 标记，用来放置 CSS 样式。其样式用来修饰段落 p，如图 6-10 所示。

（5）运行 HTML 文档。在 IE 浏览器中预览该网页，其显示结果如图 6-11 所示，可以看到字体颜色设置为浅红色，大小为 12px，字体较粗。

 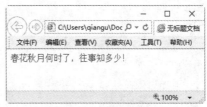

图 6-10　设置 CSS 样式　　　　　　　　　图 6-11　预览设置效果

6.3　CSS 3 选择器的应用

选择器（selector）是 CSS 3 中很重要的概念，所有 HTML 语言中的标记都是通过不同的 CSS 选择器进行控制的。用户只需要通过选择器对不同的 HTML 标签进行控制，并赋予各种样式声明，即可实现各种效果。

6.3.1　标签选择器

标签选择器又称为标记选择器，在 W3C 标准中，又称为类型选择器（type selector）。CSS 标签选择器用来声明 html 标签采用哪种 CSS 样式，也就是重新定义了 html 标签。因此，每一个 html 标签的名称都可以作为相应的标签选择器的名称。

【例6-3】通过 h1 选择器来声明页面中所有<h1>标签的 CSS 样式风格。具体代码如下：

```
<style type="text/css">
<!--
h1{
  color:red;
  font-size:14px;
}
-->
</style>
```

以上 CSS 代码声明了 html 页面中所有<h1>标签。文字的颜色都采用红色，大小都为 14px。

每一个 CSS 选择器都包括选择器、属性和值，其中属性和值可以为一个，也可以设置多个，从而实现对同一个标签声明多种样式风格的目的，如图 6-12 所示。

在这种格式中，既可以声明一个属性和值，也可以声明多个属性和值，根据具体情况而定。当然，还有另外一种常用的声明格式，如图 6-13 所示。

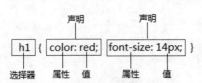 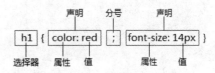

图 6-12　标签选择器的声明格式　　　　图 6-13　标签选择器另一种声明格式

在这种格式中，每一个声明都不带分号，而是在两个声明之间用分号隔开。同样，既可以声明一个属性和值，也可以声明多个属性和值。

注意：CSS 对于所有的属性和值都有相对严格的要求。如果声明的属性和值不符合该属性的要求，则不能使该 CSS 语句生效。

【例 6-4】（实例文件：ch06\Chap6.4.html）标签选择器的应用实例。代码如下：

```
<!DOCTYPE html>
<html>
<head>
<title>标签选择器</title>
<style>
p{color:blue;font-size:30px;}
</style>
</head>
<body>
<p>十年生死两茫茫,不思量,自难忘.</p>
</body>
</html>
```

相关的代码实例可参考 Chap6.4.html 文件，然后双击该文件，在 IE 浏览器中运行的结果如图 6-14 所示，可以看到段落以蓝色字体显示，大小为 30px，如果在后期维护中，需要调整段落颜色，只需要修改 color 属性值即可。

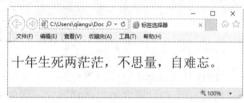

图 6-14　标签选择器应用实例

6.3.2　类选择器

类选择器允许以一种独立于文档元素的方式来指定样式。该选择器可以单独使用，也可以与其他元素结合使用。常用语法格式如下：

```
.classValue {property:value}
```

classValue 是选择器的名称，具体名称由 CSS 制定者自己命名。

【例 6-5】（实例文件：ch06\Chap6.5.html）类别选择器的应用实例。代码如下：

```
<!DOCTYPE html>
<html>
<head>
<title>类选择器</title>
<style>
.a{
    color:blue;
    font-size:20px;
}
.b{
    color:red;
    font-size:22px;
}
</style>
</head>
<body>
<h3 class=b>清明</h3>
<p class="a">清明时节雨纷纷</p>
<p class="b">路上行人欲断魂</p>
</body>
</html>
```

相关的代码实例可参考 Chap6.5.html 文件，然后双击该文件，在 IE 浏览器中运行的结果如图 6-15 所示，可以看到第一个段落以蓝色字体显示，大小为 20px，第二段落以红色字体显示，大小为 22px，标题同样以红色字体显示，大小为 22px。

图 6-15　类选择器应用实例

6.3.3 ID 选择器

ID 选择器允许以一种独立于文档元素的方式来指定样式，在某些方面，它类似于类选择器，不过也有一些重要差别。例如，ID 选择器前面有一个#号，如图 6-16 所示。

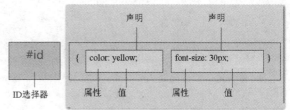
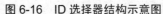

图 6-16　ID 选择器结构示意图

例如：下面的两个 ID 选择器，第一个可以定义元素的颜色为红色，第二个定义元素的颜色为绿色：

```
#red {color:red;}
#green {color:green;}
```

在下面的 HTML 代码中，id 属性为 red 的 p 元素显示为红色，而 id 属性为 green 的 p 元素显示为绿色。

```
<p id="red">这个段落是红色.</p>
<p id="green">这个段落是绿色.</p>
```

注意：id 属性只能在每个 HTML 文档中出现一次。

【例 6-6】（实例文件：ch06\Chap6.6.html）ID 选择器的应用实例。代码如下：

```
<!DOCTYPE html>
<html>
<head>
<title>ID 选择器</title>
<style>
#fontstyle{
    color:blue;
    font-weight:bold;
}
#textstyle{
    color:red;
    font-size:22px;
}
</style>
</head>
<body>
<h3 id=fontstyle>咏柳</h3>
<p id=textstyle>不知细叶谁裁出</p>
<p id=textstyle>二月春风似剪刀</p>
</body>
</html>
```

相关的代码实例可参考 Chap6.6.html 文件，然后双击该文件，在 IE 浏览器中运行的结果如图 6-17 所示，可以看到标题以蓝色字体显示，大小为 20px，第一个段落以红色字体显示，大小为 22px，第二段落以红色字体显示，大小为 22px。

图 6-17　ID 选择器应用实例

6.3.4 属性选择器

属性选择器可以根据元素的属性及属性值来选择元素。如果希望选择有某个属性的元素，而不论属性值是什么，那么可以使用简单属性选择器。

例如希望把包含标题（title）的所有元素变为红色，可以写作：

```
*[title] {color:red;},
```

【例 6-7】（实例文件：ch06\Chap6.7.html）属性选择器的应用实例。代码如下：

```
<!DOCTYPE html>
<html>
<head>
<style type="text/css">
[title]{color:red;}
</style>
</head>
<body>
<h1>可以应用样式:</h1>
<h2 title="Hello world">Hello world</h2>
<a title="haut" href="http://www.haut.edu.cn"> haut</a>
<hr />
<h1>无法应用样式:</h1>
<h2>Hello world</h2>
<a href="http:// www.haut.edu.cn "> haut </a>
</body>
</html>
```

相关的代码实例可参考 Chap6.7.html 文件，然后双击该文件，在 IE 浏览器中运行的结果如图 6-18 所示。

图 6-18　属性选择器应用实例

6.3.5　子选择器

子选择器用来选择一个父元素直接的子元素，不包括子元素的子元素，它的符号为大于号 "＞"，请注意这个选择器与后代选择器的区别，子选择器（child selector）仅是指它的直接后代，或者可以理解为作用于子元素的第一个后代；而后代选择器是作用于所有子后代元素。需要注意的是，后代选择器通过空格来进行选择。

【例 6-8】（实例文件：ch06\Chap6.8.html）子选择器的应用实例。代码如下：

```
<!DOCTYPE html>
<html>
<head>
<title>CSS 的子选择器</title>
<style type="text/css">
ul.myList > li > a{               /* 子选择器 */
text-decoration:none;             /* 没有下画线 */
    color:#336600;
}
</style>
</head>
<body>
<ul class="myList">
    <li>
      <a href="http://www.beijingdaxue.edu.cn/">北京大学</a>
      <ul>
        <li><a href="#">CSS1</a></li>
        <li><a href="#">CSS2</a></li>
        <li><a href="#">CSS3</a></li>
      </ul>
    </li>
</ul>
</body>
</html>
```

相关的代码实例可参考 Chap6.8.html 文件，然后双击该文件，在 IE 浏览器中运行的结果如图 6-19 所示。

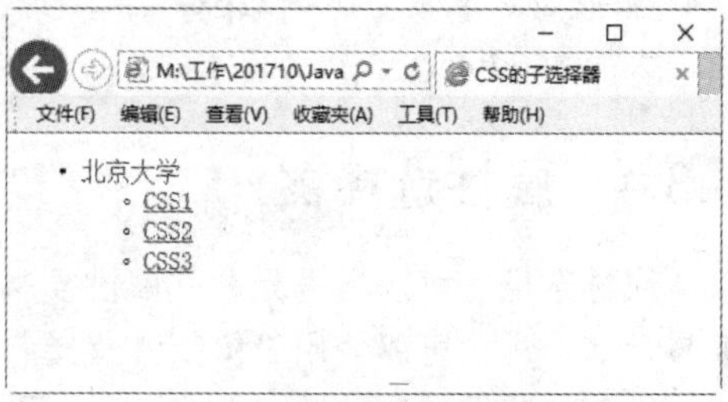

图 6-19　子选择器应用实例

6.4 调用 CSS 3 的方式

CSS 样式表能很好地控制页面显示，以达到分离网页内容和样式代码的目的。CSS 样式表控制 HTML 页面达到好的样式效果，其方式通常包括行内样式、内嵌样式、链接样式和导入样式。

6.4.1 行内样式

行内样式是最为简单的 CSS 设置方式，需要给每一个标签都设置 style 属性。顾名思义，它和样式所定义的内容在同一代码行内，其代码如下：

```
<p style="color:red">段落样式</p>
```

【例6-9】（实例文件：ch06\Chap6.9.html）行内样式的应用实例。代码如下：

```
<!DOCTYPE html>
<head>
<title>CSS 行内样式 </title>
</head>
<body>
<p style="font:'幼圆', '仿宋', '黑体';font-size:30px;color:#0000FF;">CSS 行内样式 01</p>
<p style="font-family:Arial, Helvetica, sans-serif;color:#FF0000;">CSS 行内样式 02</p>
<p>CSS 行内样式 03</p>
<p> </p>
</body>
</html>
```

相关的代码实例可参考 Chap6.9.html 文件，然后双击该文件，在 IE 浏览器中运行的结果如图 6-20 所示，可以看出各段的文字以不同的效果显示。

行内样式是最为简单的 CSS 使用方法，但由于需要为每一个标记设置 style 属性，后期维护成本依然很高，而且网页文件容易过大，因此不推荐使用。

图 6-20 行内样式的应用

6.4.2 内嵌样式

在 HTML 页面内部定义的 CSS 样式表叫作嵌入式 CSS 样式表，也就是在 HTML 文档的 head 部分使用 style 标签，并在该标签中定义一系列 CSS 规则。其代码格式如下：

```
<head>
<style type="text/css">
<!--
 ⋮
-->
</style>
</head>
```

【例6-10】（实例文件：ch06\Chap6.10.html）嵌入样式的应用实例。代码如下：

```
<!DOCTYPE html>
<html>
<head>
 <title>嵌入样式的应用</title>
 <style type="text/css" media="screen">
  <!--
  h1
  {
```

```
      font-size:30px;
      color:red;
      background-color:yellow;
      text-align:left;
      text-decoration:underline
    }
 img
  {
   width:300;
   height:300;
   }
  body
{
    background-color:green;
}
-->
</style>
</head>
<body>
 <h1>嵌入样式的应用</h1>
  <img src="02.jpg">
</body>
 </html>
```

相关的代码实例可参考 Chap6.10.html 文件，然后双击该文件，在 IE 浏览器中运行的结果如图 6-21 所示，可以看到网页背景以绿色显示，图片以 300px×300px 大小显示。

图 6-21　内嵌样式的应用

6.4.3　链接样式

链接式 CSS 样式表是使用频率最高，也是最为实用的 CSS 样式。它将 HTML 页面本身与 CSS 样式风格分离为两个或者多个文件，实现了页面框架 HTML 代码与美工 CSS 代码的完全分离，使得前期制作和后期维护都十分方便。

链接样式是指在外部定义 CSS 样式表并形成以.css 为扩展名的文件，然后在页面中通过<link>链接标记链接到页面中，而且该链接语句必须放在页面的<head>标记区，代码如下：

```
<link rel="stylesheet" type="text/css" href="1.css" />
```

（1）rel 指定链接到样式表，其值为 stylesheet。

（2）type 表示样式表类型为 CSS 样式。

（3）href 指定了 CSS 样式表所在位置，此处表示当前路径下名称为 1.css 文件。

【例 6-11-1】（实例文件：ch06\Chap6.11.html）链接样式的使用。代码如下：

```
<!DOCTYPE html>
<html>
<head>
<title>页面标题</title>
<link href="Chap6.11.css" type="text/css" rel="stylesheet">
</head>
<body>
<h2>咏柳</h2>
<p>碧玉妆成一树高,万条垂下绿丝绦.</p>
<h2> 清明</h2>
<p>清明时节雨纷纷,路上行人欲断魂.</p>
</body>
</html>
```

【例 6-11-2】（实例文件：ch06\Chap6.11.css）链接文件。代码如下：

```
h2{
color:#00FFFF;
}
p{
color:#FF00FF;
text-decoration:underline;
font-weight:bold;
font-size:24px;
}
```

相关的代码实例可参考 Chap6.11.html 文件，然后
双击该文件，在 IE 浏览器中运行的结果如图 6-22 所示，
可以看到标题和段落以不同样式显示。

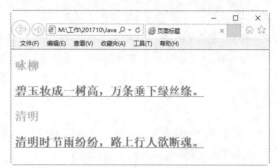

图 6-22　链接样式的应用

6.4.4　导入样式

导入样式和链接样式基本相同，都是创建一个单独 CSS 3 文件，然后再引入到 HTML 文件中，只不过
语法和运作方式有差别。采用导入样式的样式表，在 HTML 文件初始化时，会被导入到 HTML 文件内，作
为文件的一部分，类似于内嵌效果。而链接样式是在 HTML 标记需要样式风格时才以链接方式引入。

导入外部样式表是指在内部样式表的<style>标记中，使用@import 导入一个外部样式表，代码如下：

```
<head>
  <style type="text/css" >
  <!--
  @import "1.css"
  --> </style>
</head>
```

导入外部样式表相当于将样式表导入到内部样式表中，其方式更有优势。导入外部样式表必须在样式
表的开始部分，其他内部样式表上面。

【例 6-12-1】（实例文件：ch06\Chap6.12.html）导入样式的应用实例。代码如下：

```
<!DOCTYPE html>
<html>
<head>
<title>导入样式</title>
<style>
@import " Chap6.12.css"
</style>
</head>
<body>
<h1>江雪</h1>
<p>千山鸟飞绝,万径人踪灭.孤舟蓑笠翁,独钓寒江雪.</p>
</body>
</html>
```

【例 6-12-2】（案例文件：ch06\Chap6.12.css）链接文件。代码如下：

```
h1{text-align:center;color:#0000ff}
p{font-weight:bolder;text-decoration:underline;f
ont-size:20px;}
```

相关的代码实例可参考 Chap6.12.html 文件，然后双击
该文件，在 IE 浏览器中运行的结果如图 6-23 所示，可以
看到标题和段落以不同样式显示，标题居中显示颜色为蓝
色，段落以大小 20px 并加粗显示。

导入样式与链接样式相比，最大的优点就是可以一次
导入多个 CSS 3 文件，其格式如下：

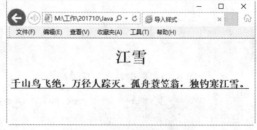

图 6-23　导入样式的应用

117

```
<style>
@import "1.6.css"
@import "test.css"
</style>
```

6.5 典型案例——制作移动网页导航菜单

导航菜单作为网站必不可少的组成部分，关系着网站的可用性和用户体验。下面就利用 CSS 来制作一个移动页面导航菜单。具体步骤如下：

（1）构建 HTML 页面。创建 HTML 页面，完成基本框架的创建，其代码如下：

```
<!DOCTYPE html>
<html>
<head>
<title>网页导航菜单</title>
</head>
<body>
<div id="navigation">
    <ul>
        <li><a href="#">推荐网站</a></li>
        <li><a href="#">新闻头条</a></li>
        <li><a href="#">最新电影</a></li>
        <li><a href="#">网上购物</a></li>
        <li><a href="#">娱乐八卦</a></li>
    </ul>
</div>
</body>
</html>
```

在 IE 浏览器中浏览效果如图 6-24 所示，此时可以看到创建的移动页面的基础框架。

（2）使用内嵌样式。如果要对网页背景进行修饰，需要添加 CSS，此处使用内嵌样式，在<head>标记中添加 CSS，其代码如下：

```
<style>
body{
    background-color:#ffdee0;
}
</style>
```

在 IE 浏览器中浏览效果如图 6-25 所示，此时可以看到背景颜色发生了变化。

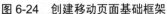

图 6-24 创建移动页面基础框架

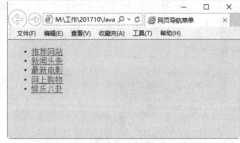

图 6-25 添加移动页面背景颜色

（3）改变文字样式。添加 CSS 代码，改变导航文字的字体样式，其代码如下：

```
#navigation {
    width:200px;
    font-family:Arial;
```

```
}
```

在 IE 浏览器中浏览效果如图 6-26 所示，可以看到字体样式为 Arial。

（4）去除项目符号。去除标签 UL 前面的项目符号，其代码如下：

```
#navigation ul {
    list-style-type:none;                /* 不显示项目符号 */
    margin:0px;
    padding:0px;
}
```

在 IE 浏览器中浏览效果如图 6-27 所示，可以看到文字前面的项目符号被取消了。

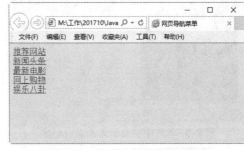

图 6-26　设置移动页面字体样式　　　　　　图 6-27　取消文字前的项目符号

（5）添加下画线。使用 CSS 样式为导航文字添加下画线，其代码如下：

```
#navigation li {
    border-bottom:1px solid #ED9F9F;        /* 添加下画线 */
}
```

在 IE 浏览器中浏览效果如图 6-28 所示，可以看到每个文字下方都添加了一条下画线。

（6）修饰导航文字。使用 CSS 3 可以为导航菜单添加边框、区块等元素。其代码如下：

```
#navigation li a{
    display:block;                        /* 区块显示 */
    padding:5px 5px 5px 0.5em;
    text-decoration:none;
    border-left:12px solid #711515;        /* 左边的粗红边 */
    border-right:1px solid #711515;        /* 右侧阴影 */
}
```

在 IE 浏览器中浏览效果如图 6-29 所示，可以看到导航菜单文字添加了边框、区块等元素。

图 6-28　添加文字下方的下画线　　　　　　图 6-29　为导航文字添加边框、区块等元素

（7）添加背景颜色。在 CSS 样式中，为每个导航菜单添加背景颜色，其代码如下：

```
#navigation li a:link, #navigation li a:visited{
    background-color:#c11136;
    color:#FFFFFF;
}
```

在 IE 浏览器中浏览效果如图 6-30 所示，可以看到每个导航菜单都显示了背景颜色。

（8）添加鼠标或手指经过效果。使用 CSS 为导航添加鼠标或手指经过效果，其代码如下：

```
#navigation li a:hover{                /* 鼠标经过时 */
    background-color:#990020;          /* 改变背景色 */
    color:#ffff00;                     /* 改变文字颜色 */
}
```

在 IE 浏览器中浏览效果如图 6-31 所示，当鼠标或手指指向某个导航菜单时，背景颜色发生了改变。

图 6-30　为导航菜单添加背景颜色

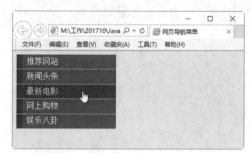

图 6-31　添加鼠标或手指经过效果

6.6　就业面试技巧与解析

6.6.1　面试技巧与解析（一）

面试官：选择器用得好坏，决定了对页面控制得好坏，请问 CSS 中有哪些选择器？

应聘者：CSS 选择器有以下几种。

（1）标签选择器：又称为标记选择器，在 W3C 标准中，又称为类型选择器（type selector）。

（2）类选择器：允许以一种独立于文档元素的方式来指定样式。可以单独使用，也可以与其他元素结合使用。

（3）ID 选择器：允许以一种独立于文档元素的方式来指定样式，在某些方面，ID 选择器类似于类选择器，不过也有一些重要差别。

（4）属性选择器：可以根据元素的属性及属性值来选择元素。

6.6.2　面试技巧与解析（二）

面试官：请谈谈你对盒模型的理解。

应聘者：盒模型有两种，分别是 IE 盒模型和 W3C 盒模型。W3C 盒模型被大家称为标准盒模型，它由内容（content）、填充（padding）、边框（border）和边界（margin）4 个部分组成。两者的区别是，IE 盒模型的内容部分把填充和边框计算进去了，而 W3C 盒模型没有。

第 7 章
使用 CSS 3 设计移动页面样式

 学习指引

在 Web 世界里，CSS 就像一个绘画大师，描绘出一个又一个五彩缤纷的页面。本章主要介绍使用 CSS 3 设计移动页面样式，内容包括和图片说再见、CSS 3 布局之道、弹性盒布局、让页面动起来、响应式页面设计界面等。

 重点导读

- 掌握 CSS 3 的布局。
- 掌握弹性盒子布局。
- 熟悉 CSS 3 变形、过渡、动画。
- 掌握响应式页面设计。

7.1 和图片说再见

运用 CSS 3 处理各种特效更加简单，这也是 CSS 3 备受前端设计师热爱的原因。

以前，使用图片进行 UI 设计很常见，因为设计简单，且用户的需求也简单。现在，用户对网站速度要求越来越高，由于图片消耗了大量的网络资源，严重影响加载速度。因此，解决这一问题，就成了很多用户的迫切需求。而 CSS 3 中出现的很多新属性，可以大大降低图片使用率，控件、图标和背景都可以使用非技术来完成，并能更好地提高网站性能。可以说，有了 CSS 3，设计师可以和图片说再见了。

7.1.1 背景和边框

在网页设计中，每一个盒子都可以拥有一个背景和边框，可以为网页增添色彩。

边框（border）属性包括边框宽度、样式、颜色以及圆角等，其中圆角属性是 CSS 3 新增的功能。之前，圆角按钮设计层出不穷，通常是使用多张图片作为背景图案，操作起来相当麻烦。现在，还好 CSS 3 提供了 border-radius 这个强大的属性，让圆角变得非常简单。

【例 7-1】（实例文件：ch07\Chap7.1.html）设置圆角。代码如下：

```html
<!DOCTYPE html>
<html lang="en">
<head>
<meta charset="UTF-8">
<title></title>
<style>
div{
border:1px solid #000000;
border-radius:15px; /*指定圆角的半径为15px*/
width:100px;
height:100px;}
</style>
</head>
<body>
<div></div>
</body>
</html>
```

这样就给宽和高为 100px 的矩形添加了 15px 的圆角，相关的代码实例可参考 Chap7.1.html 文件，在 IE 浏览器中运行的结果如图 7-1 所示。

提示：设置圆角，所有合法的 CSS 度量值都可以使用 em、pt、px、%等。

可以看到，border-radius 用法非常简单。与 padding 等属性类似，border-radius 也可以指定多个值以分别对矩形左上、右上、右下和左下的圆角半径进行设置。代码如下：

```css
border-top-left-radius:2em;
border-top-right-radius:20px;
border-bottom-right-radius:20pt;
border-bottom-left-radius:20%;
```

与 padding、margin 一样，可以简写为：

```css
border-radius:2em 20px 20pt 20%;
```

相关的代码实例可参考 Chap7.1.html 文件，在 IE 浏览器中运行的结果如图 7-2 所示。

图 7-1　设置圆角 1　　　　　　　　　　　图 7-2　设置圆角 2

说明：border-radius 可以同时设置 1 到 4 个值。如果设置 1 个值，表示 4 个圆角都使用这个值。如果设置两个值，表示左上角和右下角用第一个值，右上角和左下角用第二个值。如果设置 3 个值，表示左上角用第一个值，右上角和左下角用第二个值，右下角用第三个值。如果设置 4 个值，则依次对应左上角、右上角、右下角、左下角（顺时针顺序）。

更有趣的是，border-radius 不仅可以指定圆角半径，还可以在前面值的基础上，以斜线分隔指定第二组值（也由 1~4 个值构成），这时，第一组值指定水平方向上的半径，第二组值指定垂直方向上的半径。其代码如下：

```css
border-radius:10px 20px 30px 40px / 50px 40px 30px 20px;
```

相关的代码实例可参考 Chap7.1.html 文件，在 IE 浏览器中运行的结果如图 7-3 所示。

熟练掌握以上圆角知识，可以搭配出各种类型的边框效果。

在背景（background）方面，CSS 3 也增加了许多功能，其是网页设计中很重要的技术，可以控制背景色、背景图片等属性。总的来说，Background 可以设置多达 8 个种类的属性，具体如表 7-1 所示。

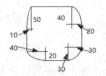

图 7-3　设置圆角水平、垂直标注

表 7-1　background 可设置的 8 个种类的属性

属　性	功　　能	是否至 CSS 3 新增的属性
background-color	用于设置背景颜色	否
background-image	用于设置背景图片	否
background-position	用于设置对象的位置背景图片	否
background- repeat	用于设置对象背景图片是否平铺	否
background- attachment	用于设置背景图像是否固定或随着页面的其余部分滚动	否
background- size	用于设置背景图片的大小	是
background-clip	用于设置背景覆盖的范围	是
background-origin	用于设置背景覆盖的起点	是

CSS 2 中定义的属性，我们应该很熟悉了，现在我们主要讲一下 CSS 3 新增的几个属性。

background-size 属性规定背景图片的尺寸。在 CSS 3 之前，背景图片的尺寸是由图片的实际尺寸决定的。在 CSS 3 中，能够以像素或百分比规定背景图片的尺寸。如果以百分比规定尺寸，那么尺寸相对于父元素的宽度和高度。

【例 7-2】（实例文件：ch07\Chap7.2.html）设置背景图片尺寸。代码如下：

```
<!DOCTYPE html>
<html lang="en">
<head>
<meta charset="UTF-8">
<title></title>
<style>
.div1{
 width:240px;height:200px; float:left;
background:url("time.jpg");
background-repeat:no-repeat;
}
.div2 {
background:url("time.jpg");
background-size:170px 170px; /*固定背景图片大小设置*/
background-repeat:no-repeat;
width:200px;height:200px;float:left;
}
.div3{
background:url("time.jpg");
background-size:70% 70%; /*百分比图片大小设置*/
background-repeat:no-repeat;width:200px;height:200px;float:left;
}
</style>
</head>
<body>
<div class="div1">我是原始图片大小</div>
<div class="div2">我是固定图片大小</div>
```

```
<div class="div3">我是百分比图片大小</div>
</body>
</html>
```

相关的代码实例可参考 Chap7.2.html 文件，在 IE 浏览器中运行的结果如图 7-4 所示。

background-size 属性还有两个非常有用的关键字预设值：cover 和 contain。cover 是将图片放大，以适合铺满整个盒子，主要运用在图片小于盒子，又无法使用 background-repeat 来实现时，就可以采用 cover；将背景图片放大到适合盒子的大小，但这种方法会让背景图片失真。contain 值刚好与 cover 相反，其主要是将背景图片缩小，以适合铺满整个盒子，主要运用在背景图片大于元素盒子，而又需要将背景图片全部显示出来，此时就可以使用 contain 将图片缩小到适合盒子大小为止，这种方法同样会让图片失真。

例如我们把"例 7-2"中.div2 和.div3 样式分别替换成如下代码：

```
.div2{background:url("time.jpg");background-repeat:no-repeat;width:300px;height:300px;float:left;
border:1px solid #000000;}
.div3{background:url("time.jpg");background-repeat:no-repeat;width:150px;height:150px;float:left;
border:1px solid #000000;}
```

相关的代码实例可参考 Chap7.2.html 文件，在 IE 浏览器中运行的结果如图 7-5 所示。

图 7-4　设置背景图片大小

图 7-5　在不同大小盒子里背景图片显示的效果

可以看大盒子"装不满"，小盒子只显示一部分，这时就可以使用 cover 和 contain。

【例 7-3】（实例文件：ch07\Chap7.3.html）使用 cover 和 contain 设置效果。代码如下：

```
<!DOCTYPE html>
<html lang="en">
<head>
<meta charset="UTF-8">
<title></title>
<style>
.div1{
width:200px;height:200px;float:left;
background:url("time.jpg");
background-repeat:no-repeat;
border:1px solid #000000;
}
.div2{
width:300px;height:300px;float:left;
border:1px solid #000000;
background:url("time.jpg");
background-size:cover; /*设置 cover 属性*/
background-repeat:no-repeat;
}
.div3{
width:150px;height:150px;float:left;
border:1px solid#000000;
background:url("time.jpg");
background-size:contain; /*设置 contain 属性*/
```

```
background-repeat:no-repeat;
}
</style>
</head>
<body>
<div class="div1">正适应盒子</div>
<div class="div2">大盒子设置 cover</div>
<div class="div3">小盒子设置 contain</div>
</body>
</html>
```

相关的代码实例可参考 Chap7.3.html 文件，在 IE
浏览器中运行的结果如图 7-6 所示。

图 7-6　使用 cover 和 contain 设置效果

CSS 3 中新引入的 background-clip 和 background-
origin 两个与元素背景相关的属性，它们有相同的可
选值，即 border-box、padding-box、content-box 3 种。

background-clip 属性规定背景的绘制区域，指定
背景在哪些区域可以显示，但与背景开始绘制的位置
无关，背景绘制的位置可以出现在不显示背景的区
域，这就相当于把在背景显示区域以外的部分裁剪
了。background-clip 可选值的属性如表 7-2 所示。

表 7-2　background-clip 属性的 3 个可选值

属　　性	功　　能
border-box	只显示边框内的背景
padding-box	只显示内边框内的背景
content-box	只显示内容框内的背景

【例 7-4】（实例文件：ch07\Chap7.4.html）使用 background-clip 属性中的 3 个可选值设置效果。代码
如下：

```
<!DOCTYPE html>
<html lang="en">
<head>
<meta charset="UTF-8">
<title></title>
<style>
div{
margin-left:10px;padding:20px;
width:100px;height:100px;
float:left;font-size:20px;color:white;
border:20px dashed red;
background-image:url('time.jpg');
background-repeat:no-repeat;
background-position:left;
}
.div1{ background-clip:border-box; }
.div2{ background-clip:padding-box; }
.div3{ background-clip:content-box; }
</style>
</head>
<body>
<div class="div1">border-box</div>
```

```
<div class="div2">padding-box</div>
<div class="div3">content-box</div>
</body>
</html>
```

相关的代码实例可参考 Chap7.4.html 文件，在 IE 浏览器中运行的结果如图 7-7 所示。

background-origin 属性规定 background-position 属性相对于什么位置来定位，指定背景从哪个区域开始绘制。background-origin 可选值的属性如表 7-3 所示。

表 7-3 background-origin 属性 3 个可选值

属 性	功 能
border-box	从边框开始绘制背景起始位置
padding-box	从内边距框开始绘制背景起始位置
content-box	从内容框开始绘制背景起始位置

background-origin 属性 3 个可选值设置效果，可参考【例 7-4】代码，只需要把.div1、.div2 和.div3 中的 background-clip 换成 background-origin 即可。

相关的代码实例可参考 Chap7.4.html 文件，在 IE 浏览器中运行的结果如图 7-8 所示。

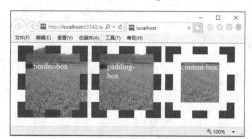 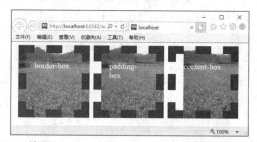

图 7-7 使用 background-clip 属性中 3 个可选值设置效果　图 7-8 使用 background-origin 属性中 3 个可选值设置效果

7.1.2 渐变和阴影

渐变和阴影终于被落实在了 CSS 3 标准文档里，大部分浏览器也都支持它们。

1. 渐变

CSS 3 可以让背景产生渐变效果，渐变属性有两种，即线性渐变（linear-gradient）和径向渐变（radial-gradient）。

线性渐变语法如下：

```
linear-gradient(方向,颜色1,位置1,颜色2,位置2……)
```

关于渐变，虽然浏览器已经支持，但 webkit 内核的浏览器还没有去掉前缀-webkit-，语法和新标准也不太一样，要在 Chrome、Safari、Firefox 中实现渐变效果，需要加上前缀-webkit-。IE 9+需要加前缀-ms-。

对于线性渐变的方向，只要设置起始位置，例如 top 表示由上至下，right 表示由右到左，bottom 表示由下到上，left 表示由左到右，top right 表示由右上到左下，也可以用角度表示 30°，表示由左下到右上，-30°表示由左上到右下。

【例 7-5】（实例文件：ch07\Chap7.5.html）设置渐变效果。代码如下：

```
<!DOCTYPE html>
<html lang="en">
<head>
```

126

```
<meta charset="UTF-8">
<title></title>
<style>
div{ width:200px;height:200px;float:left; margin-left:15px;text-align:center;}
.div1{background:-webkit-linear-gradient(left, black, white)}
.div2{background:-webkit-linear-gradient(left top, black, white)}
.div3{background:-webkit-linear-gradient(45deg, black, white)}
</style>
</head>
<body>
<div class="div1">由左至右</div>
<div class="div2">由左上至右下</div>
<div class="div3">45deg 方向</div>
</body>
</html>
```

相关的代码实例可参考 Chap7.5.html 文件，在 Firefox 浏览器中运行的结果如图 7-9 所示。

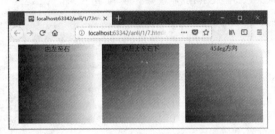

图 7-9　渐变效果

如果第一个参数省略不写，默认从上往下渲染。渐变颜色也可以指定两种以上的颜色，例如下面代码：

css 代码：

```
.div4{background:-webkit-linear-gradient(gold yellow,red)}
.div5{background:-webkit-linear-gradient(left,gold,yellow,red)}
```

html 代码：

```
<div class="div4">二种以上颜色</div>
<div class="div5">二种以上颜色</div>
```

相关的代码实例可参考 Chap7.5.html 文件，在 Firefox 浏览器中运行的结果如图 7-10 所示。

每一个颜色后面都可以紧跟一个百分比终止值，使颜色不均匀分布。

css 代码：

```
.div6{background:-ms-linear-gradient(gold 20%,yellow 30%,red 50%)}
```

html 代码：

```
<div class="div6">百分比值</div>
```

相关的代码实例可参考 Chap7.5.html 文件，在 IE 浏览器中运行的结果如图 7-11 所示。

图 7-10　多颜色渐变

图 7-11　百分比值渐变

CSS 3 另一种渐变是径向渐变，其是圆形或椭圆形渐变，颜色不再沿着一条直线渐变，而是从一个起点向所有方向渐变，是一种从起点到终点、颜色由内到外进行的圆形渐变。

语法如下：

```
background: radial-gradient (center,shape,size,start-color,stop-color)
```

说明如下：

```
center: 渐变的中心点位置.
shape:渐变的类型,椭圆形(ellipse)或者圆形(circle).
size:径向渐变的大小指定.
start-color:渐变起始的颜色.
start-color:渐变终止的颜色.
```

center,shape,size 都是可选参数,如果省略,其渐变距离和位置是由容器的尺寸决定的.start-color 和 stop-color 为必选参数,颜色可以有多个颜色值,和线性渐变相似,每一个颜色后面都可以紧跟一个百分比终止值,使颜色不均匀分布.

【例 7-6】（实例文件：ch07\Chap7.6.html）设置径向渐变效果。代码如下：

```
<!DOCTYPE html>
<html lang="en">
<head>
<meta charset="UTF-8">
<title></title>
<style>
div{width:300px;height:200px;border:1px solid #000000;float:left; margin-left:15px;}
.div1{ background:radial-gradient(yellow,blue); } /*默认 center,shape,size 情况下效果*/
.div2{ background:radial-gradient(circle,yellow 30%,blue 70%); } /*圆形渐变*/
.div3{ background:radial-gradient(ellipse,yellow 30%,blue 70%); } /*椭圆形渐变*/
</style>
</head>
<body>
<div class="div1"></div>
<div class="div2"></div>
<div class="div3"></div>
</body>
</html>
```

相关的代码实例可参考 Chap7.6html 文件，在 IE 浏览器中运行的结果如图 7-12 所示。

图 7-12　径向渐变

提示：对于圆形界面，只需要指定一个半径就可以了；对于椭圆类型的径向渐变，需要同时指定横轴和纵轴长度中第一个数值表示横轴半径，第二个数值表示纵轴半径。例如下面代码：

```
.div1{ background:radial-gradient (50px circle,yellow,blue); }  /*半径为 50px 的圆形渐变*/
.div2{ background:radial-gradient (50px 100px ellipse,yellow,blue); }  /*长度 50px、高度 100px
的椭圆形渐变*/
```

size 参数定义径向渐变结束形状大小，它有 4 个可选值，属性如表 7-4 所示。

表 7-4　size 参数可选值

属　　性	说　　明
closest-side	径向渐变的半径长度为从中心点到离中心点最近的边
farthest-side	径向渐变的半径长度为从中心点到离中心点最远的边
closest-corner	径向渐变的半径长度为从中心点到离中心点最远的角
farthest-corner	径向渐变的半径长度为从中心点到离中心点最近的角

【例 7-7】（实例文件：ch07\Chap7.7.html）利用径向渐变 size 参数可选值设置效果。代码如下：

```
<!DOCTYPE html>
<html lang="en">
<head>
<meta charset="UTF-8"><title></title>
<style>
div{width:300px;height:150px;float:left;margin:10px 10px;font-size:30px;color:white;}
.div1 {background:-ms-radial-gradient(40% 60%, closest-side, yellow, blue); }
.div2 {background:-ms-radial-gradient( 40% 60%, farthest-side, yellow, blue); }
.div3 {background:-ms-radial-gradient( 40% 60%, closest-corner, yellow, blue); }
.div4 {background:-ms-radial-gradient( 40% 60%, farthest-corner, yellow, blue); }
</style>
</head>
<body>
<div class="div1">closest-side</div>
<div class="div2">farthest-side</div>
<div class="div3">closest-corner</div>
<div class="div4">farthest-corner</div>
</body>
</html>
```

相关的代码实例可参考 Chap7.7.html 文件，在 IE 浏览器中运行的结果如图 7-13 所示。

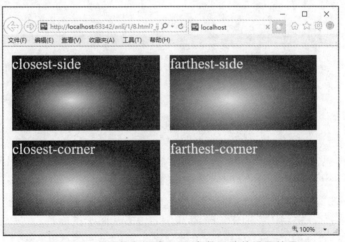

图 7-13　利用径向渐变 size 参数可选值设置效果

repeating-linear-gradient 和 repeating-radial-gradient 分别是线性渐变和径向渐变的重复属性，使用这两个属性，可以轻松地实现条纹效果。例如下面代码：

```
.div1{ width:100px; height:100px; background:repeating-linear-gradient(45deg, black, yellow 20%, green 20% ); }
.div2{ width:100px; height:100px; background:repeating-radial-gradient(black, yellow 20%, green 20% ); }
```

相关的代码实例可参考 Chap7.7.html 文件，在 IE 浏览器中运行的结果如图 7-14 所示。

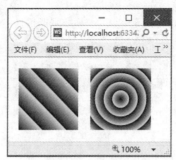

图 7-14　重复渐变

2. 阴影

CSS 阴影包括两类：一类是盒子阴影，另一类是文字阴影。

语法：

```
box、text-shadow: X,Y,blur,color;
```

说明：

X、Y 分别表示阴影在水平方向和垂直方向上的位移，blur 表示模糊的半径，最后一个表示阴影的颜色。

盒子阴影的属性是 box-shadow，作用对象是盒子边框。盒子阴影的形状与盒子的形状有关，而且加上 inset 关键字可以实现内阴影。

【例 7-8】（实例文件：ch07\Chap7.8.html）设置盒子阴影。代码如下：

```
<!DOCTYPE html>
<html lang="en">
<head>
<meta charset="UTF-8">
<title></title>
<style>
div{ float:left; margin-left:15px; width:200px; height:200px; border:1px solid black;}
.div1{ box-shadow:10px 10px 10px gray; }
.div2{ box-shadow:-10px -10px 10px gray inset; }
</style>
</head>
<body>
<div class="div1">盒子阴影</div>
<div class="div2">盒子内阴影</div>
</body>
</html>
```

相关的代码实例可参考 Chap7.8.html 文件，在 IE 浏览器中运行的结果如图 7-15 所示。

另一种阴影是文字阴影，通过 text-shadow 属性设置文字阴影相关的属性值，来实现一些需要的字体阴影效果，其语法和盒子阴影类似。

文字可以设置多个阴影，每组阴影值由逗号隔开，通过多个阴影的配合，可以实现一些有趣的效果。

【例 7-9】（实例文件：ch07\Chap7.9.html）设置文字阴影。代码如下：

```
<!DOCTYPE html>
<html lang="en">
<head>
<meta charset="UTF-8">
<title></title>
<style>
div{ text-align:center; }
.div1{ color:#ffffff; font-size:50px; text-shadow:3px 3px 2px black; }
.div2{ margin-top:15px;font-size:50px; color:#ffffff;
text-shadow:-2px 0px 2px black, 2px 0px 2px black,
0px -2px 2px black, 0px 2px 2px black;} /*多个 text-shadow */
```

```
.div3{ margin-top:15px; font-size:50px; color:#ffffff;
text-shadow:1px 1px 2px #999,2px 2px 2px #999, 3px 3px 2px #999,
4px 4px 2px #333, 5px 5px 2px #333;}  /* 3d 效果 */
span{ color:red ; }
</style>
</head>
<body>
<div class="div">
<div class="div1">文字阴影</div><span>text-shadow</span>
<div class="div2">文字阴影</div><span>多个 text-shadow</span>
<div class="div3">文字阴影</div><span>3d 效果</span>
</div>
</body>
</html>
```

相关的代码实例可参考 Chap7.9.html 文件，在 IE 浏览器中运行的结果如图 7-16 所示。

图 7-15　盒子阴影

图 7-16　文字阴影

7.2　CSS 3 布局之道

布局一直是 CSS 中的热门话题，每次技术的扩展都能掀起网页开发的一股风潮。新出的 CSS 3 布局新技术自然也不例外。

7.2.1　负边距与浮动

所谓的负边距就是 margin 取负值的情况，如 margin:-10px、margin:-10%。当一个元素与另一个元素 margin 取负值时将拉近距离。CSS 3 中的负边距（negative margin）是布局中的一个常用小技巧，与浮动元素相结合，运用得合理常常会有意想不到的布局效果。很多特殊的 CSS 布局都可以通过负边距来实现，比如经典的圣杯布局和双飞燕布局，所以掌握它的用法是很有必要的。

【例 7-10】（实例文件：ch07\Chap7.10.html）负边距与浮动。代码如下：

```
<!DOCTYPE html>
<html lang="en">
<head>
<meta charset="UTF-8">
<title></title>
<style>
* {margin:0; padding:0;}
.content, .content-right, .content-left {
```

```
height:200px;float:left;font-size:50px; color:white;text-align:center;line-height:200px;}
.content { width:100%; }
.content-center {margin-right:200px; margin-left:200px; background:red;
height:200px;}
.content-right {margin-left:-200px; width:200px; background:blue;}
.content-left {margin-left:-100%; width:200px; background:yellow;}
</style>
</head>
<body>
<div class="content">
<div class="content-center">center</div>
</div>
<div class="content-right">right</div>
<div class="content-left">left</div>
</body>
</html>
```

相关的代码实例可参考 Chap7.11.html 文件，在 IE 浏览器中运行的结果如图 7-17 所示。

图 7-17　负边距与浮动

上面的文档结构就是双飞燕布局，是 left 和 right 区域固定宽度，centent 区域出现在中间且随着窗口尺寸自动变化。基本思路是让 3 个盒子都向左浮动，同时将 left 盒子向左 "移动"（即 margin-left：-100%），这样 left 将会重叠在 content 盒子上面并紧贴父元素左边缘，right 盒子也向左"移动"，只是"移动"的距离是 200px，这样就让 right 紧贴父元素的右边缘放置，center 盒子再施以合适的左右边距，便可以实现以上布局。

7.2.2　自定义字体

自定义字体之所以单独拿出来，是因为现在自定义字体不仅能丰富网站阅读体验，更重要的是可以在一定程度上代替图片。试想，如果设置网页上显示的图片就像设置字体一样，而且不影响它的显示效果，那么无论放大、缩小都不会影响它的分辨率，那该是多么美好的一件事情啊！

自定义字体的优势如下：

（1）字体图片比一系列的图片要小，如图 7-18 所示。字体图标加载了，图标就会马上渲染出来，不需要下载一个图片。

（2）字体图标可以用 font-size 属性设置其任意大小，而且不会影响它的分辨率，还可以加各种文字效果，包括颜色、状态、透明度、阴影和翻转等，如图 7-19 所示。

icomoon.woff	WOFF 文件	4 KB
icomoon.ttf	TrueType 字体文件	5 KB
icomoon.eot	EOT 文件	5 KB

图 7-18　字体图片大小

图 7-19　字体图片设置效果

（3）兼容性很好，包括 IE 低版本，如表 7-5 所示。

表 7-5 字体图片兼容性

浏 览 器	支 持 情 况
Webkit/Safari(3.2+)	TrueType/OpenType TT (.ttf)、OpenType PS (.otf)
Opera (10+)	TrueType/OpenType TT (.ttf)、OpenType PS (.otf)、SVG (.svg)
Firefox(3.5+)	TrueType/OpenType TT (.ttf)、OpenType PS (.otf)、WOFF (since Firefox 3.6)
Google Chrome	TrueType/OpenType TT (.ttf)、OpenType PS (.otf)、WOFF since version 6
Internet Explorer	自 IE4 开始，支持 EOT 格式的字体文件；IE9 支持 WOFF

创造需要的字体图片很费时间，在这里就不详细说明了。现在假设有这样一个 ttf 格式的 icon-cloud-download.ttf 字体文件，接下来就利用@font-face 声明一种字体：

```
/*声明字体 myfont*/
@font-face{
    font-family:'myfont ';  /*自定义字体名称*/
    src:url('/icon-cloud-download.ttf '); /*字体文件路径*/
}
```

声明好字体后，便可以在任意地方使用它了，代码如下：

```
/* 使用字体 */
div { font-family:'myfont '; }
p { font-family:'myfont ';}
```

关于自定义字体，对于前端工程师而言，并没有太多的时间精力去设计制作自己想要的文字图片，往往是引用一些开源的文字图片。基本上开发一个网站需要的字体图片，都能找到合适的字体图片库，如 Bootstrap 库。

下面几种字体图片是从 Bootstrap 库里剪切的，如图 7-20 所示。更多的 Bootstrap 字体图片可参见 https://v3.bootcss.com/components/。

首先去 Bootstrap 官方网站下载 Bootstrap 包，解压完后直接放入项目中，如图 7-21 所示。

图 7-20 字体图片

图 7-21 引入 Bootstrap 包目录

接下来就是引入 Bootstrap 到 HTML 页面中，详情参考下面的例子。

【例 7-11】（实例文件：ch07\Chap7.11.html）设置字体图片。代码如下：

```
<!DOCTYPE html>
<html lang="en">
<head>
<meta charset="UTF-8">
<title></title>
/*引入 bootstrap 库 */
```

```
<link rel="stylesheet" href="./Bootstrap/css/bootstrap.min.css"/>
<style>
i{ font-size:100px; margin:15px 15px;color:green;} } /*设置大小、颜色*/
</style>
</head>
<body>
<!--直接给元素添加一个类,也就是Bootstrap文字图标下面的一段英文-->
<i class="glyphicon glyphicon-signal"></i>
<i class="glyphicon glyphicon-cog"></i>
<i class="glyphicon glyphicon-trash"></i>
<i class="glyphicon glyphicon-home"></i>
<i class="glyphicon glyphicon-file"></i>
</body>
</html>
```

相关的代码实例可参考 Chap7.10.html 文件，在 IE 浏览器中运行的结果如图 7-22 所示。

图 7-22　字体图片实例

Bootstrap 是一套免费的、开源的字体图片库，它包括 250 多个来自 Glyphicon Halflings 的字体图标。提供了可缩放的矢量图标，用户可以使用 CSS 3 所提供的所有特性对它进行更改，包括大小、颜色、阴影或者其他任何支持的效果。所以我们在开发时，可以根据自己的需要去 Bootstrap 库寻找。

7.2.3　栅格系统与多列布局

栅格系统是通过确定所分的单位宽度及单位宽度之间的间距，把单位宽度进行组合的一种排版方式。栅格系统是利用浮动实现的多栏布局，这里以一个 980px 的宽度实现 4 列的栅格系统。

【例 7-12】（实例文件：ch07\Chap7.12.html）栅格系统。代码如下：

```
<!DOCTYPE html>
<html lang="en">
<head>
<meta charset="UTF-8">
<title></title>
<style>
* { padding:0; margin:0; }
html, body { height:100%; }
#container { width:980px; margin:0 auto; height:90%; font-size:150px;}
#container div { height:100%; }
.col1 { width:25%; background:lightgreen; float:left; }
.col2 { width:25%; background:lightblue; float:left; }
.col3 { width:25%; background:lightcoral; float:left; }
.col4 { width:25%; background:yellow; float:left; }
</style>
</head>
<body>
<div id="container">
<div class="col1">1</div>
<div class="col2">2</div>
<div class="col3">3</div>
<div class="col4">4</div>
</div>
```

```
</body>
</html>
```

相关的代码实例可参考 Chap7.12.html 文件，在 IE 浏览器中运行的结果如图 7-23 所示。

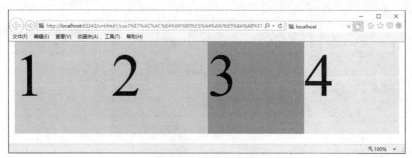

图 7-23　栅格系统

同样的原理，可以扩展到 8 列、12 列等任意的栅格系统。

栅格系统并没有实现分栏效果，CSS 3 为了满足这个要求增加了多列布局，其是网页中块状布局模式的有力扩展。多列布局能够让开发者轻松地使文本呈现多列显示。实现多列布局模块常用的 CSS 3 属性如下：

column-count：设置列数，用整数值来定义列数，不允许负值。

column-gap：设置列与列之间的间距。

column-rule：设置列与列之间的边框，与 border 属性类似。

column-width：　设置每列的宽度。

【例 7-13】（实例文件：ch07\Chap7.13.html）多列布局。代码如下：

```
<!DOCTYPE html>
<html lang="en">
<head>
<meta charset="UTF-8">
<title>多栏布局</title>
<style>
*{ margin:0; padding:0; }
div{
width:1000px; height:200px; margin:0 auto;
background:#cccccc; text-indent:2em;
text-align:justify; /*两端对齐*/
-webkit-column-count:4; /*此属性有兼容性 记得加个浏览器的兼容性 分 4 栏*/
-webkit-column-gap:30px; /*栏间距*/
-webkit-column-rule:3px solid black; /*列与列之间的边框样式*/
}
</style>
</head>
<body>
<div>燕子去了,有再来的时候;杨柳枯了,有再青的时候;桃花谢了,有再开的时候.但是,聪明的,你告诉我,我们的日子为什么一去不复返呢?是有人偷了他们罢:那是谁?又藏在何处呢?是他们自己逃走了罢:现在又到了哪里呢?我不知道他们给了我多少日子;但我的手确乎是渐渐空虚了.在默默里算着,八千多日子已经从我手中溜去;像针尖上一滴水滴在大海里,我的日子滴在时间的流里,没有声音,也没有影子.我不禁头涔涔而泪潸潸了.去的尽管去了,来的尽管来着;去来的中间,又怎样地匆匆呢?早上我起来的时候,小屋里射进两三方斜斜的太阳.太阳他有脚啊,轻轻悄悄地挪移了;我也茫茫然跟着旋转.于是——洗手的时候,日子从水盆里过去;吃饭的时候,日子从饭碗里过去;默默时,便从凝然的双眼前过去.我觉察他去的匆匆了,伸出手遮挽时,他又从遮挽着的手边过去,天黑时,我躺在床上,他便伶伶俐俐地从我身上跨过,从我脚边飞去了.等我睁开眼和太阳再见,这算又溜走了一日.我掩着面叹息.但是新来的日子的影儿又开始在叹息里闪过了.
<p>------选自《朱自清散文集》</p>
</div>
</body>
</html>
```

相关的代码实例可参考 Chap7.13.html 文件，在 Chrome 浏览器中运行的结果如图 7-24 所示。

图 7-24　多列布局

栅格系统和多列布局的应用，使网页界面设计更加规范和美观，不仅可以使我们突出视觉效果，一目了然地阅读网页信息，而且对网页设计师来说，在各种视觉元素的运用组合排列中，既提高工作效率，又满足了大众需求。

7.3　弹性盒子布局

CSS 3 引入了新的盒模型处理机制——弹性盒模型（Flexible Box）。引入弹性盒布局模型的目的是实现盒元素内部的多种布局，包括排列方向、排列顺序、空间分配和对齐方式等。现在大多的主流浏览器还不支持弹性盒布局，基于 webkit 内核的浏览器，需要加上前缀-webkit-，基于 gecko 内核的浏览器，需要加上前缀-moz-。CSS 3 为弹性盒布局样式，新增了 8 个属性，如表 7-6 所示。

表 7-6　CSS 3 新增盒子模型属性

属 性 名	描 述
box-orient	定义盒子分布的坐标轴
box-align	定义子元素在盒子内垂直方向上的空间分配方式
box-direction	定义盒子的显示顺序
box-flex	定义子元素在盒子内的自适应尺寸
box-flex-group	将自适应元素分配到柔性分组
box-lines	定义子元素分布显示
box-ordinal-group	定义子元素在盒子内的显示位置
box-pack	定义子元素在盒子内的水平方向上的空间分配方式

7.3.1　盒子布局取向

盒子布局取向（box-orient）属性用于定义盒子元素内部的流动布局方向，包括横排（horizional）和竖排（vertical）两种。

语法格式如下：

```
box-orient:horizontal | vertical | inline-axis | block-axis | inherit
```

box-orient 属性值如表 7-7 所示。

表 7-7　box-orient 属性值

属 性 值	说 明
horizontal	盒子元素从左到右在一条水平线上显示它的子元素
vertical	盒子元素从上到下在一条垂直线上显示它的子元素
inline-axis	盒子元素沿着内联轴显示它的子元素
block-axis	盒子元素沿着块轴显示它的子元素

【例 7-14】（实例文件：ch7\7.14.html）box-orient 属性实例。代码如下：

```
<!DOCTYPE html>
<html lang="en">
<head>
<meta charset="UTF-8">
<title>box-orient</title>
<style>
div{height:50px;text-align:center;font-size:50px;color:white;line-height:100px; width:600px;
height:100px;}
.div1{background-color:#F6F;}
.div2{background-color:#3F9;}
.div3{background-color:#FCd;}
body{
display:box;                    /*标准声明,盒子显示*/
display:-moz-box;               /*兼容 Mozilla Gecko 引擎浏览器*/
box-orient:vertical;            /*定义元素为盒子显示*/
-moz-box-orient:vertical;       /*兼容 Mozilla Gecko 引擎浏览器*/
}
</style>
</head>
<body>
<div class="div1">上</div>
<div class="div2">中</div>
<div class="div3">下</div>
</body>
</html>
```

相关的代码实例可参考 Chap7.14.html 文件，在 Firefox 浏览器中运行的结果如图 7-25 所示。

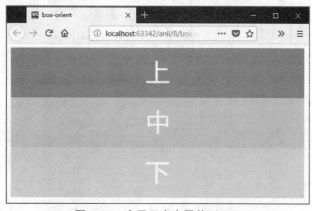

图 7-25　盒子元素水平并列显示

在弹性盒子里，元素默认是水平排列，在元素中添加 box-orient:vertical 属性类别，这时元素会垂直排列。

137

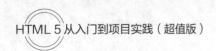

7.3.2 盒子布局顺序

在盒子布局下，box-direction 可以设置盒子元素内部的排列顺序为正向或者反向。

语法格式如下：

```
box-direction:normal | reverse | inherit
```

box-direction 属性值如表 7-8 所示。

表 7-8 box-direction 属性值

属 性 值	说 明
normal	正常显示顺序，即如果盒子元素的 box-orient 属性值为 horizontal，则其包含的子元素按照从左到右的顺序显示，即每个子元素的左边总是靠近前一个子元素的右边；如果盒子元素的 box-orient 属性值为 vertical，则其包含的子元素按照从上到下的顺序显示
reverse	反向显示，盒子所包含的子元素的显示顺序将与 normal 相反
inherit	继承上级元素的显示顺序

【例 7-15】（实例文件：ch7\7.15.html）box-direction 属性实例。代码如下：

```html
<html>
<head>
<meta charset="UTF-8">
<title>box-direction</title>
<style>
div{height:50px;text-align:center;font-size:50px;color:white;line-height:500px;}
.div1{background-color:#F6F;width:180px;height:500px}
.div2{background-color:#3F9;width:600px;height:500px}
.div3{background-color:#FCd;width:180px;height:500px}
body{display:box;/*标准声明,盒子显示*/
display:-moz-box;/*兼容 Mozilla Gecko 引擎浏览器*/
-moz-box-direction:reverse;/*兼容 Mozilla Gecko 引擎浏览器*/
box-direction:reverse;/*标准声明,盒子显示*/
}
</style>
</head>
<body>
<div class="div1">左侧</div>
<div class="div2">中间</div>
<div class="div3">右侧</div>
</body>
</html>
```

相关的代码实例可参考 Chap7.15.html 文件，在 Firefox 浏览器中运行的结果如图 7-26 所示。

图 7-26 设置盒子布局顺序后的效果

为盒子添加了 box-direction 属性，并添加 reverse 值，就出现了上面反向排列的情况。

7.3.3　盒子布局位置

box-ordinal-group 属性相对于 box-direction 属性来说，其可以设置每个盒子的排列顺序，确定子元素的准确位置。

语法格式如下：

```
box-ordinal-group:<integer>
```

box-ordinal-group 属性取值是一个自然数，从 1 开始，用来设置子元素的位置序号。子元素的位置将根据这个属性值从小到大进行排列。在默认情况下，子元素将根据元素的位置进行排列。对于没有指定 box-ordinal-group 属性值的子元素，它的序号默认为 1。并且序号相同的子元素将按照文档中加载的顺序进行排列。

【例 7-16】（实例文件：ch7\7.16.html）box-ordinal-group 属性实例。代码如下：

```
<html><head>
<title>box-ordinal-group</title>
<style>
body{
margin:0;padding:0;text-align:center;background-color:#d9bfe8;color:white;
}
.box{
margin:auto;text-align:center;width:100%;
font-size:50px;display:-moz-box;
-moz-box-orient:vertical;
}
.div1{
-moz-box-ordinal-group:2;/*兼容 Mozilla Gecko 引擎浏览器*/
box-ordinal-group:2;/*标准声明,盒子显示*/
height:100px;width:200px;
background:red;
}
.div2{
height:100px;width:200px;background:blue;
-moz-box-ordinal-group:3;
box-ordinal-group:3;
}
.div3{-moz-box-ordinal-group:1;
height:100px;width:200px;
background:green;
}
.div4{
width:200px;height:100px; background:orange;
-moz-box-ordinal-group:4;
}
</style>
</head>
<body>
<div class='box'>
<div class="div1">1</div>
<div class="div2">2</div>
<div class="div3">3</div>
<div class="div4">4</div>
</div>
</body>
</html>
```

相关的代码实例可参考 Chap7.16.html 文件，在 Firefox 浏览器中运行的结果如图 7-27 所示。

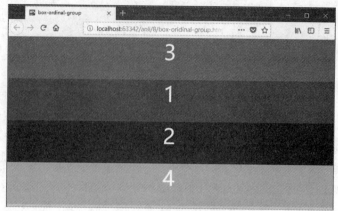

图 7-27　设置层的显示顺序

在上面的文档中，分别为.div1、.div2、.div3、.div4 设置了 box-ordinal-group 属性值 2、3、1、4，则在 Firefox 浏览器中显示的顺序，就变成了.div3、.div1、.div2、.div4。

7.3.4　盒子弹性空间

box-flex 定义了子元素的空间弹性，能够灵活地控制子元素在盒子中的显示空间。显示空间包括子元素的宽度和高度，也可以说是子元素在盒子中所占的面积。当弹性盒元素尺寸缩小或变大时，子元素也会随之缩小或变大；弹性盒元素多出的空余空间，子元素会扩大来填补。

语法格式如下：

```
box-flex:<number>
```

<number>属性值是一个整数或者小数，不可以为负数，默认值为 0。当盒子中包含多个定义了 box-flex 属性的子元素时，浏览器将会把这些子元素的 box-flex 属性值相加，然后根据它们各自的值占总值的比例来分配盒子剩余的空间。

box-flex 属性只有在盒子拥有确定的空间大小时才能正确运用，所以弹性盒子需有具体的 width 和 height 属性值。

【例 7-17】（实例文件：ch7\7.17.html）box-flex 属性实例。代码如下：

```
<html>
<head>
<meta charset="UTF-8">
<title>box-flex</title>
<style>
body{margin:0;padding:0;text-align:center;}
.box{
width:800px;font-size:40px;color:white;
text-align:center; overflow:hidden;
display:box;/*标准声明,盒子显示*/
display:-moz-box;/*兼容 Mozilla Gecko 引擎浏览器*/
}
.div1{background-color:#F6F;-moz-box-flex:2;box-flex:2;}
.box>div{ margin-left:5px;height:300px;line-height:300px;  }
.div2{-moz-box-flex:4;box-flex:4;background-color:#3F9;}
.div3{-moz-box-flex:2;box-flex:2;background-color:#FCd;}
</style>
</head>
<body>
<div class="box">
<div class="div1">左侧</div>
```

140

```
<div class="div2">中间</div>
<div class="div3">右侧</div>
</div>
</body>
</html>
```

相关的代码实例可参考 Chap7.17.html 文件，在 Firefox 浏览器中运行的结果如图 7-28 所示。

注意：box-flex 只是动态分配父元素的剩余空间，而不是父元素的空间。如上面的文档，父元素.box 的宽度为 800px，如果你认为 div1、div2 和 div3 的宽度分别为 200px、400px、200px，那么就错了，因为 box-flex 只是分配父元素的剩余空间，div1、div2 和 div3c 所分到的应该是父元素内容以外所剩余下来的宽度。

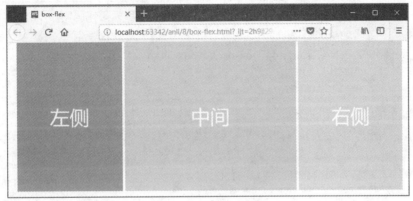

图 7-28　设置盒子空间

7.3.5　管理盒子空间

box-pack 属性和 box-align 属性，分别用于定义弹性盒元素内子元素的水平方向和垂直方向上的富余空间管理方式，对弹性盒元素内部的文字、图形及子元素都是有效的。

box-pack 属性可以用于设置子容器在水平轴上的空间分配方式。语法格式如下：

```
box-pack:start|end|center|justify
```

其属性值含义如表 7-9 所示。

表 7-9　box-pack 属性值

属 性 值	说　　　明
start	所有子容器都分布在父容器的左侧，右侧留空
end	所有子容器都分布在父容器的右侧，左侧留空
justify	所有子容器平均分布（默认值）
center	平均分配父容器剩余的空间（能压缩子容器的大小，并且有全局居中的效果）

box-align 属性用于管理子容器在竖轴上的空间分配方式。

语法格式如下：

```
box-align:start|end|center|baseline|stretch
```

其属性值含义如表 7-10 所示。

表 7-10   box-align 属性值

属 性 值	说　明
start	子容器从父容器顶部开始排列，富余空间显示在盒子底部
end	子容器从父容器底部开始排列，富余空间显示在盒子顶部
center	子容器横向居中，富余空间在子容器两侧分配，上面一半下面一半
baseline	所有盒子沿着它们的基线排列，富余的空间可前可后显示
stretch	每个子元素的高度被调整到适合盒子的高度显示。即所有子容器和父容器保持同一高度

元素垂直居中显示，是老生常谈的问题，但都不是很让人满意，需要大量代码，使用 CSS 3 新增的 box-pack、box-align 属性，可以很轻松地解决。

【例 7-18】（实例文件：ch7\7.18.html）box-pack、box-align 属性实例。代码如下：

```
<html>
<head>
<meta charset="UTF-8">
<title>box-pack、box-align</title>
<style>
body,html{height:100%;width:100%;}
body{
margin:0;padding:0;
display:box;/*标准声明,盒子显示*/
display:-moz-box;/*兼容Mozilla Gecko引擎浏览器*/
-moz-box-pack:center;
box-pack:center;
-moz-box-align:center;
box-align:center;
}
.box{ width:200px;height:200px;background:red; }
</style>
</head>
<body>
<div class="box"></div>
</body>
</html>
```

相关的代码实例可参考 Chap7.18.html 文件，在 Firefox 浏览器中运行的结果如图 7-29 所示。

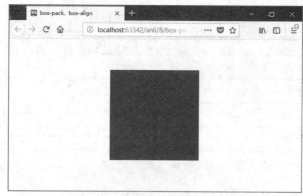

图 7-29   设置盒子垂直居中显示

在上面的文档中，分别为弹性盒子的子元素设置了 box-pack:center 和 box-align:center，轻松解决了水平垂直居中的问题。

7.3.6　空间溢出管理

box-lines 属性用来避免空间溢出的问题。语法格式如下：

```
box-lines:single|multiple
```

其中参数值 single 表示子元素都单行或单列显示，multiple 表示子元素可以多行或多列显示。

【例 7-19】（实例文件：ch7\7.19.html）box-lines 属性实例。代码如下：

```
<html>
<head>
<meta charset="UTF-8">
<title>box-lines</title>
<style>
.testbox{
width:400px;margin:40px auto;padding:20px;
background:#f0f3f9;
display:-moz-box;
display:box;
-moz-box-lines:multiple;
box-lines:multiple;
}
.list{
width:150px; height:150px;
font-size:30px;color:white;
background:red;
margin-left:15px;
text-align:center;
line-height:150px;
}
</style>
</head>
<body>
<div class="testbox">
<div class="list">1</div>
<div class="list">2</div>
<div class="list">3</div>
</div>
</body>
</html>
```

相关的代码实例可参考 Chap7.19.html 文件，在 Firefox 浏览器中运行的结果如图 7-30 所示。

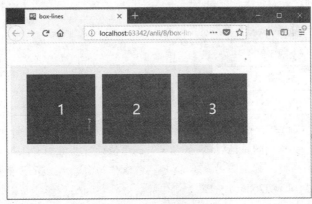

图 7-30　溢出管理

从上面的文档可以发现，设置 box-lines 属性没起作用。因为现在所有主流浏览器都不支持，所以不要运用该属性。

7.4 让页面动起来

在网页的设计中适当加入动画，可以使网页更富有动感，给用户带来更好的体验。随着网页设计的发展，对动画要求也越来越高，JavaScript 的动画效果从性能和实现上都不是很"友好"。CSS 3 动画模块的提出，是革命性的，配合 CSS 3 的变形模块，设计人员可以更轻易地设计出复杂而优美的动画效果。

7.4.1 CSS 3 变形模块

CSS 3 变形模块（transform）提供了对页面文字和图片进行旋转、位移、倾斜和缩放等一部分功能。transform 和 transform-origin 是 CSS 3 变形的两个主要属性，transform 指定元素进行变形的类型，transform-origin 指定元素变形的起始点。

transform 语法如下：

```
transform:none | transform-functions;
```

- none：默认值，不设置任何变形函数。
- transform-functions：可以设置一个或一个以上的变形函数。

CSS 3 变形模块是由变形函数来控制的，2D 变形函数属性如表 7-11 所示。

表 7-11 2D 变形函数属性

2D 变形函数	描　述
rotate(angle)	angle 规定角度，这个值为正值，元素相对原点中心顺时针旋转；如果这个值为负值，元素相对原点中心逆时针旋转
translate(x,y)	x,y 规定沿着 X 轴和 Y 轴移动的位移
translateX(x)	x 规定沿着 X 轴移动的位移
translateY(y)	y 规定沿着 Y 轴移动的位移
skew(x-angle,y-angle)	x-angle,y-angle 规定沿着 X 和 Y 倾斜的倾斜角度
skewX(angle)	angle 规定沿着 X 轴的倾斜角度
skewY(angle)	angle 规定沿着 Y 轴的倾斜角度
scale(x,y)	x,y 规定沿着 X 轴和 Y 轴的缩放比例
scaleX(x)	x 规定沿着 X 轴的缩放比例
scaleY(y)	y 规定沿着 Y 轴的缩放比例

注意：rotate()函数角度参数，如果这个值为正值，元素相对原点中心顺时针旋转；如果这个值为负值，元素相对原点中心逆时针旋转。scale()的取值默认值为 1，当值设置为 0.01～0.99 时，作用是让一个元素缩小；而任何大于或等于 1.01 的值，作用是让元素放大。当取值为负数时，元素会被翻转。

【例 7-20】（实例文件：ch7\7.20.html）2D 变形实例。代码如下：

```
<!DOCTYPE html>
<html lang="en">
<head>
<meta charset="UTF-8">
<title></title>
<style>
div{ position:absolute; top:30px;color:white;}
```

```
.div1{ transform:rotate(45deg);width:100px;height:100px;background:red; left:50px; }
.div2{ width:100px;height:100px;left:50px; }
.div3{ transform:translate (20px);width:100px;  height:100px;background:red; left:250px; }
.div4{ width:100px; height:100px; left:250px; }
.div5{ transform:skew(30deg); width:100px;  height:100px; background:red; left:450px; }
.div6{ width:100px;  height:100px;left:450px; }
.div7{ transform:scale(1.2,1.2);width:100px; height:100px;background:red; left:650px; }
.div8{ width:100px;  height:100px;left:650px; }
.div9{border:1px dashed black;}
</style>
</head>
<body>
<div class="div1">旋转</div>
<div class="div2 div9"></div>
<div class="div3">位移</div>
<div class="div4 div9"></div>
<div class="div5">倾斜</div>
<div class="div6 div9"></div>
<div class="div7">缩放</div>
<div class="div8 div9"></div>
</body>
</html>
```

相关的代码实例可参考 Chap7.20.html 文件，在 IE 浏览器中运行的结果如图 7-31 所示。

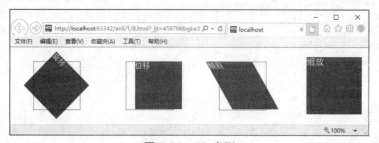

图 7-31 2D 变形

通过设置 transform-origin，可以指定元素变形所基于的原点。例如下面代码：

```
.div1{ transform-origin:top left; transform:rotate(45deg);width:100px;height:100px;background:red;
left:100px; }
.div7        {        transform-origin:top        left;        transform:scale(1.2,1.2);width:100px;
height:100px;background:red; left:250px; }
```

相关的代码实例可参考 Chap7.20.html 文件，在 IE 浏览器中运行的结果如图 7-32 所示。

图 7-32 基于的原点变形

transform 和 transform-origin 不仅支持上面所讲的 2D 变形，也支持 3D 变形，3D 变形也就是在 2D 变形函数后面加上 3D 的后缀：

- transform：translate3d（x，y，z），x、y、z 分别表示对象基于 X、Y、Z 坐标轴的移动距离。
- transform：scale3d（x，y，z），x、y、z 分别表示对象基于 X、Y、Z 坐标轴的缩放倍数。

145

● transform: rotate3d(x, y, z, angle), x、y、z 分别表示对象旋转基于 X、Y、Z 坐标轴的坐标，angle 表示旋转的角度。

【例 7-21】 （实例文件：ch7\7.21.html）3D 变形实例。代码如下：

```
<!DOCTYPE html>
<html lang="en">
<head>
<meta charset="UTF-8">
<title></title>
<style>
.box{
width:250px;height:250px;float:left;color:white;
margin:30px 30px;-webkit-perspective:500px;
border:1px dashed black;
}
.div1{
-webkit-transform:scale3d(0.8,1.1,0.5);
background:blue;width:100%;height:100%;font-size:28px;
}
.div2{
-webkit-transform:translate3d(10px,10px,-50px);
background:blue;width:100%;height:100%;font-size:20px;
}
.div3{
-webkit-transform:rotate3d(20,20,20,45deg);font-size:24px;
background:blue;width:100%;height:100%;
}
</style>
</head>
<body>
<div class="box"><div class="div1">scale3d(0.8,1.1,0.5)</div></div>
<div class="box"><div class="div2">translate3d(10px,10px,-50px)</div></div>
<div class="box"><div class="div3">rotate3d(20,20,20,45deg)</div></div>
</body>
</html>
```

相关的代码实例可参考 Chap7.21.html 文件，在 Firefox 浏览器中运行的结果如图 7-33 所示。

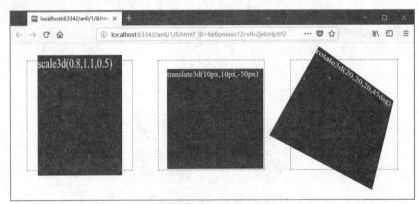

图 7-33　3D 变形

从上面例子可以看到，perspective 属性对于 3D 变形来说至关重要，它表示元素的深度，决定看到的是 2D 还是 3D 效果。perspective 属性会设置观看者的位置，并将可视内容映射到一个视锥上，继而投到一个 2D 视平面上。如果不指定透视，则 Z 轴的所有点将平铺到同一个 2D 平面中，也就无法看见 3D 变形效果。其实对于 perspective 属性，我们可以理解为视距，用来设置用户和 3D 空间 Z 平面之间的距离。视距值越小，用户与 3D 空间 Z 平面的距离越近，则视觉效果就很大；反之，值越大，用户与 3D 空间 Z 平面距离越远，视觉效果就很小。

perspective-origin 属性是另一个 3D 变形属性，用来设置 perspective 的位置，就比如在看电视，不可能一直坐在一个位置上看一样，有时会坐在不同的位置上看。下面来看一个简单实例——正六面体。

【例 7-22】（实例文件：ch7\7.22.html）正六面体实例。代码如下：

```html
<!DOCTYPE html>
<html lang="en">
<head>
<meta charset="UTF-8">
<title></title>
<style>
.stage{ -webkit-perspective:800px; }
.cube {
font-size:100px; width:200px; margin:120px auto;
-webkit-transform-style:preserve-3d;
transform:rotateX(-30deg) rotateY(30deg) ;
transform-origin:-200px 100px;
}
.box{
position:absolute; width:200px;
height:200px;color:white;
text-align:center; line-height:200px;
}
.front{transform:translateZ(100px); background:rgba(255, 182, 193, 0.8); }
.top{ transform:rotateX(90deg) translateZ(100px);background:rgba(128, 0, 128, 0.8);}
.right{transform:rotateX(-90deg) translateZ(100px);background:rgba(0, 0, 255, 1);  }
.left{transform:rotateY(-90deg) translateZ(100px);background:rgba(0, 255, 0, 0.8); }
.back{transform:rotateY(180deg) translateZ(100px); background:rgba(255, 140, 0, 1);}
.bottom{ transform:rotateY(90deg) translateZ(100px);background:rgba(105, 105, 105, 1); }
</style>
</head>
<body>
<div class="stage">
<div class="cube">
<div class="box  front">1</div>
<div class="box  back">2</div>
<div class="box  right">3</div>
<div class="box  left">4</div>
<div class="box  top">5</div>
<div class="box  bottom">6</div>
</div>
</div>
</body>
</html>
```

相关的代码实例可参考 Chap7.22.html 文件，在 Firefox 浏览器中运行的结果如图 7-34 所示。

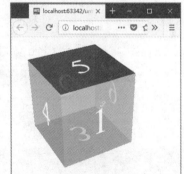

图 7-34　正六面体

7.4.2　CSS 过渡属性

在 CSS 3 中，有时为了添加从一种样式转变到另一种样式的特殊效果，可以无须使用 Flash 动画或

JavaScript，这就需要使用 CSS 的过渡属性了。CSS 3 过渡是元素从一种样式逐渐改变为另一种样式的效果。要实现这一点，就必须规定两项内容，分别是指定要添加效果的 CSS 3 属性和指定效果的持续时间。CSS 3 的过渡属性如表 7-12 所示。

表 7-12　CSS 3 的过渡属性

属　　性	描　　述
transition	简写属性，用于在一个属性中设置 4 个过渡属性
transition-property	规定应用过渡的 CSS 属性的名称
transition-duration	定义过渡效果花费的时间，默认是 0
transition-timing-function	规定过渡效果的时间曲线，默认是 ease
transition-delay	规定过渡效果何时开始，默认是 0

【例 7-23】（实例文件：ch7\7.23.html）CSS 3 的过渡属性 transition 实例。代码如下：

```
<!DOCTYPE html>
<html>
<head>
<meta charset="UTF-8">
<title>CSS3 过渡</title>
<style>
div {
width:120px;height:100px;background:#AEEEEE;
-webkit-transition:width 2s, height 2s,
-webkit-transform 2s;
transition:width 2s, height 2s, transform 1s;
}
div:hover {
width:180px;height:120px;background:#9BCD9B;
-webkit-transform:rotate(180deg);
transform:rotate(180deg);
}
</style>
</head>
<body>
<div>
<h3>CSS3 过渡</h3>
</div>
</body>
</html>
```

相关的代码实例可参考 Chap7.23.html 文件，在 Firefox 浏览器中运行的结果如图 7-35、图 7-36 所示。

图 7-35　过渡前

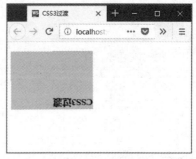

图 7-36　过渡中

7.4.3　CSS 动画属性

从 7.4.2 节可以看到，过渡 transition 有着它的局限性，虽然简单，但是它只能在两个状态之间改变，并且需要事件的驱动才能够进行，不能自己运动。除此之外，CSS 3 还提供了另一个动画属性 animation，它相较于 transition 有更强大的功能。

要创建 CSS 3 动画，必须先了解@keyframes 规则。@keyframes 规则是创建动画，在 @keyframes 中规定某项 CSS 样式，就能创建由当前样式逐渐变成新样式的动画效果。

创建动画，指定关键帧，语法如下：

```
@keyframes[动画名]{
开始帧:0%或者 from{动画开始的样式}
50%{50%的样式 }
结束帧:100%或者 to{结束时的样式}
}
```

创建完动画，接下来就可以使用动画了。先要通过 animation 属性绑定一个选择器，并至少指定 animation-name（动画名）和 animation-duration（动画时间），动画才能有效果。animation 是一个综合属性，其他属性如表 7-13 所示。

表 7-13　animation 属性

属　　性	描　　　　述
animation-name	指定动画名称
animation-duration	指定动画播放一遍的时间，默认是 0
animation-delay	指定动画开始时的延迟时间，默认是 0
animation-interation-count	指定动画播放的遍数，取值为数值或者为 infinite
animation-direction	指定动画的播放方向，默认是 normal，reverse 有方向
animation-timing-function	指定动画的速度曲线，默认 ease 缓动
animation-play-state	指定动画的运行或暂停，默认是 running
animation-fill-mode	指定当动画不播放时，元素的样式。通过将 animation-fill-mode 设置为 forwards、backwards 和 both，将元素最终状态设置为动画的起始或结束状态

【例 7-24】（实例文件：ch7\7.24.html）animation 动画效果实例。代码如下：

```
<!DOCTYPE html>
<html lang="en">
<head>
<meta charset="UTF-8">
<title></title>
<style>
*{margin:0;padding:0;}
div{ width:100px; height:100px; border:1px solid #000; position:relative; animation:change 5s;}
@keyframes change{
0%{ background-color:red;left:0;top:0; }
25%{ background-color:green;left:200px;top:0; }
50%{ background-color:blue;left:200px;top:200px; }
75%{ background-color:pink;left:0;top:200px; }
100%{ background-color:purple;left:0;top:0; }
}
</style>
</head>
<body>
<div></div>
```

```
</body>
</html>
```

相关的代码实例可参考 Chap7.24.html 文件，在 Firefox 浏览器中运行的结果如图 7-37 所示。

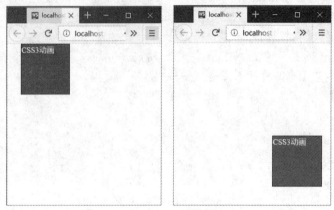

图 7-37　动画效果

7.5　响应式页面设计

响应式页面设计，最近几年在前端开发中非常火热，很受前端开发人员的追捧。响应式页面设计就是一套网页代码能够兼容各种各样不同分辨率大小的设备，为不同设备的使用用户提供更加舒适的界面和更好的体验。可以说响应式的布局是大势所趋，现在越来越多的网站开始采用响应式的布局方案。

7.5.1　PC 端常用页面布局模式

在过去几年，两栏和三栏布局是当时最火的网页布局方式，如图 7-38 所示。两栏和三栏布局，一般只能在 PC 端使用，在移动端，由于屏幕尺寸有限，很难做到类似的操作。

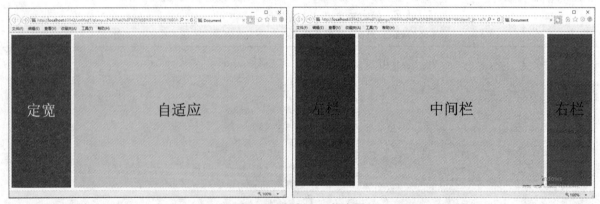

图 7-38　两栏和三栏布局

随着智能设备的普及，手机占用了人们越来越多的时间，对于前端工程师来说，还需要去适配不同的手机屏幕。PC 端称霸的时代已经过去，现在要求的网页都是需要能够去适配 PC 端和移动端的。所以，我们需要来了解新的知识。

想要用一套 html 代码适配两种不同宽度的屏幕，如图 7-39 所示，算是基础的响应式实例了。而要想实

150

现这样的布局关键是媒体查询（media queries）的使用，即针对不同设备设置不同的 CSS 文件。

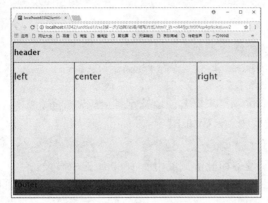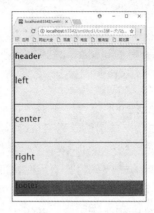

图 7-39　布局转换

7.5.2　从 media 到 media queries

在 CSS 2 中就已经介绍了@media，针对不同的媒体类型定制不同的样式规则。它支持很多媒体类型，如表 7-14 所示。

表 7-14　媒体类型

类　　　型	描　　　述
all	所有设备
braille	盲文
embossed	盲文打印
handheld	手持设备
print	普通打印机
projection	投影仪
screen	屏幕
speech	语音合成器
tty	固定字母间距的网格媒体，比如电传打字机
tv	电视

CSS 3 的 media queries 不仅继承了@media 的所有功能，还扩展了@media 的应用范围，使其既能识别媒体类型，也能识别媒体特征，如屏幕宽度、像素比和设备色彩等参数。

多媒体查询由多种媒体组成，可以包含一个或多个表达式，其根据条件是否成立返回 true 或 false，true 是执行表达式里的 CSS 样式，语法如下：

```
@media 媒体类型 and (表达式){css 样式}.
media queries 的语法很好理解，@media 关键字后面跟一个媒体类型，然后再跟一个或多个媒体识别的表达式，每个条件用 and 连接.
```

媒体类型的引用方法，常见的有 CSS 3 新增的@media 和 link 标签等方法。

1. @media 方法

直接写入 CSS 代码中。

```
@media only screen and (min-device-width:375px)and (-webkit-min-device-pixel-ratio:2) {
//针对大多数 iPhone6 的标准模式}
```

2. link 标签方法

通过 link 标签中的 media 属性来指定不同的媒体类型。代码如下：

```
<link rel="stylesheet" type="text/css" href="style.css" media="all and (min -width:375px)and
……" />
```

媒体类型还支持 not 和 only 关键字，它们可以用来更方便地指定某个媒体设备。

not 关键词表示对后面的表达式执行取反操作。代码如下：

```
@media not print and (max-width:1080px){样式}
```

上面代码表示样式代码将被使用在除打印设备和设备宽度小于 1080px 的所有设备中。

only 用来指定某种特定的媒体类型，可以用来排除不支持媒体查询的浏览器。only 很多时候是用来对那些不支持 media queries 但却支持 media type 的设备隐藏样式的。代码如下：

```
<link rel="stylesheet" type="text/css" href="style.css" media=" only print and (max-width:1080px)"
href="style.css"/>
```

除了上面一种样式应用于同一类型的媒体类型外，我们还可以使用多条表达语句来将同一个样式应用于不同的媒体类型和媒体特性中，指定方式如下：

```
<link rel="stylesheet" type="text/css" media="handheld and (max-width:768px), screen and
(min-width:960px)" href="style.css"/>
```

上面代码中 style.css 样式被用在宽度小于或等于 768px 的手持设备上，或者被用于屏幕宽度大于或等于 960px 的设备上。

media queries 支持的可供查询的 media 属性如表 7-15 所示。

表 7-15 可供查询的 media 属性

属　性	描　述	Min/Max	值
color	每种色彩的字节数	yes	整数
color-index	设备颜色索引表中的颜色	yes	整数
device-aspect-ratio	宽高比例	yes	整数/整数
device-height	设备屏幕的输出高度	yes	length
device-width	设备屏幕的输出宽度	yes	length
grid	输出的设备是网格还是位图设备	no	整数
height	渲染界面的高度	yes	length
width	渲染界面的宽度	yes	length
monochrome	单色帧缓冲器中每像素字节	yes	整数
resolution	分辨率	yes	分辨率（dpi/dppx）
scan	tv 媒体类型的扫描方式	no	Progressive、interlace
orientation	横屏或竖屏	no	Portrait、landscape

media queries 在 JavaScript 中也可以使用。window.matchMedia 方法接受一个 media queries 语句的字符串作为参数，返回一个 MediaQueryList 对象，然后可以访问它的 matches 属性查看媒体查询的结构是 true 还是 false。MediaQueryList 对象有两个方法，用来监听事件：addListener 方法和 removeListener 方法，如果 mediaQuery 查询结果发生变化，就调用指定的回调函数。下面就来调用 window.matchMedia 方法检测屏幕的状态。

【例 7-25】（实例文件：ch7\7.25.html）检测屏幕的状态。代码如下：

```html
<!DOCTYPE html>
<html lang="en">
<head>
<meta charset="UTF-8" name="viewport" content="width=device-width,initial-scale=1.0,
maximum-scale=1.0" >
<title>Title</title>
<style>
body{ background:lawngreen; }
</style>
</head>
<body>
<script>
//调用一下 window.matchMedia 方法,得到 MediaQueryList 对象
var mql=window.matchMedia('(orientation:portrait)');
console.log(mql);
function handleOrientationChange(mql) {
if(mql.matches) {
console.log('竖屏');
}else {
console.log('横屏'); }
}
// 输出当前屏幕模式
handleOrientationChange(mql);
//监听屏幕模式变化
mql.addListener(handleOrientationChange);
</script>
</body>
</html>
```

相关的代码实例可参考 Chap7.25.html 文件，在 Chrome 浏览器中运行的结果如图 7-40 所示。
当单击图 7-40 中的粉色按钮，会出现如图 7-41 所示的效果，屏幕已变为横屏。

图 7-40 屏幕状态为竖屏

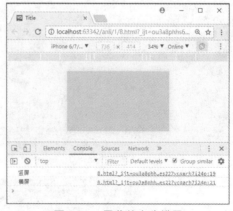

图 7-41 屏幕状态为横屏

7.5.3 响应式栅格系统

在 7.2 节已经介绍过栅格系统，和许多同类工具/素材一样，"系统"二字让它看起来无比高大上，而实际上大多数栅格系统都只是由一系列纵横交错的细线构成。它之所以被冠以"系统"二字，主要是因为这些线条涉及了内容管理方式、梳理页面结构的功能。栅格系统的运用会促使网页内容逐步走向规则化，实现一致性的设计。响应式栅格系统，关键在于响应哪些设备，根据需要兼容的设备特性来设定一个宽度断点，基于宽度断点来构建 media queries 的代码。

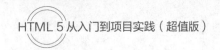
【例 7-26】（实例文件：ch7\7.26.html）响应栅格实例。代码如下：

```
<!DOCTYPE html>
<html lang="en">
<head>
<meta charset="UTF-8">
<title>响应式栅格系统</title>
<link rel="stylesheet" href="style.css">
</head>
<body>
<div class="box">
<div class="row row1">header</div>
<div class="row">
<div class="col1">left</div>
<div class="col2">main</div>
<div class="col3">right</div>
</div>
<div class="row row1">footer</div>
</div>
</body>
</html>
CSS 文件（style.css）：
*{ margin:0; padding:0; }
.box{ margin-top:15px;color:white;}
.row{ width:100%;font-size:25px;}
.row1{ background:dodgerblue; font-size:30px;}
.row:after{ clear:left; display:table; content:"";}
[class^='col']{float:left;height:50px; text-align:center; line-height:50px;}
.col1{width:30%;}
.col2{width:40%;}
.col3{width:30%;}
@media (min-width:1080px){
.row { width:1180px;}
[class^='col']{ float:left; background:red;}
}
@media (min-width:768px) and (max-width:1080px){
.row{ width:960px;}
[class^='col']{ float:left; background:yellow;}
}
@media (max-width:768px){
row{ width:724px; }
[class^='col']{ float:left; background:blue;}
}
@media (max-width:560px){
.row{ width:480px; }
[class^='col']{ clear:both; background:green;width:100%;}
```

相关的代码实例可参考 Chap7.26.html 文件，在 Firefox 浏览器中运行的结果如图 7-42 所示。

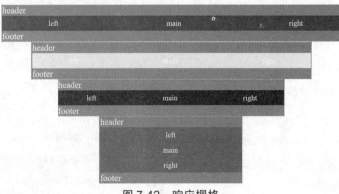

图 7-42　响应栅格

7.5.4 移动优先理念

多年来，"移动优先"的设计理念已经深深烙印在了我们的脑海中。移动优先理念与信息化是分不开的，特别是移动的信息化，随着使用者及用户的增多，一些 PC 端也逐步形成规模化，网站的页面也形成较大的需求量，所以一些网站的建设者，需要考虑的则是用户是否有一些相关的需求，用户通过移动设备浏览网站获取信息成为主要的途径，移动端网页设计也就成为优先考虑的设计方向。

但如果你认为"移动优先"是未来发展的大趋势，那你就错了。最近几年，几乎所有成功的移动驱动型企业，都开始纷纷转向为大屏幕构建 Web 应用程序。为什么呢？

多数人工作的大部分时间都面对着一块巨大的显示设备，或者说无论是笔记本计算机还是桌面显示器，一块大屏幕主导工作的习惯不大可能会改变。

虽然使用移动设备的频率远高于桌面设备，但无法确定这种状况有多普及。对许多人来说，能够明确的是，移动设备的屏幕是他们大多情况下的主要屏幕，但无法确定这是他们唯一的屏幕。能够明确的是我们的生活被各类屏幕充满，但无法确定所有的屏幕都是手机屏幕。随着这些颠覆性移动业务的成熟，企业认识到除了小屏幕之外，他们还需要为用户的大屏体验服务，这种需求远比预想得频繁。

移动端屏幕依旧是最重要和最主要的渠道，但已经不是唯一的渠道了。所以，找出用户的行为模式，发现最优的应用场景，用产品体验感染用户，才是未来设计的发展大势。

7.5.5 其他细节

针对移动设备开发，还有许多细节值得前端工程师注意，特别是 Android 和 iPhone 这样的触屏手机。下面来详细谈一谈移动开发里 em 和 rem 的用法和区别，具体如下：

- em 和 rem 都是相对单位，是相对于 font-size 来说的。我们使用它们的目的就是为了适应各种手机屏幕。
- em:网上有资料说是关于父元素的，其实 em 的大小是根据自身的 font-size 确定的，而只是正常的情况下子元素继承了父元素的 font-size。
- rem:是指根元素的大小,比如根元素大小是16px(浏览器默认font-size),那么1rem的大小就是16px。

【例 7-27】（实例文件：ch7\7.27.html）em 和 rem 的理解。代码如下：

```
<!DOCTYPE html>
<html lang="en">
<head>
<meta charset="UTF-8">
<title></title>
<style>
*{margin:0;padding:0;}
html{
font-size:100px;
}
.div1{
margin-left:150px;
font-size:20px;
}
p{margin-top:80px}
.div2{
width:1em;
height:1em;
font-size:50px;
background:yellow;
}
.div3{
width:1rem;
```

```
height:1rem;
background:blue;
font-size:20px;
color:white;
}
</style>
</head>
<body>
<div class='div1'>
<p>1em</p>
<div class='div2'>div2</div>
<p>1rem</p>
<div class='div3'>div3</div>
</div>
</body>
</html>
```

相关的代码实例可参考 Chap7.27.html 文件，在 IE 浏览器中运行的结果如图 7-43 所示。

可以看到，div 2 中的 width 和 height 的值为 50px，而不是根据父元素 div 1 的 font-size=20px，这样我们就可以得到结论，em 的值是根据自己来设定的，准确的说是自己的 font-size 的值，由此可见，em 是相对于父元素的值的说法是错误的。

div 3 的 width 和 height 的值为 100px，rem 根据的是 html 的 font-size=100px，并没有继承自己的 font-size=20px，这样开发起来就有一个相对的值了。这样做的意义在于，我们可以根据不同页面的 width 来设置不同的 font-size 值，以实现移动端的适配问题。

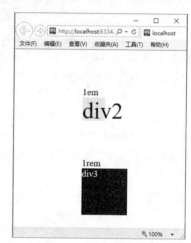

图 7-43　em 和 rem

7.6　就业面试技巧与解析

7.6.1　面试技巧与解析（一）

面试官：什么是响应式布局？

应聘者：我认为，响应式布局是根据用户使用设备的屏幕尺寸、系统平台、屏幕定向等进行适应调整的布局。

7.6.2　面试技巧与解析（二）

面试官：CSS 3 都有哪些新属性？请问你都知道哪些？

应聘者：圆角（border-radius）、阴影（box-shadow）、文字效果（text-shadow）、线性渐变（gradient）和旋转（transform）。

第 2 篇

核心技术

在了解 HTML 5、CSS 3 等知识后，本篇将介绍 Web App 页面布局、JavaScript 编程语言、jQuery 及 AngularJS 框架。通过本章的学习，相信读者的前端技术将会有很大提高，并且为后面章节的学习打下基础。

- 第 8 章　设计 Web App 页面布局
- 第 9 章　原生 JavaScript 交互功能开发
- 第 10 章　jQuery 经典交互特效开发
- 第 11 章　AngularJS 框架

第 8 章

设计 Web App 页面布局

 学习指引

现在的大部分人基本上都是用手机去浏览信息、上网购物等，所以，作为一个 Web 前端工程师，怎么能不知道 Web App 页面布局？本章主要介绍移动端页面设计规范，页面视图，基于 iScroll 的多视图布局，等比缩放布局，viewport/meta、rem/vw 的使用，flexbox 详解，以及特别样式处理等。

重点导读

- 熟悉移动端页面设计规范。
- 熟悉页面视图。
- 了解基于 iScroll 的多视图布局。
- 掌握等比缩放布局。
- 熟悉 viewport/meta 标签。
- 掌握 rem/vw 的使用。
- 熟悉移动 Web 特别样式处理。

8.1 移动端页面设计规范

移动端页面设计灵活多变，如何设计一个好的应用，没有具体的规范。但是为了让一些新手设计师少走弯路，此处介绍一些设计原则，以供新手设计师做参考和指导之用。各大公司在移动设计累积的经验，可以通过各个移动平台提供的设计来总结，下面是总结各大移动公司的七条设计规范。

- 内容优先设计：界面布局应以内容为核心，展示用户期望看到的内容。
- 触摸设计：界面的交互系统以自然手势为基础建构，符合人体工学并保持一致性。
- 为中断设计：考虑应用的使用情境，确保在各个产出中断的情境下，让用户恢复之前的操作。
- 转换输入方式：使用各种手机的设备特性和设计手段，减少在应用内的文字输入。
- 流畅性设计：保持应用交互的手指及手势的操作流畅性和用户的注意力及界面反馈转场的流畅性。
- 多通道设计：发挥设备的多通道特性、协同的多通道界面和交互，让用户更有真实感。

- 易学性设计：保持界面架构简单、明了，导航设计清晰易理解，操作简单可见，通过界面元素的表意的和界面提供的线索就能让用户清楚地了解其操作方式。

8.2 页面视图

视图是单页应用开发中最常见的模块，通常在一个单页应用中会有多个视图存在，每一个视图都可以处理一部分业务功能，所有视图的功能集就是单页应用所能处理业务的最大能力。下面介绍几种单页应用中最常出现的视图。本节用到了后面章节要学习的 JavaScript 相关内容，看不懂的可以参考后面章节的内容。

8.2.1 单页面图层布局

单视图最基本的一种布局方式为三段式结构布局方式，如图 8-1 所示。

单视图并不一定都有头部或底部，另外多数应用中会有导航条，但一般情况下导航条会被作为头部或底部的一部分，不会独立存在。

8.2.2 侧边栏页面布局

侧边栏是一种特殊的视图，在不显示时，会被隐藏在当前视图之下或者隐藏到当前视图之外，当侧边栏被激活时，它会显示并覆盖当前视图。下面就来做一个简单的实例。

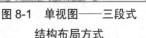

图 8-1 单视图——三段式结构布局方式

【例 8-1】（实例文件：ch08\Chap8.1.html）侧边栏页面布局实例。代码如下：

```
<!doctype html>
<html lang="en">
<head>
<meta http-equiv="Content-Type" content="text/html; charset=utf-8"/>
<title>侧边栏</title>
<style type="text/css">
p{ margin-top:400px; }
span{
color:white;
width:80px;
height:300px;
font-size:70px;
background:rgb(138,43,226);
position:absolute;
right:-80px;
top:400px;}
html,body,div{ width:100%; height:100%;text-align:center;font-size:150px;}
.div1{ width:100%; height:20%;background:rgba(0,255,255,0.5);border:1px solid red;}
.div2{ width:100%; height:60%;background:rgba(255,255,0,0.5);border:1px solid red;}
.div3{ width:100%; height:20%;background:rgba(255,0,255,0.5);border:1px solid red;}
#div4{
width:980px;
height:60%;
background:rgba(255,48,48,0.9);
position:absolute;
left:-980px;
```

```
}</style>
</head>
<body>
<div class="div">
<div class="div1">头部</div>
<div class="div2">内容</div>
<div class="div3">底部</div>
</div>
<div id="div4">
<p>侧边栏</p>
<span>侧边栏</span>
</div>
<script>
    window.onload=function(){
        var div=document.getElementById('div4');
        div.onmouseover=function(){
            move(0,20);//第一个参数为 div 的 left 属性的目标值,第二个为每次移动多少像素
        };
        div.onmouseout=function(){
            move(-980,-20);
        };
        var timer=null;
        function move(target,speed){
            clearInterval(timer);
            timer=setInterval(function (){
                if(div.offsetLeft==target){
                    clearInterval(timer);
                }else{
                    div.style.left=div.offsetLeft+speed+'px';}
            },20)}
    }
</script>
</body>
</html>
```

相关的代码实例可参考 Chap8.1.html 文件，在 Chrome 浏览器切换设备工具栏里运行的结果如图 8-2 所示。当单击左侧"侧边栏"按钮时，激活侧边栏，效果如图 8-3 所示。

图 8-2　侧边栏激活前

图 8-3　侧边栏激活后

8.2.3　封面图页面布局

封面图与侧边栏类似。封面图一般会在页面初始化时出现，随后消失，之后就不再出现。下面我们通

过一个简单的例子来演示一下封面图的效果。

【例 8-2】（实例文件：ch08\Chap8.2.html）封面图页面布局实例。代码如下：

```
<!doctype html>
<html lang="en">
<head>
<meta http-equiv="Content-Type" content="text/html; charset=utf-8"/>
<title>封面图页面布局</title>
<style type="text/css">
p{ margin-top:800px;}
html,body,div,#div4{ width:100%;height:100%;text-align:center;font-size:150px;}
.div1{ width:100%;height:20%;background:rgba(0,255,255,0.5);border:1px solid red;}
.div2{ width:100%;height:60%;background:rgba(255,255,0,0.5);border:1px solid red;}
.div3{ width:100%;height:20%;background:rgba(255,0,255,0.5);border:1px solid red;}
#div4{
background:rgba(255,48,48,0.8);
position:absolute;
left:0;  top:0;
}
</style>
</head>
<body>
<div class="div">
<div class="div1">头部</div>
<div class="div2">内容</div>
<div class="div3">底部</div>
</div>
<div id="div4">
<p>封面图</p>
</div>
<script src="jquery-1.11.1.min.js"></script>
<script>
$('#div4').animate({"height":0},2000,function () {
$('#div4').slideUp()
});
</script>
</body>
</html>
```

相关的代码实例可参考 Chap8.2.html 文件，在 Chrome 浏览器切换设备工具栏里运行的结果如图 8-4 所示。页面初始化后，2s 内逐渐消失，效果如图 8-5 所示。

图 8-4　页面初始化前

图 8-5　页面初始化后

8.2.4　多视图页面布局

对于视图页面布局，通常是将视图的定位设置为 position:absolute，页面可视区域只能有一个视图页面，其他视图都是隐藏的。

【例8-3】（实例文件：ch08\Chap8.3.html）多视图页面布局实例。代码如下：

```
<!doctype html>
<html lang="en">
<head>
<meta http-equiv="Content-Type" content="text/html; charset=utf-8"/>
<title>多视图页面</title>
<style type="text/css">
*{ margin:0;padding:0; }
html,body,.div1,.div2{ width:100%; height:100%;text-align:center;font-size:150px;}
.div1{
background:yellow;
position:absolute;
top:0;
left:0;
}
.div2{
background:rgba(255,48,48,0.8);
position:absolute;
top:0;
left:0;
}
.div2 p{
margin-top:200px;
}
.div3{
position:fixed;
right:50px;
bottom:50px;
}
</style>
</head>
<body>
<div class="div1">
<p>视图页面一</p>
</div>
<div class="div2">
<p>视图页面二</p>
</div>
<div class="div3">
<img src="1.png" alt="" width="150px">
</div>
</body>
</html>
<script src="jquery-1.11.1.min.js"></script>
<script>
$(function(){
$(".div3").click(function(){
$(".div2").slideToggle();
});
})
</script>
```

相关的代码实例可参考 Chap8.3.html 文件，在 Chrome 浏览器切换设备工具栏里运行的效果如图 8-6 所示。当单击右下角箭头，视图页面二就会消失，视图页面一出现，效果如图 8-7 所示。

图 8-6 视图页面二

图 8-7 视图页面一

8.3 基于 iScroll 的多视图布局

iScroll 是一个高性能、资源占用少、无依赖、多平台的 JavaScript 滚动插件。

iScroll 有以下两个特点。

- 体积小：提高代码的运行效率，提高开发人员的开发效率。
- 应用范围广：不仅可以在 PC 项目中使用，也可以在移动项目中使用。

iScroll 不仅是滚动，它可以处理任何需要与用户进行移动交互的元素。在项目中仅包含 4KB 大小的 iScroll，项目便拥有了滚动、缩放、平移、无限滚动、视差滚动、旋转功能。

iScroll 的最简洁结构，其代码如下：

```
<div id="wrapper">
<ul>
<li>...</li>
<li>...</li>
⋮
</ul>
</div>
```

在上面的代码中，想要 ul 元素滚动，必须将 iScroll 应用到滚动区域的父容器中，并且只有父容器中的第一个子元素滚动，对其他的子元素没有作用。

最基本的脚本初始化的方式如下：

```
<script type="text/javascript">
var myScroll=new IScroll('#wrapper');
</script>
```

如果你有一个复杂的 DOM 结构，最好在 onload 事件之后适当延迟，如给浏览器 100 或者 200 毫秒的间隙再去初始化 iScroll。

配置 iScroll：在 iScroll 初始化阶段可以通过构造函数的第二个参数配置它。代码如下：

```
var myScroll=new IScroll('#wrapper', {
mouseWheel:true,
scrollbars:true
});
```

163

8.3.1　iScroll 页面结构下的侧边栏

使用 iScroll 来实现侧边栏很简单，引入 iScroll 库，只需要初始化并配置 iScroll 即可。

【例 8-4】（实例文件：ch08\Chap8.4.html）iScroll 页面结构下的侧边栏实例。代码如下：

```html
<!DOCTYPE html>
<html lang="en">
<head>
<meta http-equiv="Content-Type" content="text/html; charset=utf-8">
<meta name="viewport" content="width=device-width, initial-scale=1.0, user-scalable=0, minimum-scale=1.0, maximum-scale=1.0">
<title>iScroll 侧边栏</title>
<script type="text/javascript" src="iscroll.js"></script>
<script type="text/javascript">
window.onload=function(){
var myScroll=new iScroll('wrapper',{
snap:true,
momentum:false,
hScrollbar:false
});
}
</script>
<style>
*{margin:0;padding:0;}
#wrapper{
width:200px; height:100%;
position:relative;
z-index:999;
margin-top:100px;
}
.box{width:400px;height:100%;}
.box ul{list-style:none;}
.box li{ float:left; color:white;}
.li1{background:#9932CC ;width:200px;
height:300px;font-size:30px;text-align:center; line-height:300px;}
.li2{
background:#9932CC;
width:30px;height:100px;font-size:24px;
}
.div{
text-align:center;
font-size:50px;
width:100%;
height:100%;
background:#00FF00;
position:absolute;
top:0;
}
</style>
</head>
<body>
<div id="wrapper">
<div class="box">
<ul>
<li class="li1">侧边栏内容</li>
<li class="li2">侧边栏</li>
</ul>
</div>
</div>
<div class="div">主页</div>
</body>
</html>
```

相关的代码实例可参考 Chap8.4.html 文件，在 Firefox 浏览器切换设备工具栏里运行的结果如图 8-8 所示。当用鼠标向左拖动侧边栏时，侧边栏隐藏到页面左侧，效果如图 8-9 所示。

图 8-8 运行侧边栏效果

图 8-9 侧边栏隐藏效果

8.3.2 iScroll 页面结构下的封面图

iScroll 页面结构下的封面图实现方式与页面视图下的封面图相似，只是在封面图消失后，为正文引入了 iScroll。

【例 8-5】（实例文件：ch08\Chap8.5.html）iScroll 页面结构下的封面图实例。代码如下：

```
<!DOCTYPE html>
<html lang="en">
<head>
<meta http-equiv="Content-Type" content="text/html; charset=utf-8">
<title>iScroll 封面图</title>
<script type="text/javascript" src="js/jquery-1.11.1.min.js"></script>
<script type="text/javascript" src="js/iscroll.js"></script>
<script type="text/javascript">
window.onload=function(){
var myScroll=new iScroll('wrapper');
//绑定 touchstart 事件,当手指单击屏幕时触发.
$(document) .on('touchstart',function(){
$('.div1').hide();})
}
</script>
<style>
*{margin:0;padding:0;}
body,html{ height:100%;}
body{display:-webkit-box;-webkit-box-orient:vertical;}
.div1{
width:100%;height:100%;
position:absolute;
left:0;top:0;
background:#32CD32;
z-index:999;
font-size:50px;
```

```
text-align:center;
}
#wrapper{
-webkit-box-flex:1;
overflow:hidden;
text-align:center;
}
li{
list-style:none;
background:springgreen;
height:100px;
border:1px solid red;
line-height:100px;
}
</style>
</head>
<body>
<div id="wrapper">
<ul>
<li>header</li>
<li>iScroll 封面图</li>
<li>iScroll 封面图</li>
<li>iScroll 封面图</li>
<li>iScroll 封面图</li>
<li>iScroll 封面图</li>
<li>footer</li>
</ul>
</div>
<div class="div1">iScroll 封面图</div>
</body>
</html>
```

相关的代码实例可参考 Chap8.5.html 文件，在 Firefox 浏览器切换设备工具栏里运行的结果如图 8-10、图 8-11 所示。

图 8-10　页面加载效果 1

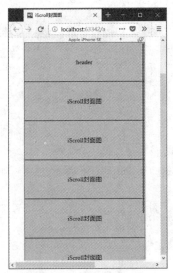

图 8-11　页面加载效果 2

8.3.3　iScroll 对内容刷新的支持

iScroll 实现上拉或下拉刷新，项目中通常是利用 ajax 去请求数据，然后刷新页面。下面我们就做一个简单的动态为上拉或下拉添加内容的例子。

【例 8-6】（实例文件：ch08\Chap8.6.html）iScroll 对内容刷新的支持实例。代码如下：

```html
<!DOCTYPE html>
<html lang="en">
<head>
<meta http-equiv="Content-Type" content="text/html; charset=utf-8">
<title>滚动刷新</title>
<script type="text/javascript" src="jquery-1.11.1.min.js"></script>
<script type="text/javascript" src="iscroll.js"></script>
<script type="text/javascript">
window.onload=function(){
var myScroll=new iScroll('wrapper');
//绑定 touchend 事件,当手指从屏幕上离开的时候触发.
$(document) .on('touchend',function(){
if(myScroll.y>100){
$('ul').prepend('<li>下拉刷新</li>');
//滚动区间的刷新重绘
myScroll.refresh()
}
if(myScroll.y<myScroll.maxScrollY-100){
$('ul').append('<li>上拉刷新</li>');
myScroll.refresh()
}
})
}
</script>
<style>
*{margin:0;padding:0;}
body,html{height:100%;}
body{
display:-webkit-box;
-webkit-box-orient:vertical;
}
header,footer{
font-size:30px;
height:60px;
text-align:center;
line-height:60px;
background:gold;
}
section{
-webkit-box-flex:1;
overflow:hidden;
text-align:center;
}
li{
list-style:none;
background:springgreen;
height:100px;
border:1px solid red;
line-height:100px;
}
</style>
</head>
<body>
<header>header</header>
<section id="wrapper">
```

```
<ul>
<li>iScroll 滚动刷新</li>
<li>iScroll 滚动刷新</li>
<li>iScroll 滚动刷新</li>
<li>iScroll 滚动刷新</li>
<li>iScroll 滚动刷新</li>
<li>iScroll 滚动刷新</li>
<li>iScroll 滚动刷新</li>
</ul>
</section>
<footer>footer</footer>
</body>
</html>
```

相关的代码实例可参考 Chap8.6.html 文件，在 Firefox 浏览器切换设备工具栏里运行的结果如图 8-12 所示。当下拉页面时，页面刷新，如图 8-13 所示；当上拉页面时，页面刷新如图 8-14 所示。

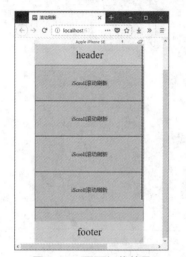
图 8-12 页面加载效果

图 8-13 下拉刷新效果

图 8-14 上拉刷新效果

8.4 等比缩放布局

等比缩放布局有流式布局、rem 布局和 vw 布局。其中 rem 和 vw 布局会在 8.6 节仔细讲解，本节要介绍流式布局。流式布局的结构特点是宽度百分比、高度固定。可以说，流式布局是宽度等比缩放布局。

流式布局中一些小 icon 图标和字体的大小等一般是固定的，插入图片默认设置宽度 100%，让其保持等比例缩放，一般不写死。

【例 8-7】（实例文件：ch08\Chap8.7.html）等比缩放布局实例。代码如下：

```
<!doctype html>
<html lang="en">
<head>
<meta charset="UTF-8">
<title>流式布局</title>
<meta name="viewport"
content="width=device-width,initial-scale=1,minimum-scale=1,maximum-scale=1,user-scalable=no"/>
<style>
*{margin:0; padding:0;}
html,body{width:100%;background:yellow;}
```

```
.div1{width:50%;height:300px;background:red;}
.div2{width:50%;height:150px;background:white;}
</style>
</head>
<body>
<div class="div1">
<div class="div2"></div>
</div>
</body>
</html>
```

相关的代码实例可参考 Chap8.7.html 文件，在 Chrome 浏览器切换设备工具栏里运行的结果如图 8-15 所示。切换横屏时，页面显示效果如图 8-16 所示。

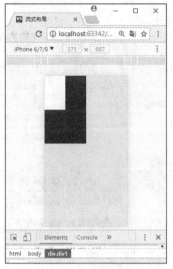

图 8-15　竖屏效果

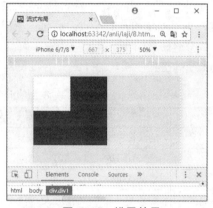

图 8-16　横屏效果

运用流式布局时都是通过百分比来定义宽度，但是高度大都固定，所以在大屏幕的手机下显示效果会变成有些页面元素宽度被拉得很长，但是高度还是和原来一样，实际显示非常不协调，这就是流式布局的致命缺点，往往只有一部分尺寸的手机下看到的效果是令人满意的，大屏幕手机下看到的效果相当于是被横向拉长，看起来怪怪的。因此，流式布局一般运用在偏向于文字展示，且对整个页面比例要求不高的页面中。

现在常用的是流式布局结合 rem 的方式，使用 rem 设置高度，使用百分比设置宽度，以实现宽高自适应。

8.5　viewport/meta 标签

viewport 是专为手机浏览器设计的一个 meta 标签，也就是通常所说的视口。

视口的含义是浏览器窗口的可视区域。在屏幕不那么宽的移动设备大量出现后，如果移动端设备使用视口的宽度和浏览器窗口宽度一样，那么将会导致很糟糕的结果。如果针对大屏桌面结构来设计页面布局，这样的页面在小屏幕的移动端设备上会缩放得非常小，也许会导致大部分数据重叠覆盖，也可能导致数据遮挡无法全部显示。

移动设备浏览器有 3 种视口：可见视口（visual viewport）、布局视口（layout viewport）和理想视口（ideal viewport）。通过对这 3 种视口的交互使用，使得移动端浏览器即便在小屏幕下页面也可以展示得很好。可见视口、理想视口含义一样，布局视口是移动浏览器设备为了解决早期的页面在手机上显示的问题，而虚拟出的一个视口，决定了桌面版网站的 CSS 在应用时所设置的最大宽度。大多数的移动浏览器都将布局视口设置为 980px，这样 PC 上的网页基本能在手机上呈现，只不过元素看上去很小，一般默认可以通过手动缩放网页。

只有浏览器还不够，越来越多的网站都会为移动设备单独设计一个能与其完美适配的 viewport。完美适配指的是，首先，不需要用户缩放和横向滚动条就能正常查看网站的所有内容；其次，显示的文字大小合适，不会因为在一个高密度像素的屏幕里显示得太小而无法看清，理想的情况是文字以及图片无论在何种密度屏幕、何种分辨率下，显示出来的大小都差不多。要达到以上两点要求，就要使用理想视口。

移动设备默认的 viewport 是布局视口，但在进行移动设备网站的开发时，需要的是理想视口。在开发移动设备的网站时，最常见的就是把下面这行代码复制到 head 标签中：

```
<meta name="viewport" content="width=device-width, initial-scale=1.0, maximum-scale=1.0, user-scalable=0">
```

上面 meta 标签的作用是让当前 viewport 的宽度等于设备的宽度，这个应该是大家都想要的效果，如果不这样设定，也可以使用布局视口，页面会出现横向滚动条，如此加上上面代码就得到了理想视口。其他一些属性下面具体进行介绍。

viewport 元标签其他属性的详细介绍如表 8-1 所示。

表 8-1　viewport 元标签其他属性

属 性 名	描 述	取 值
width	定义视口的宽度，单位为像素	正整数或 device-width
height	定义视口的高度，单位为像素，一般不用	正整数或 device-height
initial-scale	定义初始缩放值	[0 -10.0]
minimum-scale	定义缩小最小比例，它必须小于或等于 maximum-scale 设置	[0-10.0]
maximum-scale	定义放大最大比例，它必须大于或等于 minimum-scale 设置	[0-10.0]
user-scalable	定义是否允许用户手动缩放页面	yes/no，默认值 yes

下面来看一个简单的例子，效果是在 Chrome 浏览器切换设备工具栏里运行调试，模拟屏幕是 ipad 768px × 1024px。

【例 8-8】（实例文件：ch08\Chap8.8.html）viewport 和 meta 实例。代码如下：

```
<!DOCTYPE html>
<html lang="en">
<head>
<meta charset="UTF-8" name="viewport" content="width=768px" >
<title>Title</title>
<style>
h1{ font-size:15px; font-weight:bold;}
p{ font-size:15px;}
</style>
</head>
<body>
<div>
<h1>静夜思</h1>
<p>窗前明月光,</p>
<p>疑是地上霜.</p>
<p>举头望明月,</p>
<p>低头思故乡.</p>
</div>
</body>
</html>
```

相关的代码实例可参考 Chap8.8.html 文件，在 Chrome 浏览器切换设备工具栏里运行的结果如图 8-17 所示。切换横屏时，页面显示效果如图 8-18 所示。

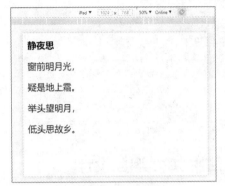

图 8-17　竖屏效果　　　　　　　　　　　　　　　图 8-18　横屏效果

从图 8-18 可以看到文字会随着屏幕的变化而变化，如果希望文字的大小不受 viewport 的影响，可以将 content="width=768px"中的 width 设置成 device-width，其代码如下：

```
<meta charset="UTF-8" name="viewport" content="width=device-width" >
```

运行后的效果如图 8-19、图 8-20 所示。

还可以设置 initial-scale 的值来使页面刚开始渲染时就放大，其代码如下：

```
<meta charset="UTF-8" name="viewport" content="width=device-width, initial-scale=5" >
```

运行后的效果如图 8-21 所示。

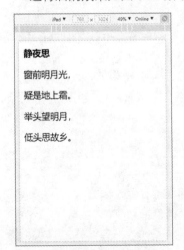

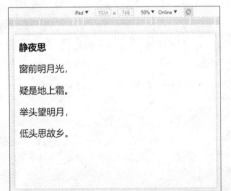

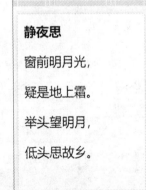

图 8-19　竖屏效果　　　　　　图 8-20　横屏效果　　　　　图 8-21　设置 initial-scale 为 5 时的效果

一般网站都不需要用户去缩放就能正常浏览，可以通过设置 maximum-scale 属性，其代码如下：

```
<meta charset="UTF-8" name="viewport" content="width=device-width,initial-scale=1.0,maximum-scale=1.0" >
```

8.6 rem/vw 的使用

在 HTML 5 时代，响应式页面设计已经成为前端开发的潮流，像开源的框架 Bootstrap 响应式设计，就是一个典型的媒体查询方式，它设定了某些媒体查询节点，根据不同设备宽度，设置不同的断点位置来做响应式查询，代码如下：

```css
@media screen and (min-width:980px) {
  font-size:20px;
}
@media screen and (max-width:960px) and (min-width:560px) {
  font-size:18px;
}
@media screen and (max-width:560px) {
  font-size:16px;
}
```

可以看出，3 种不同的页面尺寸范围分别应用了 3 种不同的字体大小来适应页面布局，编写起来很烦琐，需要根据不同的页面尺寸，来分别设置 CSS 样式。

8.6.1 使用 rem 响应设计

在 PC 端页面开发中，可以使用媒体查询，通常可以很好地满足需要，但是在页面分辨率错综复杂的移动端，媒体查询就显得捉襟见肘了。在 Web App 快速发展的时代，rem 进入了大家的视线，且随着浏览器对 CSS 3 新特性的进一步支持，rem 目前已被很多企业广泛使用。代码如下：

```css
html{
font-size:40px;/*设置根元素的字体大小*/
}
div{
font-size:2rem;/*字体大小就是 80px*/
width:5rem; /*宽度就是 200px*/
height:5rem; /*高度就是 200px*/
}
```

在字体和布局单位上面使用 rem 作为单位，字体大小和布局单位的值就会和根节点也就是 HTML 标签的 font-size 成比例，这样整个页面都会根据根元素的 font-size 属性来调整。正是基于这个原因，我们可以在每一个设备下根据设备的宽度设置对应的 font-size，从而实现自适应布局。这样就有两种方法来实现响应布局，一种是 rem 和媒体查询结合，利用媒体查询的断点范围，设置对应的 font-size；另一种是利用 JavaScript 来动态获取屏幕的宽度尺寸。

【例 8-9】（实例文件：ch08\Chap8.9.html）rem 和媒体查询实例。代码如下：

```html
<!doctype html>
<html lang="en">
<head>
<meta http-equiv="Content-Type" content="text/html; charset=utf-8"/>
<meta id="eqMobileViewport" name="viewport" content="width=320, initial-scale=1, maximum-scale=1,
user-scalable=no">
<title>rem 和媒体查询</title>
<style>
div{ font-size:2rem; }
@media screen and (min-width:800px) {
html{font-size:80px;}
}
@media screen and (max-width:800px) and (min-width:600px){
html{font-size:50px;}
```

```
}
@media screen and (max-width:600px) {
html{font-size:20px;}
}
</style>
</head>
<body>
<div>你好 rem</div>
</body>
</html>
```

相关的代码实例可参考 Chap8.10.html 文件，在 Chrome 浏览器切换设备工具栏里运行的结果如图 8-22 所示。切换设备的不同类型，可以看到 HTML 中的 font-size 属性值，会随着设备屏幕的大小而改变，如图 8-23、图 8-24 所示。

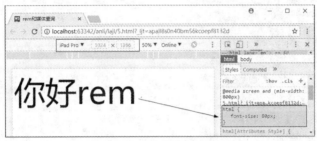

图 8-22　页面加载效果

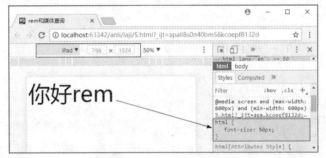

图 8-23　iPad 设备页面

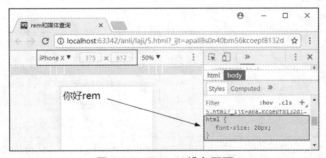

图 8-24　iPoneX 设备页面

上面是媒体查询和 rem 结合，分别在 iPadPro 1024×1366、iPad 768×1024 和 iPhoneX 375×812 这三类设备下运行的效果。可以看出，当"你好 rem"满足相应的媒体查询断点范围时，则应用相应根元素的 font-size 属性来调整整个页面。

可以看出，rem 和媒体查询的结合依然不能做到等比例响应，只是在两个媒体查询断点范围切换时，根据设置的 font-size 值来做出响应。

下面使用 JavaScript 动态获取设备的尺寸。320px 宽度设备 font-size 值是 20px，此处就以 320px 宽度的设备作为参照，来调整不同尺寸设备的 font-size 值。

【例 8-10】（实例文件：ch08\Chap8.10.html）动态获取不同设备尺寸的 font-size 属性实例。代码如下：

```
<!doctype html>
<html lang="en">
<head>
<meta http-equiv="Content-Type" content="text/html; charset=utf-8"/>
<meta    id="eqMobileViewport"    name="viewport"    content="width=320,    initial-scale=1,
maximum-scale=1, user-scalable=no">
<title>rem </title>
<style>
div{ font-size:2rem; }
</style>
</head>
<body>
<div>你好 rem</div>
</body>
</html>
<script>
//动态获取不同设备的 font-size 值
(function (doc, win) {
var docEl=doc.documentElement,
resizeEvt='orientationchange' in window ?'orientationchange':'resize',
recalc=function () {
var clientWidth=docEl.clientWidth;
if (!clientWidth) return;
docEl.style.fontSize=20 * (clientWidth/320) + 'px';
};
if (!doc.addEventListener) return;
win.addEventListener(resizeEvt, recalc, false);
doc.addEventListener('DOMContentLoaded', recalc, false);
})(document, window);
</script>
```

相关的代码实例可参考 Chap8.10.html 文件，在 Chrome 浏览器切换设备工具栏里运行的结果如图 8-25 所示。切换设备的不同类型，可以看到 HTML 5 中的 font-size 属性值会随着设备尺寸的改变而改变，如图 8-26、图 8-27 所示。

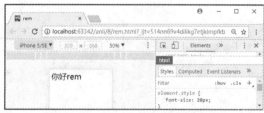

图 8-25　页面加载效果

图 8-26　切换设备后页面效果 1

图 8-27　切换设备后页面效果 2

可以看出，rem 配合 JavaScript 成功地达到了预期效果，页面可以等比例响应，基本可以适应大部分的布局了。

8.6.2 VW 视窗宽度百分比

vw 是 CSS 3 新增的值类型，相对于视窗的宽度，1vw 等于视窗宽度的 1%。同时新增的还有 vh 和 vm，vh 是相对于视窗的高度，vm 是相对于视窗的高度或宽度，取决于哪个更小。

【例 8-11】（实例文件：ch08\Chap8.11.html）vw 实例。代码如下：

```
<!doctype html>
<html lang="en">
<head>
<meta http-equiv="Content-Type" content="text/html; charset=utf-8"/>
<meta id="eqMobileViewport" name="viewport" content="width=320, initial-scale=1,maximum-scale=1,
user-scalable=no">
<title>vw</title>
<style>
div{width:30vw;
height:30vh;
background:red;
}
</style>
</head>
<body>
<div></div>
</body>
</html>
```

相关的代码实例可参考 Chap8.11.html 文件，在 Chrome 浏览器切换设备工具栏里运行的结果如图 8-28 和图 8-29 所示。

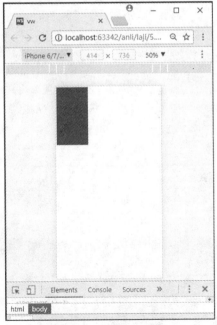

图 8-28 页面加载效果 1

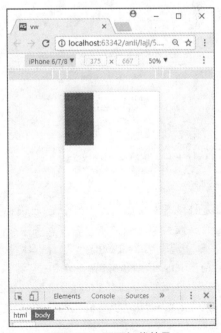

图 8-29 页面加载效果 2

看起来和页面百分比布局很像，其实不然，页面百分比布局是相对于父元素设定比率，而 vw（viewport width）和 vh（viewport height）是相对于视窗的大小，100vw 等于视窗宽度，100vh 等于视窗高度，用 vw、vh 设定的大小只和视窗大小有关。

rem 相比较于 vw，被支持得比较早，在当时移动端 Web App 开发需求旺盛的情况下，rem 脱颖而出，成为一个弹性布局效果很好的方案。vw 不仅被支持得比较晚，而且还有大多数低版本浏览器不兼容。目前状况，对 vw 最不利的是 Android Browser，ndroid Browser 4.4 以下的用户是不兼容的。

从上面的例子中能看出，vw 还是有很多优势的，直接根据视口大小去适配，不需要像 rem 要用 JavaScript 去动态获取屏幕宽度来调整根元素的 font-size。相信随着 Web App 开发的不断发展，vw 可能成为未来开发的主流力量之一。

8.7 移动 Web 特别样式处理

1. Reset

因为浏览器的种类很多，每个浏览器的默认样式也是不同的，reset.css 则是用来重置默认的、浏览器自带的一些样式，目的是保持各种终端显示一致，如图 8-30 所示，以下是常用的 reset.css。

```css
/* Reset */
*{
    box-sizing: border-box;
}
body, h1, h2, h3, h4, h5, h6, hr, p, pre, dl, dt, dd, ul, ol, li, th, td, form, fieldset, legend, button, input,
textarea, figure, figcaption, nav, footer, menu, blockquote {
    margin: 0;
    padding: 0;
}
h1, h2, h3, h4, h5, h6 {
    font-size: 100%;
    font-weight: normal;
}
address, em, i, b {
    font-style: normal;
}
a, a:hover, a:active, a:visited {
    color: #576B95;
    text-decoration: none;
}
ul, ol, li {
    list-style: none;
}
```

图 8-30　reset.css 样式

下面是移动开发中用到的一部分 reset.css。

（1）有时候为了布局方便会重置盒子模型：

```css
{box-sizing:border-box;}
```

（2）禁止 iOS 和 Android 用户选中文字：

```css
{-webkit-user-select:none;}
```

（3）禁止 iOS 长按时触发系统的菜单，禁止 iOS 和 Android 长按时下载图片：

```css
{-webkit-touch-callout:none}
```

（4）重置 Webkit 内核浏览器表单输入框 Placeholder 的样式：

```
input::-webkit-input-placeholder{color:#000000;}
input:focus::-webkit-input-placeholder{color:#eeeeee;}
```

reset.css 还有很多，这里就不解释了。其实，reset.css 文件可以根据项目需求的不同而进行自定义。

2. 高清图片

乔布斯曾经这样阐述 retina 屏幕："当你所拿的东西距离你 10～12 英寸（25～30 厘米）时，它的分辨率只要达到 300ppi 这个'神奇数字'（每英寸 300 像素点）以上，你的视网膜就无法分辨出像素点了。"

一张普通图片在非 Retina 屏幕上显示正常，而在 retina 屏幕上显示模糊，为什么会出现这种情况呢？这是因为，在 Retina 屏幕，由于像素比（devicePixeRatio）是 2，一个物理像素等于两个 CSS 像素，图片将放大两倍，此时就造成了图片在设置中显示时被拉伸，呈现出来的时候就模糊不清。比如，屏幕上一张图片为 100px×100px，那我们在移动设备上就应该以 100px×100px 去渲染。但是，在 retina 屏幕，由于 DPR 等于 2 时，实际上是以 200px×200px 去渲染的，图片因此被拉伸而变得模糊。

```
width:(w_value/dpr)px;
height:(h_value/dpr)px;
```

在 retina 屏幕下，100px×100px 的图片，我们只需要 50px×50px 去渲染就可以了。

3. 1px border

CSS 中的像素只是一个抽象的单位，在不同的设备或环境中，CSS 中的 1px 所代表的设备物理像素是不同的。后来随着技术的发展，移动设备的屏幕像素密度越来越高，从 iPhone 4 开始，苹果公司便推出了 Retina 屏幕，分辨率提高了一倍，但屏幕尺寸却没变化，这就意味着同样大小的屏幕上，像素却多了一倍，这时，一个 CSS 像素等于两个物理像素。其实造成边框变粗的原因就是 CSS 中的 1px 并不等于移动设备的 1px。

解决边框变粗方法有很多种，下面我们就介绍一种比较常用的方法，原理是把原先元素的 border 去掉，然后利用:before 或者:after 等伪元素重做 border，使用 transform 的 scaleY 属性缩小一半边框高度。

【例 8-12】（实例文件：ch08\Chap8.12.html）1px border()实例。代码如下：

```
<!doctype html>
<html lang="en">
<head>
<meta charset="UTF-8">
<title>Document</title>
<meta name="viewport" content="width=device-width,initial-scale=1,minimum-scale=1,maximum-scale=1,
user-scalable=no"/>
<style>
.border1:after {
content:'';
display:block;
width:400px;
height:1px;
background-color:red;
-webkit-transform:scaleY(0.5);
transform:scaleY(0.5);
}
.border2{margin-top:5px;}
.border2:after {
content:'';
display:block;
width:400px;
height:1px;
background-color:red;
}
</style>
</head>
<body>
```

```
<div class="border1">0.5px 边框</div>
<div class="border2">1px 边框</div>
</body>
</html>
```

相关的代码实例可参考 Chap8.12.html 文件，在 Chrome 浏览器切换设备工具栏里运行的效果如图 8-31 所示。

图 8-31　页面显示效果

8.8　就业面试技巧与解析

8.8.1　面试技巧与解析（一）

面试官：请简单地谈一下 rem 布局适应的场景？

应聘者：rem 布局是宽度自适应，无法做到高度自适应，所以对于那些对高度要求很高的应用程序，rem 无法实现。

8.8.2　面试技巧与解析（二）

面试官：请问响应式布局与自适应布局有什么区别？

应聘者：响应式与自适应的原理是相似的，都是检测设备，根据不同的设备采用不同的 CSS，而且 CSS 都是采用的百分比，而不是固定的宽度；不同点是响应式的模板在不同的设备上看上去是不一样的，会随着设备的改变而改变展示的样式，而自适应不会，所有的设备看起来都是一套模板，不过是长度或者图片变大或变小，不会根据设备采用不同的展示样式。

第9章

原生 JavaScript 交互功能开发

 学习指引

如果你想把自己的网站提升到更高水平，必须要有能力整合互动。但是，添加一些交互功能需要比 HTML 5、CSS 3 更强大的编程语言，而 JavaScript 可以提供所需的功能。只要对语言有了基本的理解，您就可以创建一个页面，它可以对常见事件做出反应，例如页面加载、鼠标点击和移动，甚至键盘输入。本章将向读者介绍 JavaScript 语言的基础知识。

 重点导读

- 掌握 JavaScript 基础语法。
- 掌握循环语句。
- 掌握数组与函数。
- 掌握 String 与 Date 对象。
- 掌握 BOM 与 DOM。
- 掌握事件。
- 熟悉拖动效果。
- 掌握 cookie 存储。
- 掌握正则表达式。
- 掌握 Ajax 技术。
- 了解面向对象基础。

9.1 JavaScript 基础语法

JavaScript 是一个轻量级，但功能强大的编程语言。本节从基础的语法开始讲起，会让你发现原来编写程序其实也可以这么简单。

9.1.1　字母大小写

类似 CSS 中 id 和 class 选择器的名称，JavaScript 是区分大小写的，如下面代码，声明的是 4 个变量：

```
var ab,aB,Ab,AB;
```

很多人容易把 JavaScript 和 HTML 混淆，HTML 是不区分大小写的，如<H1></H1>和<h1></h1>效果是一样的。

9.1.2　变量

在编程语言中，变量用于存储数据值，JavaScript 使用关键字 var 来声明变量：

```
var 变量名;
```

使用等号运算符给变量赋值：

```
var a=123;
```

这样就声明了一个变量 a，初始值为 123。变量的命名除了区分大小写以外，开头只能使用字母和"_"或"$"，不能以数字开头，后面可以接字母、"_"或"$"、数字。

正确的命名方式代码如下：

```
var abc=1;
var $ab=1;
var _ab=1;
```

错误的命名方式代码如下：

```
var 1ab=1;
var #1ab=1;
```

9.1.3　常量

ECMAScript 之前并没有定义声明常量的方式，ECMAScript 标准中引入了新的关键字 const 来定义常量。使用 const 定义常量后，常量无法改变。代码如下：

```
<script>
const a=5;
a=6;
alert(a);
</script>
```

如上面代码，在浏览器中会报错，在 Chrome 浏览器中运行结果如图 9-1 所示。

图 9-1　常量

9.1.4　数据类型

编程语言中，数据类型是一个非常重要的内容。只有了解了数据类型的概念，才可以更好地操作变量。JavaScript 包括 6 种数据类型。这 6 种数据类型又可以分为基本数据类型和引用数据类型两大类。

其中，基本数据类型包括字符串（String）、数字（Number）、布尔（Boolean）、空（Null）、未定义（Undefined）；引用数据类型包括对象（Object）。

　　基本数据类型和引用数据类型最大的区别是变量值存储方式的不同，基本数据类型，变量中存储的是值本身；引用数据类型存储的是值在内存空间的地址，也就是指针。

　　数据类型之间，有些是可以相互转换的，如字符串转数字，利用 JavaScript 提供的函数 parseInt() 来转换，代码如下：

```
console.log(parseInt('123abc'));//123
```

9.1.5　关键字

　　每种编程语言都有自己规定的一些关键字，JavaScript 关键字用于标识要执行的操作。这些关键字不能被用于其他名称，如变量名、函数名等。像关键字 var，一看见就知道是声明变量用的。ECMAScript 第五版的关键字如表 9-1 所示。

表 9-1　JavaScript 关键字

关　键　字	关　键　字	关　键　字	关　键　字	关　键　字
break	do	instanceof	else	case
Typeof	new	var	delete	throw
return	finally	catch	with	if
void	for	while	this	default
continue	switch	debugger	function	in
try				

9.1.6　转义字符

　　在 JavaScript 中可以使用反斜杠 "\" 来向文本字符串添加转义字符，具体如表 9-2 所示。

表 9-2　转义字符

转　义　字　符	含　　义
\'	单引号
\"	双引号
\&	和号
\f	换页符
\b	退格符
\t	制表符
\r	回车符
\n	换行符
\\	反斜杠

9.1.7　运算符

　　JavaScript 运算符主要包括：算数运算符、赋值运算符、比较运算符、逻辑运算符、字符串连接运算符，详情如表 9-3～表 9-6 所示。

表 9-3　算数运算符

运　算　符	说　　明	例　　　子	运　算　结　果
+	加	y=1+1	y=2
-	减	y=2-1	y=1
*	乘	y=2*2	y=4
/	除	y=6/3	y=2
%	取余	y=6%4	y=2
++	自增运算	y=2 ++y（先自增，再运算） y++（先运算，再自增）	y=3
--	自减运算	y=2 --y（先自减，再运算） y--（先运算，再自减）	y=1

表 9-4　赋值运算符（y=5 情况下）

运　算　符	例　　　子	等　价　于	运　算　结　果
=	y=5	/	y=5
+=	y+=1	y=y+1	y=6
-=	y-=1	y=y-1	y=4
*=	y*=2	y=y*2	y=10
/=	y/=5	y=y/5	y=1
%=	y%=4	y=y%4	y=1

表 9-5　比较运算符

运　算　符	说　　明	例　　　子	运　算　结　果
==	等于	1==1 1==2	true false
===	恒等于(值和类型都要做比较)	2===2 2==="2"	True false
!=	不等于，也可写作<>	2==3	true
>	大于	2>3	false
<	小于	2<3	true
>=	大于等于	2>=3	false
<=	小于等于	2<=3	true

表 9-6　逻辑运算符

运　算　符	说　　明	例　　　子	运　算　结　果
&&	逻辑与（and）	x=3;y=7;x&&y>5	false
||	逻辑或（or）	x=3;y-7;x&&y>5	true
!	逻辑非，取逻辑的反面	x=2;y=6;!(x>y)	true

字符串和数字连接运算符：两个数字相加，返回数字相加的和；数字与字符串相加，返回字符串，其代码如下：

```
<script>
x=1+2;
y='1'+2;
z='love'+520;
console.log(x,y,z,typeof(x),typeof(y),typeof(z));
</script>
```

如上面的代码，在 Chrome 浏览器中运行结果如图 9-2 所示。

```
3 "12" "love520" "number" "string" "string"          5.html?_ijt=rgfkmg26..k7hucrktc08il1v7:24
>
```

图 9-2　连接运算符

除了上面常用运算符外，还有一些经常用到的运算符，如 typeof 和 new 运算符。其中，typeof 运算符用于检测值的数据类型，new 运算符用于构造一个新的对象实例。

9.1.8　注释

JavaScript 注释可用于提高代码的可读性。JavaScript 注释不会执行，可以添加注释来对 JavaScript 进行解释。JavaScript 注释分为单行注释和多行注释。单行注释以 "//" 开头，只注释有 "//" 的一行；多行注释以 "/*" 开头，以 "*/" 结尾，其代码如下：

```
//JavaScript 单行注释
/*JavaScript 多行注释
  JavaScript 多行注释
  JavaScript 多行注释*/
```

9.1.9　字面量

在编程语言中，字面量是一种表示值的记法，如表 9-7 所示。

表 9-7　字面量

类　　型	说　　明	例　　子
数字字面量	可以是小数或者整数	1.10 或者 110
字符串字面量	可以使用单引号或双引号	'hello'或者"hello"
表达式字面量	用于计算	1+1 或者 2*2
数组字面量	定义数组	[a,b,c,d,e,f,g]
对象字面量	定义对象	{name:'jack',age:'18',score:'90'}
函数字面量	定义函数	function fn(a,b){return a-b;}

以上是部分 JavaScript 的基本语法，还有控制语句、数组和函数，将在 9.2 和 9.3 小节详细讲解。

9.2　循环语句

在用程序来实现算法时，经常会遇到重复和选择的情况，这时就需要用到控制语句了。控制语句包括选择条件语句和循环语句，本节就要讲解循环语句。有了这些语句的帮助，程序可以充分发挥计算机的运行能力，编写强大的功能程序。

循环语句的出现，就是为了完成重复出现的工作，就像路径的一个回路，可以让一部分代码重复执行。JavaScript 有四种循环语句，分别为 while、do/while、for 和 for/in。

9.2.1　while 循环

While 循环语句语法如下：

```
while (执行的条件)
{
    需要执行的代码
}
```

while 循环语句工作流程比较容易理解，即当执行的条件满足时，就会重复执行。其代码如下：

```
<script>
    var a=0;
    while(a<5){
        document.write(a+'-')
        a++
    }
</script>
```

在 IE 浏览器中运行结果如图 9-3 所示。

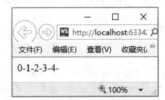

图 9-3　while 循环

9.2.2　do/while 循环

do/while 循环语句语法如下：

```
do
{
    需要执行的代码
}
while (执行的条件);
```

do/while 循环是 while 循环的变体。与 while 循环不同的是，do/while 循环会在检查条件是否满足之前就执行一次代码，如果条件仍然满足，就会重复执行。其代码如下：

```
var a=5;
do{
    document.write(a)
    a++
}
while(a<5);
```

在 IE 浏览器中运行结果如图 9-4 所示。

可以发现，a<5，这个条件不满足运行条件，但是在执行代码前会执行一次。

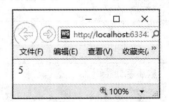

图 9-4　do/while 循环

9.2.3　for 循环

for 循环语句语法如下：

```
for (语句 1;语句 2;语句 3){
    需要执行的代码
}
```

看上去 for 循环很复杂，出现了 3 条语句，但其实理解了这 3 条语句就会发现，它和 while、do/while 都是差不多的。语句 1 是在 for 循环之前执行初始化的；语句 2 是一个逻辑表达式，和 while 循环里的执行条件一样，每循环一次会检测满不满足，满足继续循环；语句 3 是用来改变循环条件的。其代码如下：

```
<script>
    for(var i=0;i<6;i++){
            document.write(i+'-');
    }
</script>
```

在 IE 浏览器中运行结果如图 9-5 所示。

图 9-5　for 循环

9.2.4　for/in 循环

for/in 循环语句语法如下：

```
for(var 变量 in object){
执行的代码
}
```

for/in 循环和前面 3 种循环不一样，通常情况下，我们只用 for/in 循环作用于对象。其代码如下：

```
<script>
    var obj={
        name:'jack',
        age:'18',
        sex:'man'
    }
    for(var i=0 in obj){
        document.write(obj[i]+'<br/>')
    }
</script>
```

在 IE 浏览器中运行结果如图 9-6 所示。

图 9-6　for/in 循环

9.2.5　continue 和 break

continue 和 break 语句是循环语句中经常出现的，都用于中断循环流程。break 直接停止整个循环，实例代码如下：

```
<script>
    for(var i=0;i<8;i++){
        if(i==5){
            break;
        }
        document.write(i+'-')
    }
</script>
```

在 IE 浏览器中运行结果如图 9-7 所示。

Continue 中断本次执行的循环，实例代码如下：

```
<script>
    for(var i=0;i<8;i++){
        if(i==5){
            continue;
        }
        document.write(i+'-')
    }
</script>
```

在 IE 浏览器中运行结果如图 9-8 所示。

图 9-7　break 语句运行结果

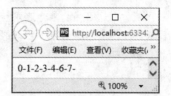

图 9-8　continue 语句运行结果

9.3　数组与函数

数组和函数是 JavaScript 的语法重点，学好它们对学习 JavaScript 有很大的帮助。

9.3.1　数组

在 JavaScript 中，数组是一种特殊的对象类型，是使用单独的变量名来存储一系列的值。

创建数组有两种方法：第一种方法，由于数组是一个特殊的对象类型，所以创建一个数组类似于创建一个对象实例，通过 new 运算符和相应的数组构造函数来完成。编写方法如下：

```
var arr1=new Array();            //没有元素的空数组
var arr=new Array(1,'2','jock'); //有三个元素的数组
```

另一种方法，直接用字面量定义数组。编写方法如下：

```
var arr3=[];                     //没有元素的空数组
var arr4=[1,'2','jack']          //有三个元素的数组
```

数组创建完以后，可以通过下标（下标就是元素的索引）来查找各个元素。元素按顺序排列，下标从 0 开始计算。例如，数组 arr 4 元素的下标分别是 0、1、2，代码如下：

```
<script>
    var arr4=[1,'2','jack']
    document.write(arr4[0]+'-'+arr4[1]+'-'+arr4[2])
</script>
```

在 IE 浏览器中运行结果如图 9-9 所示。

此外，还可以通过 length 属性计算出数组的元素个数，代码如下：

```
<script>
    var arr4=[1,'2','jack']
    document.write(arr4.length+'个')
</script>
```

在 IE 浏览器中运行结果如图 9-10 所示。

图 9-9　数组中的数据

图 9-10　数组的元素个数

JavaScript 数组有以下几个特性：

- 可以保存任何类型的数据，一个数组的数组元素可以是不同类型的数据。

- 利用不存在的索引查找数组时，例如，arr4[4]，不会报错，而会返回 undefined 值。
- 数组的大小是动态调整的，可以随着数据的添加自动增长。例如，赋值给数组一个不存在的索引值，程序不会报错，而是动态扩展数组，代码如下：

```
<script>
    var arr4=[1,'2','jack']
    arr4[5]=10;
//把 arr4 中的元素遍历出来
    for(var i=0;i<6;i++){
        document.write(arr4[i]+',')
    }
</script>
```

在 IE 浏览器中运行结果如图 9-11 所示。

图 9-11　动态扩展数组效果

9.3.2　函数

JavaScript 中的函数是指可以完成某种特定功能的一系列代码的集合，在函数被调用前函数内的代码并不执行。

在编写程序时，经常会遇到有些代码被反复利用，真的需要一遍一遍地编写吗？当然没必要。JavaScript 中的函数就解决了这样的问题。在 JavaScript 中，我们把反复利用的那段代码封装成一个函数，在需要时直接调用该函数就行了。

函数包括内置函数和自定义函数，内置函数是 JavaScript 语言本身提供的，像字符串转换函数 toString() 和整数转换函数 parseInt()，这样的函数就是内置函数。自定义函数就是自己或者其他人编写的代码集合，提供给他人用的函数。例如现在流行的各种 JavaScript 开发框架，像 Bootstrap 和 jQuery，其中就有大量的自定义函数。

JavaScript 有 3 种定义函数的方式：

（1）使用函数声明定义函数：

```
function 函数名(参数1,参数2,……参数n){
    语句;
    return 返回值;
};
```

（2）使用函数表达式定义函数：

```
var 变量=function(参数1,参数2,……参数n){
    语句;
    return 返回值;
}
```

（3）使用 function 构造函数定义函数（不常用）：

```
var 变量=new function(语句,return 返回值;);
```

调用函数基本方法是"函数名()"。

在使用函数时，几乎都需要传递参数，参数是函数与外面沟通的桥梁。函数将根据不同的参数通过相同的代码处理，得到编写者所要的结果。定义参数的个数是不受限制的，每个参数之间用逗号隔开。参数也是变量，但参数只能被函数内部使用，在函数被调用时赋值，通常称它们为形式参数。

求任意正整数，从 0 开始加到该数的和，其代码如下：

```
<script>
    //自定义函数,传递参数n
    function myfunction(n){
        var sum=0;
```

```
        for(var i=0;i<n;i++) {
            sum=sum+i;
        }
        return sum+n
    }
    var common=myfunction(100);//调用函数,参数赋值100,并把执行的值赋值给变量common
    alert(common)
</script>
```

在 IE 浏览器中运行结果如图 9-12 所示。

在函数外部可以通过参数来传递不同的数据给函数，而内部则是通过返回值来实现的，返回值通常使用 return 语句完成。如上面求任意正整数和的例子，函数返回结果，并赋值给变量，返回值可以是任何类型的数据，包括基本类型和引用类型。

return 语句和参数一样，并不是必需的，如函数可以不传递参数，它就是一种方法，哪里需要直接调用就可以了。有时函数内部只是想显示一句话或弹出一个对话框而已，那就不需要 return 语句了。但是即使不写 return 语句，函数本身也会有返回值 undefined。如上面求任意正整数，从 0 开始加到该数的和的例子，注释 return 语句，其代码如下：

```
<script>
function myfunction(n){
        var sum=0;
        for(var i=0;i<n;i++) {
            sum=sum+i;
        }
        //return sum+n
    }
    var common=myfunction(100);
    alert(common)
</script>
```

在 IE 浏览器中运行结果如图 9-13 所示。

图 9-12　求和结果

图 9-13　函数返回值

9.4　String 与 Date

String 和 Date 是 JavaScript 的内置对象，String 对象用于处理字符串，Date 对象用于处理日期。

9.4.1　String 对象

前面讲过数据类型，String 类型表示字符串，是一个基本数据类型，通过双引号或单引号来创建。而内置对象 String 是一个构造函数，类型是 function，通过 new 操作符来调用 String 构造函数创建 String 实例对象，该实例对象是 Object 类型的值，其代码如下：

```
<script>
    //定义一个String基本类型的变量
```

```
    var str='123';
  //利用内置对象 String 创建一个 Object 类型的对象
    var strobject=new String('123')
    alert('str 类型是'+typeof(str)+'\nstrobject 类型是'+typeof
(strobject))
  </script>
```

图 9-14　object 类型和 String 对象

在 IE 浏览器中运行结果如图 9-14 所示。

String 对象的属性有 length、constructor 和 prototype，length 表示字符串的长度，constructor 属性返回创建该对象的函数的引用，prototype 允许对象添加属性和方法。

String 对象的方法有很多，如表 9-8 所示。

表 9-8　String 对象方法

String 对象方法	说　　明
charAt()	返回指定位置的字符
charCodeAt()	返回在指定位置的字符的 Unicode 编码
concat()	连接两个或更多字符串，并返回新的字符串
fromCharCode()	将 Unicode 编码转为字符
indexOf()	返回某个指定的字符串值在字符串中首次出现的位置
lastIndexOf()	从后向前搜索字符串，并从起始位置开始计算返回字符串最后出现的位置
match()	查找到一个或多个正则表达式的匹配
replace()	在字符串中查找匹配的字符串，并替换与正则表达式匹配的字符串
search()	查找与正则表达式相匹配的值
slice()	提取字符串的片段，并在新的字符串中返回被提取的部分
split()	把字符串分割为字符串数组
substr()	从起始索引号提取字符串中指定数目的字符
substring()	提取字符串中两个指定的索引号之间的字符
toLowerCase()	把字符串转换为小写
toUpperCase()	把字符串转换为大写
valueOf()	返回某个字符串对象的原始值
trim()	去除字符串两边的空白

9.4.2　Date 对象

Date 对象是用来处理日期和时间的。

通过创建 Date 构造函数的实例对象，可以获取计算机中的时间，其代码如下：

```
<script>
   var date=new Date();
   alert(date);
</script>
```

在 IE 浏览器中运行结果如图 9-15 所示。

图 9-15　获取当前的时间

创建 Date 对象有 4 种方式，其代码如下：

```
new Date();//当前日期和时间
new Date(milliseconds);//返回从 1970 年 1 月 1 日至今的毫秒数
new Date(dateString);//如 new Date(2018,5,20);
new Date(year,month,day,hours,minutes,seconds,milliseconds);
```

日期对象可以通过使用比较符号进行日期的比较，其代码如下：

```
<script>
  var date1=new Date();
  var date2=new Date(2000,1,1);
  var date3=new Date(2000,1,1);
  alert(date1>date2);//结果为 true
  alert(date2==date3);//结果为 false
</script>
```

虽然可以用大于或小于来比较时间对象，但不能用等号来比较，因为该操作会被认为是在比较 date1 和 date2 变量是否引用了同一个对象，所以结果永远是 false。

当使用大于或小于号时，系统内部会对这两个对象进行转换，通过转换为毫秒数进行比较。这个毫秒数是以 UTC 时间的 1970 年 1 月 1 日午夜为时间基点算出来的，1970 年 1 月 1 日午夜毫秒数为 0，每天会增加 24×60×60×1000 毫秒。而时间比较的依据是当前时间距离基点的毫秒数，毫秒数越大的表示日期越大。

所以精确的时间比较，就是把要比较的时间对象先转换为毫秒数，然后再进行比较。计算毫秒数可以使用 getTime()或者 valueOf()方法，其代码如下：

```
<script>
  var date1=new Date();
  var date2=new Date();
  alert(date1.getTime()==date2.getTime())        //结果为 true
</script>
```

Date 对象的属性包括 constructor 和 prototype。constructor 是返回对创建此对象的 Date 函数的引用；prototype 用于向对象添加属性和方法。

Date 对象方法如表 9-9 所示。

表 9-9　Date 对象方法

Date 对象方法	说　　明
getDate()	返回 Date 对象中一个月的某一天（1~31）
getDay()	返回 Date 对象中一周的某一天（0~6）
getFullYear()	返回 Date 对象年份（4 位数字）
getHours()	返回 Date 对象的小时（0~23）
getMilliseconds()	返回 Date 对象的毫秒（0~999）
getMinutes()	返回 Date 对象的分钟（0~59）

Date 对象方法	说　　明
getMonth()	返回 Date 对象月份（0～11）
getSeconds()	返回 Date 对象的秒数（0～59）
getTime()	返回 1970 年 1 月 1 日至今的毫秒数
getTimezoneOffset()	返回本地时间与格林威治标准时间 （GMT） 的分钟差
getUTCDate()	根据世界时从 Date 对象返回月中的一天（1～31）
getUTCDay()	根据世界时从 Date 对象返回周中的一天（0～6）
getUTCFullYear()	根据世界时从 Date 对象返回四位数的年份
getUTCHours()	根据世界时返回 Date 对象的小时（0～23）
getUTCMilliseconds()	根据世界时返回 Date 对象的毫秒（0～999）
getUTCMinutes()	根据世界时返回 Date 对象的分钟 （0～59）
getUTCMonth()	根据世界时从 Date 对象返回月份（0～1）
getUTCSeconds()	根据世界时返回 Date 对象的秒钟 （0～59）
parse()	返回 1970 年 1 月 1 日午夜到指定日期（字符串）的毫秒数
setDate()	设置 Date 对象中月的某一天（1～31）
setFullYear()	设置 Date 对象中的年份（四位数字）
setHours()	设置 Date 对象中的小时（0～23）
setMilliseconds()	设置 Date 对象中的毫秒（0～999）
setMinutes()	设置 Date 对象中的分钟（0～59）
setMonth()	设置 Date 对象中的月份（0～11）
setSeconds()	设置 Date 对象中的秒（0～59）
setTime()	setTime()方法以毫秒设置 Date 对象
setUTCDate()	根据世界时设置 Date 对象中月份的一天（1～31）
setUTCFullYear()	根据世界时设置 Date 对象中的年份（四位数字）
setUTCHours()	根据世界时设置 Date 对象中的小时（0～23）
setUTCMilliseconds()	根据世界时设置 Date 对象中的毫秒（0～999）
setUTCMinutes()	根据世界时设置 Date 对象中的分钟（0～59）
setUTCMonth()	根据世界时设置 Date 对象中的月份（0～11）
setUTCSeconds()	根据世界时设置指定时间的秒字段
toDateString()	把 Date 对象的日期部分转换为字符串
toISOString()	使用 ISO 标准返回字符串的日期格式
toJSON()	以 JSON 数据格式返回日期字符串
toLocaleDateString()	根据本地时间格式，把 Date 对象的日期部分转换为字符串
toLocaleTimeString()	根据本地时间格式，把 Date 对象的时间部分转换为字符串
toLocaleString()	根据本地时间格式，把 Date 对象转换为字符串

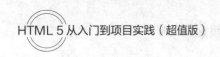

Date 对象方法	说　明
toString()	把 Date 对象转换为字符串
toTimeString()	把 Date 对象的时间部分转换为字符串
toUTCString()	根据世界时，把 Date 对象转换为字符串
UTC()	根据世界时返回 1970 年 1 月 1 日到指定日期的毫秒数
valueOf()	返回 Date 对象的原始值

9.5　BOM 与 DOM

BOM 提供了独立于内容而与浏览器窗口进行交互的对象，描述了与浏览器进行交互的方法，可以对浏览器窗口进行访问和操作。DOM 描述了处理网页内容的方法，DOM 把整个页面规划成由节点层级构成的文档。

9.5.1　BOM 浏览器对象模型

BOM（Browser Object Model）即浏览器对象模型。BOM 提供了独立于页面内容而与浏览器窗口进行交互的对象。BOM 由一系列相关的对象构成，并且每个对象都提供了很多方法与属性。如图 9-16 所示，我们只列出了部分的 BOM 对象。

图 9-16　BOM 对象

JavaScript 的核心就是通过操作 BOM 对象来控制页面，每个 BOM 对象的属性和方法都有一些是针对浏览器的，不同的浏览器，可能会通过不同的属性名来获取相同的数据。

1. window 对象

window 对象是 BOM 模型中的顶层对象，所有浏览器都支持 window 对象，它表示浏览器窗口。只要打开一个浏览器窗口，window 对象就存在。

window 对象就是 JavaScript 的全局对象，在使用 window 对象的属性和方法时不需要特别指明。window 对象的常用方法如表 9-10 所示。

表 9-10　window 对象的常用方法

方　　法	说　明
alert()	弹出一个提示窗口，包含一些信息和一个窗口
confirm()	弹出一个确认对话框

续表

方　　法	说　　明
prompt()	弹出一个输入窗口，让用户填写信息
open()	通过程序控制打开一个指定 URL 地址的浏览器窗口
close()	关闭一个打开的窗口
setTimeout()	延迟规定的时间后执行某个函数
setInterval()	允许在指定的时间间隔内，重复执行某个函数
moveBy()	让窗口移动指定的偏移
moveTo()	让窗口移动到指定的位置
resizeBy()	让窗口尺寸改变指定的大小
resizeTo()	让窗口尺寸改变到指定的大小

2. history 对象

history 对象包含浏览器的浏览历史，为了保护用户隐私，history 对象不再允许 JavaScript 访问已经访问过的实际 URL。history 对象提供了一系列方法，允许在浏览记录之间跳转，这些方法如表 9-11 所示。

表 9-11　history 对象的方法

方　　法	说　　明
history.back()	和在浏览器中点击后退按钮相同
history.forward ()	和在浏览器中点击向前按钮相同
history.go(x)	当 x 为负整数时，和在浏览器中点击后退按钮相同 当 x 为正整数时，和在浏览器中点击向前按钮相同

3. screen 对象

screen 对象包含有关用户客户端显示屏幕的信息。它提供了控制一个浏览器位置的功能，如将窗口定位到显示屏窗口的正中间。screen 对象的属性如表 9-12 所示。

表 9-12　screen 对象的属性

属　　性	说　　明
screen.height	显示屏幕当前分辨率下的高度
screen.width	显示屏幕当前分辨率下的宽度
screen.availHeight	显示屏幕当前分辨率下的高度，指除去 window 任务栏
screen.availWidth	显示屏幕当前分辨率下的宽度，指除去 window 任务栏
colorDepth	目标设备或缓冲器上的调色板的比特深度

4. location 对象

location 对象用于获取和改变窗口的 URL。

获取 URL 代码如下：

```
alert(location.href);
```

设置 URL 代码如下：

```
location.href="自定义设置的 URL"
```

location 对象的一些方法如表 9-13 所示。

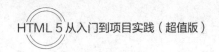

表 9-13　location 对象的方法

方　　法	说　　明
location.replace(url)	用传入的 URL 替代当前的 URL，该方法会将历史记录中的 URL 一并替换掉，会覆盖之前的历史记录
window.location.assign(url)	用传入的 URL 替代当前的 URL，该方法会将历史记录中的 URL 一并替换掉，不会覆盖之前的历史记录
window.location.reload()	重新加载当前的 URL 用于刷新

5. navigator 对象

navigator 对象包含有关访问者浏览器的信息。navigator 对象的属性如表 9-14 所示。

表 9-14　navigator 对象的属性

属　　性	说　　明
navigator.userAgent	获取操作系统的版本、浏览器版本/类型
navigator.cookieEnabled	获取浏览器是否支持 cookie
navigator.platform	获取用户所使用的操作系统类型
navigator.appName	获取浏览器的名称
navigator.appVersion	获取浏览器的平台和版本信息

6. document 对象

document 对象是文档的根节点，只要浏览器开始载入 HTML 文档，这个对象就开始存在了。document 对象使我们可以用 JavaScript 对 HTML 页面中的元素进行访问，并且所有主流浏览器均支持 document 对象。下面是一些常用的 document 对象属性，如表 9-15 所示。

表 9-15　document 对象属性

属　　性	说　　明
document.URL	当前文档的完整 URL
document.scripts	文档中<script>元素对象
document.domain	当前文档的服务器域名
document.body	<body>元素
document.inputEncoding	文档的编码方式
document.doctype	文档的类型声明（DTD）

9.5.2　DOM 文档对象模型

当网页被加载时，浏览器会创建页面的文档对象模型 DOM，它只关注浏览器所载入的文档。DOM 是与平台和语言无关的，DOM 不仅仅是用在 JavaScript 中，任何编程语言都可以实现 DOM 接口，来对文档进行管理。

1. DOM 元素的查找

操作 HTML 元素，首先得找到该元素。查找元素的方法有以下几种：

- 通过标签名查找 HTML 元素。
- 通过 id 查找 HTML 元素。
- 通过类名查找 HTML 元素。

例如下面代码：

```
document.getElementsByTagName("标签名")
document.getElementById("id名")
document.getElementsByClassName("类名")
```

2. innerHTML 属性

innerHTML 是 HTML 的一个节点属性，通过它可以完成对节点的创建、修改和删除等操作。
例如下面代码，就可以完成修改或删除的功能。

```
document.getElementById("id名").innerHTML="新的 HTML"或者 null;
```

3. 节点信息

在 DOM 中，每个节点都有一些用来描述自身的属性和访问节点信息的方法，其中比较常用的一些属性如表 9-16 所示。

表 9-16　节点属性和方法

属　　性	说　　明
parentNode	当前节点的父节点
childnodes	当前节点的子节点
previousSibling	当前节点的前一个兄弟节点
nextSibling	当前节点的下一个兄弟节点
firstChild	当前节点的所有子节点的第一个
lastChild	当前节点的所有子节点的最后一个
nodeType	节点类型，包括文档节点、元素节点、文本节点、属性节点等
nodeValue	节点值

4. 节点的基本操作

DOM 提供了可以动态更改文档结构的方法，这些方法可以动态地操作节点，如表 9-17 所示。

表 9-17　操作节点的方法

方　　法	说　　明	例　　子
replaceChild	可以替换当前节点的某个子节点	node.replaceChild(newChild,oldChild)
appendChild	用于将一个新节点追加到当前节点的最后	node.appendChild(newChild)
removeChile	删除当前节点的某个子节点	node.removeChile(Child)
cloneNode	复制节点	cloneNode(Boolean)，如果 Boolean 为 true，还会复制当前节点的所有子节点

5. 创建节点

使用 document 文档对象可以动态地创建 DOM 支持的任何类型的节点，经常使用的方法有以下几种，如表 9-18 所示。

表 9-18　创建节点的方法

方　　法	说　　明
document.createElement(tagName)	创建一个指定标签名的节点
document.createText(ttext)	创建一个文本节点
document.createComment(comment)	创建一个注释节点
document.createDocumentFragment()	创建一个文档的片段节点

所有被创建出来的节点都要依附于 DOM 树中的某个节点下，可以使用 appendChild()方法将一个新创建的节点插入 DOM 中。

9.6　事件

事件是由用户或者浏览器自身执行的操作，比如鼠标的单击、拖动、滚动等操作。这些操作会被看成不同的事件。事件可以通过 JavaScript 进行控制并做出响应，以此提高页面与浏览的交互体验。

9.6.1　事件对象

事件在浏览器中是以对象的形式存在的，任何事件触发，都会产生一个事件对象 event，该对象包含着所有与事件有关的信息。它包括导致事件的元素、事件的类型和其他与特定事件相关的信息。例如下面的代码：

```
<script>
    document.onclick=function(event){
        console.log(event)
    }
</script>
```

在页面中单击鼠标时，触发了单击事件，就产生了一个事件对象 event，在 IE 浏览器控制台会显示该 event 的所有信息。在 IE 浏览器中运行结果如图 9-17 所示。

从上面的代码中可以看出，如果是单击事件，事件对象就会包含单击的坐标值的信息。其实事件对象会根据所触发的事件类型的不同而不同，如果是键盘事件，事件对象就会包含敲击的按键值。

图 9-17　event 事件的信息

9.6.2　事件类型

在 JavaScript 中事件可分为鼠标事件、键盘事件和 HTML 事件。

1. 鼠标事件

鼠标事件是用户与鼠标交互产生的事件，一些常用的鼠标事件如表 9-19 所示。

表 9-19　常用的鼠标事件

鼠　标　事　件	说　　　明
onclick	鼠标单击对象
ondblclick	鼠标双击对象
onmouseout	鼠标从某对象移开
onmouseover	鼠标移到某对象之上
onmousedown	某个鼠标按键被按下
onmouseup	某个鼠标按键被松开
onmousemove	鼠标被移动
oncontextmenu	鼠标右键单击对象

【例 9-1】（实例文件：ch9\Chap9.1.html）鼠标事件实例。代码如下：

```html
<!DOCTYPE html>
<html lang="en">
<head>
    <meta charset="UTF-8">
    <title>鼠标单击事件</title>
    <style>
        div{width:100px; height:100px; background:red; color:white;}
    </style>
</head>
<body >
<div id="box">box</div>
</body>
</html>
<script>
    var box1=document.getElementById('box');
    box1.onclick=function(){alert('你点击了box')}
</script>
```

当单击 box 时，会弹出"你点击了 box"对话框。

相关的代码实例可参考 Chap9.1.html 文件，在 IE 浏览器中运行结果如图 9-18 所示。

2. 键盘事件

键盘事件是用户与键盘交互产生的事件，一些常用的键盘事件如表 9-20 所示。

图 9-18　鼠标事件

表 9-20　常用的键盘事件

键 盘 事 件	说 明
onkeydown	键盘上某个键被按下
onkeyup	键盘上某个键被松开
onkeypress	键盘上某个键被按住

【例 9-2】（实例文件：ch9\Chap9.2.html）键盘事件实例。代码如下：

```
<script>
    function key(e){
        var keyCode=e.keyCode;//获取事件的键码值
        //如果获取的键码值等于空格的键码值 32
if (keyCode==32){
            alert('你按了空格键');
        }
    }
    document.onkeyup=key;
</script>
```

图 9-19　键盘事件

当按下键盘上的空格键时，会弹出"你按了空格键"的对话框。

相关的代码实例可参考 Chap9.2.html 文件，在 IE 浏览器中运行结果如图 9-19 所示。

3. HTML 事件

HTML 事件是针对 HTML 文档出现的事件类型，如提交表单、改变列表、关闭页面等，一些常用 HTML 事件如表 9-21所示。

表 9-21　常用的 HTML 事件

HTML 事件	说 明
onload	页面完成加载时触发
onabort	图像加载中断时触发
onblur	失去焦点时触发
onchange	用户改变域的内容时触发
onsubmit	单击提交按钮时触发
onfocus	获得焦点时触发
onreset	单击重置按钮时触发
onresize	窗口或框架被调整尺寸时触发
onselect	文本被选定时触发
onerror	当加载文档或图像时发生某个错误时触发
onunload	用户退出页面时触发

【例 9-3】（实例文件：ch9\Chap9.3.html）HTML 事件实例。代码如下：

```
<!DOCTYPE html>
<html lang="en">
<head>
    <meta charset="UTF-8">
    <title>onfocus 事件</title>
</head>
<body >
<input type="text" id="box">
</body>
</html>
<script>
    var box1=document.getElementById('box');
    box1.onfocus=function(){alert('请填入你的姓名')}
</script>
```

当聚焦到文本框时，会弹出"请输入你的姓名"对话框。

相关的代码实例可参考 Chap9.3.html 文件，在 IE 浏览器中运行结果如图 9-20 所示。

图 9-20　HTML 事件

9.6.3　事件流

当页面元素触发事件时，该元素的容器以及整个页面都会按照特定顺序响应，这个事件传递的过程称为事件流。

1. 事件的捕捉和事件冒泡

事件的捕捉是指从最上一级标签开始往下查找，直到捕获到事件目标。事件冒泡是指从事件目标开始，往上冒泡直到页面的最上一级标签。

事件的捕捉使用得不是很多，因为对于用户使用量很大的 IE 来说，它不支持事件捕捉，但支持事件冒泡。

当然我们可以选择在绑定事件时是采用事件捕获还是事件冒泡，方法就是通过 addEventListener 函数绑定事件，它有 3 个参数，第一个参数表示事件名，第二个参数表示触发事件执行的函数，第三个参数指定事件是否在捕获或冒泡阶段执行，若是 true，则表示采用事件捕获；若是 false，则表示采用事件冒泡。

【例 9-4】（实例文件：ch9\Chap9.4.html）HTML 事件实例。代码如下：

```
<!DOCTYPE html>
<html lang="en">
<head>
    <meta charset="UTF-8">
    <title>捕捉和冒泡</title>
    <style>
        #big{
            font-size:30px;
            width:200px;
            height:200px;
            background:yellow;
        }
        #small{
            color:white;
            width:100px;
            height:100px;
            background:red;
        }
    </style>
</head>
<body>
<div id="big">
    <p>big</p>
```

```
    <div id="small">small</div>
</div>
</body>
</html>
<script>
    var big=document.getElementById('big');
    var small=document.getElementById('small');
    //为所有节点设置监听器
    //事件捕捉阶段
    big.addEventListener('click',function(){
        alert('big 捕捉');
    },true);
    small.addEventListener('click',function(){
        alert('small 捕捉');
    },true);
    //事件冒泡阶段
    big.addEventListener('click',function(){
        alert('big 冒泡');
    },false);
    small.addEventListener('click',function(){
        alert('small 冒泡');
    },false);
</script>
```

当单击 small 盒子时，会依次弹出"big 捕捉、small 捕捉、small 冒泡和 big 冒泡"对话框。单击 big 盒子时，会弹出"big 捕捉和 big 冒泡"对话框。

相关的代码实例可参考 Chap9.4.html 文件，在 IE 浏览器中运行结果如图 9-21 所示。

图 9-21　事件的捕捉和冒泡

2. 阻止事件冒泡

阻止事件冒泡是指阻止事件的传递，也就是事件目标不会往上一级标签冒泡。比如我们只是想触发目标上的事件，而不想触发目标上一级标签的事件时，那么就需要阻止事件冒泡。这里我们使用 window.event.cancelBubble=true 和 event.stopPropagation() 来阻止事件冒泡。

【例 9-5】（实例文件：ch9\Chap9.5.html）阻止事件冒泡实例。代码如下：

```
<!DOCTYPE html>
<html lang="en">
<head>
    <meta charset="UTF-8">
    <title>捕捉和冒泡</title>
    <style>
        #big{
            font-size:30px;
            width:200px;
            height:200px;
            background:yellow;
        }
        #small{
            color:white;
            width:100px;
            height:100px;
            background:red;
        }
    </style>
</head>
<body>
<div id="big">
    <p>big</p>
```

```
        <div id="small">small</div>
    </div>
    </body>
    </html>
    <script>
        var big=document.getElementById('big');
        var small=document.getElementById('small');
        //为所有节点设置监听器
    big.addEventListener('click',function(){
        alert('big冒泡');
    },false);
        small.addEventListener('click',function(){
        alert('small 冒泡');
        if(window.event){
            window.event.cancelBubble=true;//兼容 IE
        }else{
            event.stopPropagation();//chrome 和 firefox 等其他浏览器
        }
    },false);
    </script>
```

当单击 small 小盒子时，会弹出"small 冒泡"的对话框，而不会紧接着再弹出"big 冒泡"对话框。

相关的代码实例可参考 Chap9.5.html 文件，在 IE 浏览器中运行结果如图 9-22 所示。

图 9-22　阻止事件冒泡

9.7　拖动效果

拖动效果是一个很好的页面效果，即将鼠标移到一个盒子上，按住鼠标不放，然后拖动鼠标，盒子能跟着鼠标移动，松开鼠标，盒子就停在那里不动。

可以发现，要完成一个拖动效果需要实现 3 个鼠标事件，分别为 onmousedown（鼠标按下）、onmousemove（鼠标移动）和 onmouseup（鼠标松开）。

下面我们来讲一下拖动效果实现的具体思路。首先，确定盒子的位置，因为我们是通过操作盒子的 left 和 top 值来让盒子移动的。其次，确定鼠标点在盒子中的 left 和 top 值，以及确定鼠标在松开时盒子的位置，盒子的位置可以通过鼠标在最终位置的 clientX 和 clientY 减去鼠标在盒子中的 left 和 top 值和最初盒子位置的 clientX 和 clientY 来确定，具体的计算可参考图 9-23，这样就可以实现一个拖动效果了。

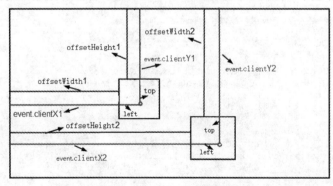

图 9-23　确定盒子的位置示意图

通过图 9-23 可知，左边为初始位置，右边为目标位置，原点为鼠标位置，大黑框为浏览器可视宽度，小黑框为拖动对象。

【例 9-6】（实例文件：ch9\Chap9.6.html）拖动效果实例。代码如下：

```
<!doctype html>
<html lang="en">
<head>
    <meta charset="UTF-8">
    <title>拖动效果</title>
    <style>
        #box {
            width:50px;
            height:50px;
            background:blue;
            position:absolute;
        }
    </style>
</head>
<body>
<div id="box"></div>
</body>
</html>
<script>
    var box=document.getElementById('box');
    var X=0;
    var Y=0;
    //鼠标按下事件
    box.onmousedown=function (e){
        var Event=e||event;
        X=Event.clientX-box.offsetLeft;        //获取鼠标在盒子中的 left 值
        Y=Event.clientY-box.offsetTop;         //获取鼠标在盒子中的 top 值
        //处理浏览器兼容问题
        if(box.setCapture){
            box.onmousemove=mouseMove;
            box.onmouseup=mouseUp;
            box.setCapture();
        }
        else{
            document.onmousemove=mouseMove;
            document.onmouseup=mouseUp;
        }
        //鼠标移动事件
        function mouseMove(e){
            var Event=e||event;
            var x=Event.clientX-X;
            var y=Event.clientY-Y;
            //限制移动范围,在可视区域内移动
            if(x<0){
                x=0;
            }
            else if(x>(document.documentElement.clientWidth-box.offsetWidth)){
                x=document.documentElement.clientWidth-box.offsetWidth;
            }
            if(y<0){
                y=0;
            }
            else if(y>(document.documentElement.clientHeight-box.offsetHeight)){
                y=(document.documentElement.clientHeight-box.offsetHeight);
            }
            box.style.left=x+'px';
            box.style.top=y+'px';
        }
        //鼠标松开事件
```

```
        function mouseUp(){
            this.onmousemove=null;
            this.onmouseup=null;
            if(this.releaseCapture)
            {
                this.releaseCapture();
            }
        }
        return false;
    };
</script>
```

相关的代码实例可参考 Chap9.6.html 文件，在 IE 浏览器中运行结果如图 9-24 所示。用鼠标单击盒子，按住不放，拖动盒子，可以随意移动位置，如图 9-25 所示。

图 9-24　页面加载效果

图 9-25　拖动效果

注意： 在 JavaScript 脚本代码中，setCapture 方法多用于盒子对象，效果是对指定的对象设置鼠标捕获，与这个函数对应的是 releaseCapture 方法，releaseCapture 方法释放鼠标捕获。如果没有 setCapture 和 releaseCapture，那么在按住鼠标之后快速移动鼠标，就有可能出现鼠标移动了，box 还在原地的情况。

9.8　cookie 存储

如果有一个网站，用户每天都需要登录访问，这时用户就需要一种可以直接访问网站的方式，而不用每次登录后才能访问。这时 cookie 存储的作用就体现出来了。cookie 是指网站放置在计算机上的小文件，其中存储着有关用户的信息。cookie 可以记住用户或者让用户避免在每次访问某些网站时都必须登录，从而提升用户的浏览体验。但是，某些 cookie 可能会跟踪用户访问的网站，从而危及隐私安全。

9.8.1　cookie 简介

cookie 汉语是小甜点的意思，对于开发者来说它就像小甜点。cookie 是当用户浏览某网站时，网站存储在用户计算机上的一个小文本文件，它记录了用户的 ID 号、密码、浏览过的网页、停留的时间等信息，当用户再次来到该网站时，网站通过读取 cookie，得知用户的相关信息，然后做出相应的动作，如在页面显示欢迎用户的标语，或者让用户不用输入 ID、密码就直接登录等。

在 IE11 版本中，具体的 cookie 查看方法是，按顺序单击 IE 浏览器菜单栏里的工具按钮："internet 选项—常规—设置—internet 临时文件—查看文件"，里面有用户访问过的所有 cookie，如图 9-26 所示。每个 cookie 实际上就是一个文件，里面保存着一些字符数据。

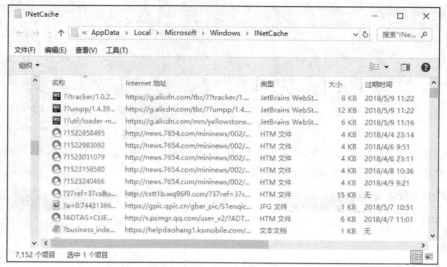

图 9-26　计算机上存储的 cookie

　　如果不希望网站在你的计算机上存储 cookie，可以阻止 cookie。但是阻止 cookie 可能会导致某些页面无法正确显示，或者可能会从网站收到一条消息，提醒你需要允许 cookie 才能查看该网站。

9.8.2　cookie 分类

　　cookie 分为临时 cookie（会话 cookie）和持久 cookie。

　　会话 cookie 是指不设定它的生命周期时，浏览器的开启到关闭就是一次会话，当关闭浏览器时，会话 cookie 就会销毁。会话 cookie 一般不保存在硬盘上而是保存在内存里。

　　持久 cookie 则是设定了它的生命周期，关闭浏览器之后，它不会销毁，直到设定的过期时间到期。对于持久 cookie，可以在同一个浏览器中传递数据，比如，在打开淘宝购物页面登录后，再点开一个想买的商品页面，依然是登录状态，即便你关闭了浏览器，再次开启浏览器，依然会是登录状态。这是因为浏览器会把 cookie 保存到硬盘上，关闭后再次打开浏览器，这些 cookie 依然有效，直到超过设定的过期时间。

9.8.3　cookie 的创建、查找、修改和删除

　　在 JavaScript 中操作 cookie 是一件很简单的事情，只需要对新增的 cookie 的属性进行赋值就可以了。

　　在 JavaScript 中可以使用 document.cookie 属性创建、查找、修改和删除 cookie。

1. 使用 JavaScript 创建 cookie

使用 JavaScript 创建 cookie，代码如下：

```
<script>
document.cookie="username=name";
</script>
```

如上面的代码，就在页面中保存变量 name 的值到 cookie 中。

2. 使用 JavaScript 查找 cookie

使用 JavaScript 查找 cookie，代码如下：

```
<script>
    document.cookie="username=jack";
```

```
    var x=document.cookie;
    document.write(x);
</script>
```

如上面代码，我们先创建了一个 cookie，然后赋值给一个变量 x，然后打印到页面中，在 IE 浏览器中运行结果如图 9-27 所示。

3. 使用 JavaScript 修改 cookie

cookie 的修改类似于创建，旧的 cookie 将被覆盖。例如下面代码：

```
<script>
    document.cookie="username=jack";
    document.cookie="username=mark";//新建的 cookie
    var x=document.cookie;
    document.write(x);
</script>
```

在 IE 浏览器中运行结果如图 9-28 所示。

图 9-27　创建 cookie

图 9-28　修改 cookie

4. 使用 JavaScript 删除 cookie

删除 cookie 非常简单，只需要把 cookie 的有效期设置成以前的时间即可，如下面代码，把 cookie 的有效期设置为 Thu, 01 Jan 1970 00:00:00 GMT。

```
<script>
    document.cookie="username=jack";
    document.cookie="username=mark;expires=Thu, 01 Jan 1970 00:00:00 GMT";
    var x=document.cookie;
    document.write(x);
</script>
```

通过上面的代码会发现 cookie 已经被删除，页面上打印不出 cookie 了。

9.8.4　cookie 属性

cookie 代码如下：

```
<script>
document.cookie="username=name;path=/";
</script>
```

代码中包含了 cookie 的两个属性，包括 cookie 的正文和读取路径，它们以分号隔开，每个 cookie 属性都使用"属性=值"的格式来表示。除了上面两个属性，cookie 还有一些其他属性，如表 9-22 所示。

表 9-22　cookie 属性

属 性 名	含 义	例 子
path	读取 cookie 的路径	path=/;
expires	cookie 的过期时间	expires=Thu, 03 Jan 2020 8:00:00 GMT;
domain	读取 cookie 的域名	domain=taobao.com;
secure	传输加密	Secure;

1. path

cookie 是由一个网页所创建，但并不只是创建 cookie 的网页才能读取该 cookie。在默认情况下，与创建 cookie 的网页在同一目录或子目录下的所有网页都可以读取该 cookie，其代码如下：

```
D:/a.html
D:/one/b.html
D:/one/two/c.html
```

如果在 a.html 中设置了根目录 path=/，那么 a.html、b.html 和 c.html 都可以通过 document.cookie 读取到里面的信息，而如果设置了 path=/D:/one，那么就只有 b.html 和 c.html 能够读取到 cookie。

path 中区分大小写，如 path=/D:/one 写成 path=/d:/one，那么就会形成一个新的 cookie。

如何在一个 cookie 中存储不同类型的信息呢？例如姓名、性别和年龄。其实设置多个值很简单，只需要在 cookie 的第一个属性里设置，用逗号分开就可以了，其代码如下：

```
<script>
    document.cookie="name=jack,sex=men,age=18";
    var x=document.cookie;
    document.write(x);
</script>
```

在 IE 浏览器中运行结果如图 9-29 所示。

图 9-29　设置多个 cookie 值

2. expires

expires 用来控制 cookie 的生命周期，也就是 cookie 在硬盘上存储的时间。时间格式必须是标准的 GMT 格式，如 expires=Thu, 03 Jan 2020 8:00:00 GMT；通常设置 cookie 时间都采用下面这种在当前时间的基础上增加指定时间的方式：

```
<script>
    var expire=new Date(new Date().getTime()+1*600000);//相对于当前,设置了10分钟的cookie有效期
</script>
```

如果不设置，那么 cookie 不会被写入硬盘，关闭当前页面，cookie 将会被删除，如果设置为早于当前的时间，将会删除 cookie。

3. domain

很多网站除了主域名以外，还有很多二级域名，例如百度除了 www.baidu.com 外，还有 map.baidu.com、pan.baidu.com、hi.baidu.com 等。通常系统出于安全考虑，只允许每个域名访问自己所创建的 cookie。如果想要多个域共享 cookie 信息，就需要设置 cookie 的 domain 属性。例如下面代码：

```
<script>
    document.cookie="name=jack;domain=baidu.com"
</script>
```

这时，这个 cookie 就可以被百度的所有二级域中的页面所共享了。

4. secure

secure 属性是用来保证 cookie 安全的。表示创建的 cookie 只能在 HTTPS 连接中被浏览器传递到服务器端进行会话验证，如果是 HTTP 连接则不会传递该信息，所以不会被窃听到。设置 secure 属性很简单，只需在创建 cookie 时，用分号隔开 secure 属性就行了。例如下面代码：

```
<script>
    document.cookie="name=jack,sex=men,age=18;domain=baidu.com;secure"
</script>
```

9.8.5　cookie 案例

在下面的 cookie 案例中，我们将创建 cookie 来存储访问者名称。首先，访问者访问 Web 页面，将会被

要求填写姓名，该姓名会存储在 cookie 中。访问者下一次访问页面时，会看到一个欢迎的消息。详细的内容可参考代码里的注释。

【例 9-7】（实例文件：ch9\Chap9.7.html）cookie 实例。代码如下：

```html
<!DOCTYPE html>
<html>
<head>
    <meta charset="utf-8">
    <title>cookie</title>
</head>
<head>
    <script>
        //设置 cookie 值的函数,创建一个函数用于存储访问者的名字
        function setCookie(username,name){
            var d=new Date();
            d.setTime(d.getTime()+60000);//设置 cookie 有效时间,cookie 一分钟后到期
            var expires="expires="+d.toGMTString();//根据格林威治时间 (GMT) 把 Date 对象转换为字符串,并
返回结果
            document.cookie=username+"="+name+"; "+expires;
        }
        //获取 cookie 值的函数
        function getCookie(username){
            var value=username+"=";//创建一个用于检索指定 cookie:username+"="的变量 value
            var arr=document.cookie.split(';');
            for(var i=0;i<arr.length;i++) {
                var a=arr[i];
                if (a.indexOf(value)==0){ //找到 cookie 值
                    return a.substr(value.length); //返回 cookie 值
                }
            }
            return "";  //如果没有找到 cookie, 返回""
        }
        //检查是否有 cookie 值的函数
        function checkCookie(){
            var user=getCookie("users");//调用 getCookie 函数,传入参数"users",获取 cookie 值 user
            //如果 user 不为空的情况
            if (user!=""){
                alert(user+ "你好,欢迎再次访问");
            }
            //如果 user 为空的情况
            else{
                user=prompt("请输入你的姓名:");//弹出输入 cookie 的对话框
                if (user!="" && user!=null){
                    setCookie("users",user);//调用上面 setCookie()函数,传入"users",user 参数,创建 cookie
                }
            }
        }
    </script>
</head>
<body onload="checkCookie()"></body>
</html>
```

相关的代码实例可参考 Chap9.7.html 文件，在 Chrome 浏览器中运行结果如图 9-30 所示，在弹出的输入框内输入任意名称，如图 9-31 所示。这样浏览器中就会以这个任意名称存储在浏览器中。

单击输入框左侧的小图标，在弹出的兑换框中选择"正在使用的 cookie"，页面效果如图 9-32 所示。

图 9-30　页面加载效果

图 9-32　查看 cookie

图 9-31　输入 cookie 名称

虽然 cookie 可以利用 JavaScript 实现数据存储能力，但 cookie 并不像数据库那样，存储的数据是有限的，而且在同一个域中所能生成的 cookie 是有限的。

写入 cookie 时必须谨慎，对一些重要信息，如用户名、密码、访问过的网站地址等，最好不要写入，有可能会被使用计算机的其他人看到，导致自己的隐私被泄露。

9.9　正则表达式

正则表达式是一个处理字符串的对象，比如它可以检测一个字符串是一个手机号码还是 E-mail 地址，并且可以对字符串进行替换和搜索操作。

9.9.1　定义正则表达式对象

定义正则表达式对象有两种方法：

第一种是直接调用 RegExp()，代码如下：

```
var 正则名称=new RegExp(正则表达式,修饰符)
```

第二种是直接用字面量来定义，代码如下：

```
var 正则名称=/正则表达式/修饰符
```

使用字面量定义的正则表达式对象实际上就调用了 RegExp() 构造函数来创建，所以这两种定义正则表达式对象的方法是等价的，其代码如下：

```
<script>
// var reg=new RegExp('^china');
    alert(reg.test('chinadream'));//结果为true
var reg=/^china/;
```

```
    alert(reg.test('chinadream'))//结果为 true
</script>
```

9.9.2 正则表达式——传参

在上一小节的代码中，使用正则表达式检测字符串中是否含有 china，可以看到使用字面量定义的正则表达式，双斜杠里面写的都是"匹配表达式"，并不是字符串类型的值。所以，如果匹配模式需要动态改变时，字面量定义的正则表达式就束手无策了，因为参数会被当作是"匹配表达式"来使用。这时就只能使用第一种定义正则表达式对象的方法了，其代码如下：

```
<script>
    var name='jock';
    var re=new RegExp("^第一名是"+name);
    alert(re.test('第一名是 jock'));// 结果为 true
</script>
```

看上面的代码会发现，正则会随着参数 name 的改变去改变匹配的规则。这种方法用于匹配表达式有一部分无法在编码时确定时使用。

9.9.3 正则表达式常用方法

1. test()方法

test()方法主要是检测字符串中是否有正则表达式要查找的内容，找到返回 true，找不到返回 false。例如下面代码：

```
<script>
    var reg=/\d/;//检测字符串中是否有数字
    alert(reg.test('123'));//结果为 true
    alert(reg.test('abc'));//结果为 false
</script>
```

2. exec()方法

exec()方法用于检索字符串中的正则表达式的匹配，返回一个数组，其中存放匹配的结果。如果未找到匹配，则返回值为 null。exec()对只会返回满足条件的第一个字符，不受修饰符 g 的影响，其代码如下：

```
<script>
    var str='a123abc';
    var reg1=/\d/g;
    var reg2=/\d/;
    alert('reg1 的结果'+reg1.exec(str)+'\nreg2 的结果'+reg2.exec(str))
</script>
```

在 IE 浏览器中运行结果如图 9-33 所示。

3. search()方法

search()方法用来查找第一次匹配的子字符串的位置，搜到则返回找到的子字符串的索引号，找不到返回-1，其代码如下：

```
<script>
    var str='abcdefg';
    var reg=/e/;//检测字符串中是否有数字
    alert(str.search(reg));
</script>
```

在 IE 浏览器中运行结果如图 9-34 所示。

图 9-33　使用 exec()方法后的运行结果　　　　　图 9-34　使用 search()方法后的运行结果

4. replace()方法

replace()方法用来将字符串中的某些子字符串替换为需要的内容，有两个参数，第一个参数可以为正则表达式或者子字符串，表示匹配需要被替换的内容，第二个参数为被替换的新的子字符串。如果声明为全局匹配则会替换所有结果，否则只替换第一个匹配到的结果，其代码如下：

```
<script>
    var str='我是一只小蜜蜂呀小蜜蜂';
    var reg=/小蜜蜂/
    alert(str.replace(reg,'小老虎'));
</script>
```

在 IE 浏览器中运行结果如图 9-35 所示。

5. match()方法

match()方法用来匹配字符串，匹配到则返回匹配到的内容，格式为数组，匹配不到则返回 null。代码如下：

```
<script>
    var str='123abc';
    var reg=/\d/g;
    console.log(str.match(reg));
</script>
```

在 IE 浏览器中运行结果如图 9-36 所示。

图 9-35　使用 replace()方法后的运行结果　　　　图 9-36　使用 match()方法后的运行结果

9.9.4　元字符和修饰符

元字符是辅助匹配表达式的一种特殊字符，它们不能被直接理解为字面意思。元字符如表 9-23 所示。

表 9-23　元字符

元　字　符	说　　明
.	除换行符以外的字符
\	转义字符

元 字 符	说　　明
|	或操作符两边任意一个
\d	0~9 的数字
\D	非数字
\w	字母、数字或下画线
\W	非字母、数字或下画线
\s	任何空白字符，包括空格、制表符、换页符等
\S	任何非空白字符
^	字符串的开头部分
$	字符串的结尾部分
\b	字符串的边界、开头或结尾
\B	非字符串的边界
*	0 次或多次
?	0 次或一次
+	一次或多次
{n}	n 次
{n, }	n 次以及 n 次以上
{n, m}	最少 n 次，最多 m 次
\f	换页符
\r	回车符
\n	换行符
\t	制表符
\v	垂直制表符

每一个元字符都表示匹配表达式中的一个匹配项，对于字符集来说也是这样。使用一对方括号包含指定的字符，就可以构成一个匹配字符集。字符集的构成可以通过 "-" 号来指定范围，其代码如下：

```
<script>
    var str='-123abcABC-';
    var reg=/[a-zA-Z0-9]/g //匹配所有大写字母、小写字母和数字
    console.log(str.match(reg));
</script>
```

在 IE 浏览器中运行结果如图 9-37 所示。

也可以指定字符集中的一些需要匹配的字符范围，如[A-Ca-c1-3]匹配字母 ABC、abc 和数字 123。但如果 "^" 符号出现在字符集的开头，那么它表示的就是另一个意思了，其代码如下：

```
<script>
    var reg=/[^1-5]/g;//匹配除了 1,2,3,4,5 以外的字母、数字和字符
    var str='abc12345678'
    alert(str.match(reg))
</script>
```

在 IE 浏览器中运行结果如图 9-38 所示。

有时会使用一对小括号来组成一个复合的匹配项，系统在进行匹配时会把它作为一个整体，其代码如下：

```
<script>
    var reg1=/(abc)+/g;
```

```
        var reg2=/abc+/g;
        var str='abccc';
        alert('reg1 的结果'+str.match(reg1)+'\nreg2 的结果'+str.match(reg2))
</script>
```

在 IE 浏览器中运行结果如图 9-39 所示。

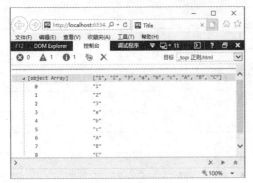

图 9-37　元字符

图 9-38　字符集范围

图 9-39　字符集复合

正则表达式修饰符有以下几种，如表 9-24 所示。

表 9-24　修饰符

修　饰　符	说　　明
i	不区分大小写
g	全局匹配，查找所有匹配而非在找到第一个匹配后停止
m	执行多行匹配。当字符串含有\n，并且正则表达式中含有^或$的时候，m 修饰符才有作用

修饰符 g 在前面的例子中已经用到，修饰符 i 和 m 的用法，其代码如下：

```
<script>
        var reg1=/^abc/mi;
        var reg2=/^abc/m;
        var reg3=/^abc/i;
        var str="aa\nABC";
        alert('reg1 的结果'+reg1.test(str)+'\nreg2 的结果'+reg2.test
(str)+'\nreg3 的结果'+reg3.test(str))
</script>
```

在 IE 浏览器中运行结果如图 9-40 所示。

图 9-40　修饰符 i 和 m 的用法

9.10　Ajax 技术

Ajax 全称 Asynchronous JavaScript And XML，译为异步的 JavaScript 和 XML。Ajax 是一门技术，不是一门编程语言。

9.10.1　Ajax 简介

　　Ajax 是一种用于创建快速动态网页的技术，通过在后台与服务器进行少量数据交换，Ajax 可以使网页实现异步更新。Ajax 的优点是可以在不重新加载整个网页的情况下，对网页的某部分进行更新。不使用 Ajax 的传统网页，如果需要更新内容，那么必须刷新整个网页。

Ajax 应用程序独立于浏览器和平台，它是一种
跨平台、跨浏览器的技术。

例如我们在百度搜索框内输入 Ajax，会发现下
面会显示 10 条有关 Ajax 的一些目录信息，如图 9-41
所示，这就是通过 Ajax 来完成的一个案例。

图 9-41　Ajax 案例

9.10.2　创建 Ajax 对象

创建 Ajax 对象，就是创建 XMLHttpRequest 对
象，它是 Ajax 的基础。现代浏览器 IE7+、Firefox、
Chrome、Safari 和 Opera 均支持 XMLHttpRequest 对象，老版本 IE5 和 IE6 浏览器使用 ActiveXObject 对象。
XMLHttpRequest 的作用是在后台与服务器交换数据。

创建 XMLHttpRequest 对象，语法如下：

```
AjaxObject=new XMLHttpRequest();
```

使用老版本 IE5 和 IE6 浏览器创建 ActiveXObject 对象，语法如下：

```
AjaxObject=new ActiveXObject("Microsoft.XMLHTTP");
```

在 JavaScript 中，分别在现代浏览器和老版本浏览器中创建 Ajax 的代码如下：

```
var AjaxObject;
if(window.XMLHttpRequest)
{
    //IE7+,Firefox,Chrome,Opera,Safari 中创建 XMLHttpRequest 对象
    AjaxObject=new XMLHttpRequest();
}
else
{
    // IE6, IE5 创建 ActiveX 创建对象
    AjaxObject=new ActiveXObject("Microsoft.XMLHTTP");
}
```

9.10.3　Ajax 请求和响应

1. Ajax 请求

我们使用 XMLHttpRequest 对象的 open()和 send()方法把请求发送到服务器。open()和 send()方法具体内
容如表 9-25 所示。

表 9-25　open()和 send()方法具体内容

方　　法	说　　明
open（method，URL，async）	method：请求的类型，GET 或者 POST URL：文件在服务器上的位置 async：true（异步）或者 false（同步）
send（string）	将请求发送到服务器 string：仅用于 POST 请求

Ajax 请求 GET 和 POST 的简单区别如下：

- 使用 GET 请求发送数据量比较小，POST 请求发送数据量大。
- 使用 Get 请求时，参数在 URL 中显示，使用 POST 方式则不会显示，所以请求中有一些重要信息，

如账号和密码，最好是用 POST 请求。

- GET 请求需注意缓存问题。GET 请求会被客户端的浏览器缓存起来，别人可以从浏览器的历史记录中读取到数据，如账号和密码，而 POST 请求则不需担心这个问题。

2. Ajax 响应

当数据请求发送到服务器后，服务器会做出响应，我们通过使用 XMLHttpRequest 对象的 responseText 或 responseXML 属性来获得服务器响应的数据。responseText 获得字符串形式的响应数据，responseXML 获得 XML 形式的响应数据。

9.10.4　onreadystatechange 事件

当发送一个请求后，客户端无法确定什么时候会完成这个请求，所以需要用事件来捕获请求的状态，XMLHttpRequest 对象提供了 onreadystatechange 事件来完成。每当 readyState 改变时，就会触发 onreadystatechange 事件，readyState 属性存有 XMLHttpRequest 的状态信息。

XMLHttpRequest 对象的 3 个重要的属性如表 9-26 所示。

表 9-26　XMLHttpRequest 对象的属性

属　　性	说　　明
onreadystatechange	存储函数，每当 readyState 属性改变时，就会调用该函数
readyState	存有 XMLHttpRequest 的状态。从 0 到 4 发生变化 0：请求未初始化 1：服务器连接已建立 2：请求已接收 3：请求处理中 4：请求已完成，且响应已就绪
status	200："OK" 404：未找到页面

在 onreadystatechange 事件中，规定当服务器响应已做好被处理的准备时所执行的任务。当 readyState 等于 4 且状态为 200 时，表示响应已就绪，此时就可以执行 onreadystatechange 事件中的任务了。

9.10.5　Ajax 案例

下面我们用 JavaScript 来完成一个简单的小案例。

首先，在 Ajax 页面同目录下创建一个 two.txt 文件，文件的内容是李白的《静夜思》，two.txt 文件是 Ajax 请求的内容。其次，按照 Ajax 步骤写 JavaScript 代码。

【例 9-8】（实例文件：ch9\Chap9.8.html）Ajax 实例。代码如下：

```
<!DOCTYPE html>
<html lang="en">
<head>
    <meta charset="utf-8">
    <title>ajax</title>
    <style>
        *{ margin:0;padding:0;}
        #box{
            width:150px;
```

```
            height:150px;
            border:1px solid red;
            text-align:center;
            margin-left:15px;
        }
        p{
            font-size:20px;
            color:#00FF00;
            line-height:30px;
        }
    </style>
</head>
<body>
<div id="box"><span onclick="ajaxfn()">第一章的内容</span></div>
</body>
</html>
<script>
    function ajaxfn(){
        var AjaxObject;
        if (window.XMLHttpRequest){
            //在 IE7+, Firefox, Chrome, Opera, Safari 创建对象
            AjaxObject=new XMLHttpRequest();
        }
        else{
            //IE5 ,IE6 创建对象
            AjaxObject=new ActiveXObject("Microsoft.XMLHTTP");
        }
        AjaxObject.open("GET","two.txt",true);
        AjaxObject.send();
        AjaxObject.onreadystatechange=function(){
            //判断状态
            if (AjaxObject.readyState==4&&AjaxObject.status==200){
                //执行的任务
                document.getElementById("box").innerHTML=AjaxObject.responseText;
            }
        }
    }
</script>
```

相关的代码实例可参考 Chap9.8.html 文件，在 IE 浏览器中运行结果如图 9-42 所示。

当用鼠标单击“第一章的内容”时，盒子 box 中将变成如图 9-43 所示的内容，但是页面并没有刷新。

图 9-42 页面加载效果

图 9-43 Ajax 请求数据

9.11　面向对象基础

在 JavaScript 中，面向对象是初学者的一个难点知识部分，本节我们将从最基础的知识开始介绍。

 ## 9.11.1　认识对象

JavaScript 中对象分为狭义对象和广义对象两种。

1. 狭义对象

所谓狭义对象，就是用{}这种字面量的形式定义的对象，它是一组属性的无序集合，代码如下：

```
<script>
    var obj={
        name:"小红",
        age:"18",
        sex:"女",
        interest:["唱歌","跳舞","弹钢琴"]
    }
</script>
```

上面的这段代码，只包含 4 个属性，存储了小红的信息。

比如现在我们不用对象，而是用数组来存储小红的信息，其代码如下：

```
<script>
    var arr=["小红",12,"女",["唱歌","跳舞","弹钢琴"]];
</script>
```

从上面代码可以发现，数组只能存储值，不能存储键（值的"语义"），也就是数组里面的值的"语义"不明确。而对象除了能存储值，还能存储值的"语义"。也就是说，对象是一组值和值的"语义"的封装。

2. 广义对象

广义对象也是对象，相比较于狭义对象，它还有一些其他的内容。比如 DOM 元素就是对象，但它还包括一些其他的内容，其代码如下：

```
<body>
<div id="box"></div>
</body>
<script>
    var box=document.getElementById("box");
    alert(typeof(box));  //object
    box.name="小红";
    box.age="18";
    box.sex="nv";
    box.interest=["唱歌","跳舞","弹钢琴"]
</script>
```

在上面的代码中，我们通过 DOM 方法得到了一个 DOM 对象，此时可以通过 "." 语法来给这个对象添加 name、age、sex、interest 属性。这时，我们除了可以访问添加的这 4 个属性外，还可以看到这个 box 对象还有一个 HTML 标签实体在页面上。

系统内置的所有引用类型值，都是对象，如 Function、Array、RegExp、DOM、Window、Document、Date、Math 等。它们都能添加自定义属性，并且能够访问这些属性。但是这些对象除了添加的一组属性之外，还有其他的内容，如上面讲的 DOM 元素。

但像这种对象，我们自己是不能创建的，也就是说平时我们创建的对象都是狭义的对象。

9.11.2　对象的方法

如果一个对象的属性值是一个函数，那么这个函数就叫作该对象的方法，其代码如下：

```
<script>
    var obj={
        name:"小红",
        say:function(){
            alert("你好");
        }
    };
obj.say();//调用对象的 say 方法
</script>
```

上面这个对象中的属性 say，它的值就是一个方法，是一个匿名函数，所以我们把 say 叫作 obj 方法。

当一个对象的方法被调用时，这个函数里面的 this 表示这个对象，其代码如下：

```
<script>
    var obj={
        name:"小红",
        say:function(){
            alert(this.name);
        }
    };
obj.say();//调用对象的 say 方法
</script>
```

在 IE 浏览器中运行的结果如图 9-44 所示。

图 9-44　调用对象方法

9.11.3　原型链

每一个构造函数都有一个属性叫作 prototype，指向一个空对象。这个构造函数使用操作符 new 出来的每一个实例的_proto_属性，也指向这个对象，如图 9-45 所示。

图 9-45 中的对象是构造函数的“原型”，是实例的“原型对象”。

原型链有查找的功能，当实例上没有某个属性时，系统会沿着_proto_属性去寻找它的原型对象有没有这个属性。代码如下：

```
<script>
    function People(name,age){
        this.name=name;
        this.age=age;
    }
    //给 People 的原型添加属性
```

```
People.prototype={
    "score":"90分"
};
var hong=new People("小红,18")
alert(hong.score)
</script>
```

在 Chrome 浏览器中运行的结果如图 9-46 所示。

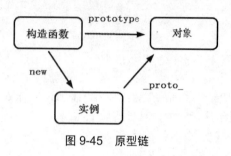

图 9-45   原型链

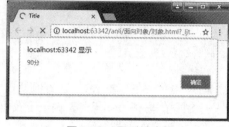

图 9-46   原型链查找

9.12   就业面试技巧与解析

9.12.1   面试技巧与解析（一）

面试官：请问 null 和 undefined 的区别是什么？

应聘者：undefined：当声明的变量还未被初始化时，变量的默认值为 undefined。null：表示空值，转为数值时为 0。null 用来表示尚未存在的对象，常用来表示函数企图返回一个不存在的对象。

9.12.2   面试技巧与解析（二）

面试官：请讲一下什么是事件委托？它有什么好处？

应聘者：事件委托，就是把自己要做的事情委托给别人去做，如一个<li>元素，本来自己需要监控自身的单击事件，但是自己不来监控这个单击事件，而是让自己的父节点来监控。

事件委托好处：提高性能，如我们要给每个<li>元素都添加单击事件，这个工作量就大了，而使用事件委托，只需要将事件委托给父元素（<ul>）就可以实现。并且新添加的<li>也会有单击事件。

第10章

jQuery 经典交互特效开发

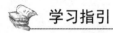 **学习指引**

jQuery 是常用的 JavaScript 功能方法的一堆封装，它在一定程度上加快了前端开发的速度，缩短了项目开发周期，减少了很多代码。在开发中，我们会见到很多特效，用 jQuery 实现起来特别简单。本章将介绍怎样用 jQuery 实现一些特效。

重点导读

- 熟悉 jQuery 框架介绍。
- 了解 jQuery 插件扩展原理及自定制设计。
- 熟悉时间轴特效。
- 熟悉 tab 页面切换效果。
- 熟悉滑动门特效。
- 熟悉焦点图轮播特效。
- 熟悉网页定位导航特效。
- 熟悉瀑布流特效。
- 熟悉弹出层特效。
- 熟悉倒计时效果。
- 熟悉抽奖效果。

10.1　jQuery 框架介绍

jQuery 是一个快速、简洁的 JavaScript 框架，宗旨是 write Less，Do More，即写更少的代码，做更多的事情。它封装 JavaScript 常用的功能代码，提供一种简便的 JavaScript 设计模式，优化 HTML 文档操作、CSS 操作、事件处理、动画设计和 Ajax 交互等。

jQuery 的特性：具有独特的链式语法和短小清晰的多功能接口；具有高效灵活的 CSS 选择器，并且可以对 CSS 选择器进行扩展。jQuery 还有一个比较大的优势，它的文档说明很全，各种应用也说得很详细，同时还有许多成熟的插件可供选择。

10.1.1　jQuery 的选择器

jQuery 有着强大的选择器，不像 JavaScript，只有 getElementById、getElementsByName、getElementsByTagName 和 getElementsByClassName 几种。jQuery 的选择器有清晰的逻辑性，parent>child 是匹配父元素下所有子元素，prev+next 是匹配所有紧接在 prev 元素后的 next 元素，还有匹配基数偶数项的函数，偶数:even 和奇数:odd，:eq(index)是匹配一个给定索引值的元素。还有很多逻辑性的选择器，具体可以查看 jQuery 的文档，选择器用好了会给编写代码带来极大的方便，会更简单明了地找到你要操作的对象。

10.1.2　jQuery 创建 DOM 节点

1. 创建元素节点

创建元素节点使用 jQuery 的工厂函数$()来完成，如果想创建一个 li 标签，其代码如下：

```
var li1=$('<li></li>')
```

2. 创建文本节点

如果想在上面所创建的 li 标签中添加文本，可以直接在标签内写入，例如下面的代码：

```
var li1=$('<li>我是文本内容</li>')
```

3. 创建属性节点

创建属性节点和创建元素节点、文本节点一样使用 JQuery 的工厂函数完成，例如下面的代码：

```
var li1=$('<li id="b"></li>')
```

这样我们就创建了一个含有 id 属性的 li 标签。

10.1.3　jQuery 添加 DOM 节点

用 jQuery 新创建的 DOM 节点不添加到 DOM 文档中是没有任何意义的，将新创建的节点添加到文档中有许多种方法。

1. append()方法

append()方法向匹配的节点内部追加内容，其代码如下：

```
$("ul").append($('<li id="b"></li>'))
```

2. appendTo()方法

appendTo()方法将所有匹配的节点追加到指定的节点中，其代码如下：

```
$('<li id="b"></li>').appendTo($("ul"))
```

3. prepend()方法

prepend()方法向所有匹配到的节点内部添加并且前置的节点，其代码如下：

```
$("ul").prepend($('<li id="b"></li>'))
```

4. prependTo()方法

prependTo()方法将元素添加到每一个匹配的元素内部前置，其代码如下：

```
$('<li id="b"></li>').prependTo($("ul"))
```

5. after()方法

after()方法为所有匹配的节点后面添加节点，新添加的节点作为目标节点后的相邻兄弟节点，例如下面代码：

```
$('ul').after($("<p></p>"))
```

匹配节点 ul，然后把新创建的元素 p 添加到 ul 节点后面作为相邻兄弟节点。

6. before()方法

before()方法在每一个匹配的节点之前插入，作为匹配元素的前一个兄弟节点。代码如下：

```
$('ul').before($("<p></p>"))
```

匹配节点 ul，然后把新创建的节点 p 添加到 ul 节点前面作为 ul 的兄弟节点。

10.1.4　jQuery 操作 DOM 属性

1. attr()方法

attr()方法能够获取节点属性，也能够设置节点的属性。当 attr(nature)方法有一个参数时，用于获得当前元素的 nature 属性值，当 attr(nature,attrValue)有两个参数时，attrValue 是为当前节点的属性 nature 设置属性值，其代码如下：

```
$('div').attr("id");//获取 id 的属性值
```

2. removeAttr()方法

removeAttr()方法用于删除节点特定的属性，其代码如下：

```
$('div').removeAttr("id");//删除 div 的 di 属性
```

10.1.5　jQuery 操作 DOM 样式

1. addClass()方法

addClass()方法是向匹配的节点添加样式，其代码如下：

```
$("p").addClass("a")
```

匹配到 p 节点，并为它添加一个类名为 a 的样式。

2. removeClass()方法

removeClass()方法用于把匹配节点的样式删除，其代码如下：

```
$("p").removeClass("a")
```

匹配到 p 节点，移出 p 节点上的类名为 a 的样式。

本节主要讲了 jQuery 对 DOM 的一些基本操作，大部分内容都会在后面的章节中用到。

10.2　jQuery 插件扩展原理及自定制设计

jQuery 插件是通过$.fn 来进行扩展的，其实我们简单测试一下就明白了。

先创建一个"插件扩展.html"文件，并引入 jquery-1.11.1.min.js，然后再创建一个"插件.js"文件，移入到"插件扩展.html"文件中。

我们在 JavaScript 脚本编写 console.log($.fn);，其代码如下：

```
<!DOCTYPE html>
<html lang="en">
<head>
    <meta charset="UTF-8">
    <title>Title</title>
</head>
<body>
</body>
</html>
<script src="jquery-1.11.1.min.js"></script>
<script src="插件.js"></script>
<script>
    console.log($.fn);
</script>
```

图 10-1　$.fn

在 Chrome 浏览器中输出的结果如图 10-1 所示。

输出的结果可以发现全是 jQuery 的接口，再来测试一下，在 JavaScript 脚本编写 console.log($.fn==\=$.prototype);，运行结果为 true。这样我们就可以明白了，插件就是给 jQuery 的原型添加功能函数。

下面我们就自定制一个小插件，实现在某个容器中插入列表<ul>，并给每个<li>赋值。

【例 10-1】（实例文件：ch10\Chap10.1.html）插件扩展实例。

插件扩展.html 文件，代码如下：

```
<!DOCTYPE html>
<html lang="en">
<head>
    <meta charset="UTF-8">
    <title>扩展插件</title>
</head>
<body>
<div id="box"></div>
<p id="p"></p>
</body>
</html>
<script src="jquery-1.11.1.min.js"></script>
<script src="插件.js"></script>
<script>
    $("#box").addmethods(["a","b","c","d"]);
    $("#p").addmethods(["1","2","3","4"]);
</script>
```

插件.js 文件，代码如下：

```
//给 jQuery 对象添加 addmethods 方法
$.fn.addmethods=function(arr){
    var $ul=$("<ul></ul>");
    for(i=0;i<arr.length;i++){
        var $li=$("<li>"+arr[i]+"</li>");
        $li.appendTo($ul) ;
    }
    $ul.appendTo(this);
}
```

图 10-2　插件扩展效果

相关的代码实例可参考 Chap10.1.html 文件，在 Chrome 浏览器中运行的结果如图 10-2 所示。

这样我们就实现了一个给代理对象添加<ul>和<li>以及内容的插件，更多的优化这里就不做说明了。

10.3　时间轴特效

时间轴是一个按时间顺序描述一系列事件的方式，经常出现在开发项目中。

本节案例描述了一个星期的事件，从星期一到星期日的课程。在 IE 浏览器中运行，当页面加载完毕，页面效果如图 10-3 所示。当单击左右箭头时，时间轴上的日期和星期会随之变化。当单击右方箭头时页面效果如图 10-4 所示。

图 10-3　页面加载效果

图 10-4　单击右方"箭头"后的页面效果

【例 10-2】　（实例文件：ch10\Chap10.2.html）时间轴特效实例。代码如下：

```
<!DOCTYPE html>
<html lang="en">
<head>
    <meta charset="UTF-8">
    <title></title>
    <link rel="stylesheet" href="bootstrap.min.css">
    <style>
        *{margin:0;padding:0;}
        #bigbox{
            overflow:hidden;position:relative;width:650px;
            margin-left:50px;border-bottom:2px solid black;
        }
        .timeLine{
            width:1000%;height:45px;line-height:45px;font-weight:bold;list-style:none;
            margin:15px 100px;position:relative;font-size:20px;
        }
        .timeLine li{
            float:left;width:120px;height:40px;line-height:40px;text-align:center;
            margin:0 10px;border-radius:20%;
        }
        .timeLine.now{
            background-color:red;color:white;
        }
        .box{
            width:400px;height:200px;border:1px solid#000;overflow:hidden;
            position:relative;left:180px;top:30px;
        }
        #timeTable{
            width:1000%;list-style:none;position:absolute;font-size:40px;
            text-align:center;line-height:200px;
        }
        #timeTable li{
            width:400px;height:200px;float:left;
        }
        #left,#right{
            width:40px;height:40px;background:blue;color:white;text-align:center;
            font-size:30px;position:absolute;border-radius:50%;
        }
```

```
            #left{
                left:60px;top:80px;
            }
            #right{
                left:650px;top:80px;
            }
        </style>
    </head>
    <body>
    <div id="left"><</div>
    <div id="bigbox">
        <ul class="timeLine">
            <li class="now">2018.4.16</li>
            <li>2018.4.17</li>
            <li>2018.4.18</li>
            <li>2018.4.19</li>
            <li>2018.4.20</li>
            <li>2018.4.21</li>
            <li>2018.4.22</li>
        </ul>
    </div>
    <div id="right">></div>
    <div class="box">
        <ul id="timeTable">
            <li>星期一的课程</li>
            <li>星期二的课程</li>
            <li>星期三的课程</li>
            <li>星期四的课程</li>
            <li>星期五的课程</li>
            <li>星期六学钢琴</li>
            <li>星期日去游泳</li>
        </ul>
    </div>
    </body>
    </html>
    <script src="jquery-3.3.1.js"></script>
    <script>
        $(function(){
1.          var nowIndex=0;
2.          var liIndex=$("#timeTable li").length;
3.          $("#left").click(function(){
4.              if(nowIndex>0){
5.                  nowIndex=nowIndex-1;
6.              }
7.              else{
8.                  nowIndex=liIndex-1;//liIndex-1是li的最大索引值
9.              }
10.             change(nowIndex);
11.             change1(nowIndex);
12.         })
13.         $("#right").click(function(){
14.             if(nowIndex<liIndex-1){
15.                 nowIndex=nowIndex+1;//如果nowIndex小于liIndex-1时,nowIndex加1
16.             }
17.             else{
18.                 nowIndex=0;//如果nowIndex大于等于liIndex-1时,回到初始的位置
19.             }
20.             change(nowIndex);
21.             change1(nowIndex);
22.         });
23.         function change(index){
24.             var ulmove=index*140;
25.             $(".timeLine").animate({left:"-"+ulmove+"px"},50).find("li").removeClass("now")
```

```
.eq(index).addClass("now");
26.            }
27.        function change1(index){
28.            var ulmove=index*400;
29.            $("#timeTable").animate({left:"-"+ulmove+"px"},100);
30.        }
    })
</script>
```

分析：

在上面的文档中，HTML 和 CSS 中的代码就不详细介绍了。

JavaScript 中标记的 jQuery 代码分析如下：

第 1 行：定义了一个变量，用于后面接受 li 的索引值。

第 2 行：获取 timeTable 中 li 的个数。

第 3～12 行：单击 left 事件，其中 4～9 行判断 li 的索引值，10～11 行分别调用 change 和 change1 方法。

第 13～22 行：单击 right 事件，其中 14～19 行判断 li 的索引值，20～21 行分别调用 change 和 change1 方法。

第 23～26 行：change 方法，是来定义 timeLine 的移动方法以及一些属性，其中使用了 CSS 3 的动画属性 animation，removeClass()和 addClass()方法分别表示向元素删除和添加类。

第 27～30 行：change1 定义 timeTable 的移动方法，其中使用了 CSS 3 的动画属性 animation。

在上面的描述中，将主要的代码进行了说明，其他一些细节可参考代码注释。

10.4 tab 页面切换效果

tab 页面切换效果是各大网站都经常用的一种效果。

本节案例在 IE 浏览器中运行，页面加载完毕后的效果如图 10-5 所示，当鼠标悬浮在每个分类元素上时，下面的内容也会随之改变，如图 10-6 所示。

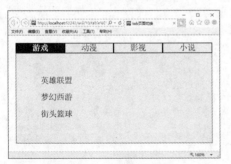

图 10-5　页面加载效果

图 10-6　鼠标悬浮"影视"后的页面效果

本案例实现的原理：在 main 中的某个 li 进行 mouseover 事件时，首先删除所有 li 的类名，使其全部显示初始颜色，然后给当前单击的按钮添加指定类名，使其显示另一种颜色——蓝色。

box 里面包括 5 个 li，默认只显示一个。为 main 的每个 li 添加自定义属性 index，用来关联 box。然后给与 main 中的 li 相关联的 box 中的 li 添加指定的属性。

【例 10-3】（实例文件：ch10\Chap10.3.html）tab 页面切换效果实例。代码如下：

```
<!DOCTYPE html>
<html lang="en">
<head>
```

```
<meta charset="utf-8">
<title>tab 页面切换</title>
<style>
    * {
        margin:0;padding:0;
    }
    ul{
        width:400px;margin:15px;
    }
    ul li {
        list-style:none;
    }
    .main li {
        text-align:center;float:left;width:100px;border:1px solid#000000;
        box-sizing:border-box;cursor:pointer;
    }
    .main.style1 {
        width:100px;color:#fff;font-weight:bold;background-color:blue;
    }
    .box{
        width:400px;height:200px;background-color:#f3f2e7;border:1px solid#837979;
        box-sizing:border-box;padding:50px;
    }
    .box li{
        display:none;
    }
    p{
        margin-top:15px;
    }
</style>
</head>
<body>
<ul class="main">
    <li class="style1">游戏</li>
    <li>动漫</li>
    <li>影视</li>
    <li>小说</li>
</ul>
<ul class="box">
    <li>
        <p>英雄联盟</p>
        <p>梦幻西游</p>
        <p>街头篮球</p>
    </li>
    <li>
        <p>秦时明月</p>
        <p>大圣归来</p>
        <p>一人之下</p>
    </li>
    <li>
        <p>琅琊榜</p>
        <p>花千骨</p>
        <p>伪装者</p>
    </li>
    <li>
        <p>完美世界</p>
        <p>绝世唐门</p>
        <p>斗罗大陆</p>
    </li>
</ul>
</body>
</html>
```

```
<script src="jquery-3.3.1.js"></script>
<script>
    $(function () {
1.        $(".box li:eq(0)").show();
2.        $(".main li").each(function(index){
3.            $(this).mouseover(function(){
4.                $(this).addClass("main style1").siblings().removeClass("style1");
5.                $(".box li:eq("+index+")").show().siblings().hide();
6.            });
7.        });
    });
</script>
```

在 HTML 里我们设置了 main 和 box 两个 ul,在 main 中设置了导航的内容,在 box 中存储详细的内容。
JavaScript 中标记的 jQuery 代码分析如下:

第 1 行:页面加载完成后,页面默认的效果。

第 2~7 行:利用 each 方法遍历 main 中的每个 li。

第 3~6 行:为每个 li 绑定 mouseover 悬浮事件。

第 4 行 addClass()是增加样式,siblings().removeClass()是移除当前悬浮之外的其他兄弟元素的样式,
$(this)表示 main 中的每个 li。

第 5 行:根据$(this)的 index 属性关联 box,显示相对应的内容。

10.5　滑动门特效

当鼠标滑过图片时,图片如同滑动的门一样可以向上、下、左、右 4 个方向滑动,这就是滑动门的效
果。本节案例主要讲解鼠标滑过元素 div 时向左滑动的效果。在 IE 浏览器中运行,页面加载完毕时效果如
图 10-7 所示,当我们把鼠标滑过第二个 div 时,第二个 div 向左移动一定的距离,效果如图 10-8 所示。

图 10-7　页面加载效果

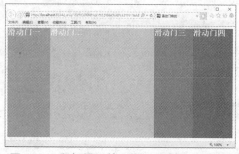

图 10-8　鼠标滑过第二个 div 时的页面效果

【例 10-4】(实例文件:ch10\Chap10.4.html)滑动门特效实例。代码如下:

```
<!doctype html>
<html lang="en">
<head>
    <meta charset="UTF-8">
    <title>滑动门特效</title>
    <style>
        #container{
            position:relative;
            width:850px;
            height:400px;
            overflow:hidden;
        }
        .div1{
```

```
            position:absolute;
            width:400px;
            height:400px;
            color:white;
            font-size:30px;
            font-weight:bold;
        }
        .first{background:#FF69B4;}
        .two{background:#00FF7F;}
        .three{background:#7A67EE;}
        .four{background:#B23AEE;}
    </style>
</head>
<body>
<div id="container">
    <div class="div1 first">滑动门一</div>
    <div class="div1 two">滑动门二</div>
    <div class="div1 three">滑动门三</div>
    <div class="div1 four">滑动门四</div>
</div>
</body>
</html>
<script src="jquery-3.3.1.js"></script>
<script>
    $(function(){
1.      var width=$('.div1').eq(0).width();
2.      var overlap=150;
3.      function position() {
4.          for (var i=0; i < $('.div1').length; i++) {
5.              if(i > 0){
6.                  $('.div1').eq(i).css("left",(width+ overlap * (i - 1)+"px"))
7.              }
8.              else{
9.                  $('.div1').eq(i).css("left",0)
10.             }
11.         }
12.     }
13.     position();
14.     var move=width-overlap;
15.     for (var i=0;i<$('.div1').length;i++){
        //使用闭包,为每个图片添加 mouseover 事件
16.         (function(i){
17.             $('.div1').eq(i).mouseover(function(){
                //每次移动先初始化位置
18.                 position();
                //除了第一张图片之外,第 i 张图片之前的图片都向左移动 move
19.                 if (i >=1){
20.                     for(var j=1;j<=i; j++){
21.                         $('.div1').eq(j).css("left",$('.div1').eq(j).offset().left-move+ 'px')
22.                     }
23.                 }
24.             })
25.         })(i);
26.     }
    })
</script>
```

JavaScript 中标记的 jQuery 代码分析：

第 1 行：获取每个 div 的宽度。

第 2 行：设置叠在一起的 div 宽度。

第 3～12 行：初始化每个 div 的位置。使用 for 循环，并判断每一个 div 的位置，第一个 div 的 left 为 0，第二个 div 为 width+0*overlap，第三个 div 为 width+1*overlap，第四个 div 为 width+2*overlap。

第 13 行：先调用一下初始化函数 position()。

第 14 行：计算鼠标滑过某个 div 时其他需要移动的 div 的距离。

第 15～26 行：使用了闭包原理，为每个 div 添加 mouseover 事件。其中第 18 行表示每次移动先初始化位置。第 19～23 行首先判断除了第一个 div 之外，使用 for 循环计算第 i 个 div 之前的 div 都向左移动 move。

10.6　焦点图轮播特效

焦点图轮播一般是在网站很明显的位置，用图片组合播放的形式。据国外的设计机构调查统计，网站焦点图的点击率明显高于纯文字，在很多购物网站主页面都可以看到。

本节案例在 IE 浏览器中运行，当页面加载完毕时，页面效果如图 10-9 所示。当我们静静地等待 2.5s 后，焦点图开始自动轮播；当单击左、右箭头或者悬浮在带数字的小圆点上时，效果如图 10-10 所示。

图 10-9　页面加载效果

图 10-10　切换图片效果

【例 10-5】（实例文件：ch10\Chap10.5.html）焦点图轮播特效实例。代码如下：

```
<!DOCTYPE html>
<html lang="en">
<head>
    <meta charset="UTF-8">
    <title>焦点图轮播效果</title>
    <style>
        *{margin:0;padding:0;}
        .box{
            width:500px;height:300px;margin:30px auto;overflow:hidden;position:relative;
}
        #ulList{
            list-style:none;width:1000%;position:absolute;
        }
        #ulList li{
            width:500px;height:300px;float:left;
        }
        .olList{
            width:300px;height:40px;position:absolute;left:100px;
            bottom:30px;list-style:none;
        }
        .olList li{
            float:left;width:40px;height:40px;line-height:40px;
            text-align:center;margin:0 10px;background-color:#fff;
            border-radius:50%;cursor:pointer;
        }
        .olList.now{
```

```
            background-color:red;color:#fff;
        }
        #left,#right{
            position:absolute;background:#0000FF;color:white;
            font-size:30px;font-weight:bold;text-align:center;
            line-height:40px;border-radius:50%;
            width:40px;height:40px;cursor:pointer;
        }
        #left{ left:0;top:45%; }
        #right{ right:0;top:45%; }
    </style>
</head>
<body>
<div class="box">
    <ul id="ulList">
        <li><img src="imgs/1.png" alt=""></li>
        <li><img src="imgs/2.png" alt=""></li>
        <li><img src="imgs/3.png" alt=""></li>
        <li><img src="imgs/4.png" alt=""></li>
        <li><img src="imgs/5.png" alt=""></li>
    </ul>
    <ol class="olList">
        <li class="now">1</li>
        <li>2</li>
        <li>3</li>
        <li>4</li>
        <li>5</li>
    </ol>
    <div id="left"><</div>
    <div id="right">></div>
</div>
</body>
</html>
<script src="jquery-3.3.1.js"></script>
<script>
$(function(){
1.    var nowIndex=0;
2.    var liNumber=$("#ulList li").length;
3.    function change(index){
4.        var ulMove=index*500;//设置移动距离
5.        $("#ulList").animate({left:"-"+ulMove+"px"},500);
6.        $(".olList").find("li").removeClass("now").eq(index).addClass("now");
7.    }
8.    var useInt=setInterval(function(){
9.        if(nowIndex<liNumber-1){
10.           nowIndex++;
11.        }else{
12.           nowIndex=0;
13.        }
14.        change(nowIndex);
15.    },2500);
16.    function useIntAgain(){
17.        useInt=setInterval(function(){
18.            if(nowIndex<liNumber-1){
19.                nowIndex++;
20.            }else{
21.                nowIndex=0;
22.            }
23.            change(nowIndex);
24.        },2500);}
25.    $("#left").hover(function(){
26.        clearInterval(useInt);
27.    },function(){
28.        useIntAgain();
29.    });
30.    $("#left").click(function(){
```

```
31.          nowIndex=(nowIndex > 0)?(--nowIndex):(liNumber-1);
32.          change(nowIndex);
33.      })
34.      $("#right").hover(function(){
35.          clearInterval(useInt);
36.      },function(){
37.          useIntAgain();
38.      });
39.      $("#right").click(function(){
40.          nowIndex=(nowIndex<liNumber-1)?(++nowIndex):0
41.          change(nowIndex);
42.      });
43.      $(".olList li").each(function(item){
44.          $(this).hover(function(){
45.              clearInterval(useInt);
46.              nowIndex=item;
47.              change(item);
48.          },function(){
49.              useIntAgain();
50.          });
51.      });
    })
    </script>
```

JavaScript 中标记的 jQuery 代码分析如下：

第 1 行：定义变量 nowIndex=0；用于表示 li 索引值。

第 2 行：获取 ulList 中 li 的个数。

第 3～7 行：定义轮播的方法，包括 ulList 移动的距离和 olList 中 li 的 CSS 样式的变化。

第 5 行：ulList 向左移动的距离。

第 6 行：先移出 olList 所有 li 的 now 样式，然后给对应的 olList 的 li 添加样式 now。

第 8～15 行：使用 setInterval() 方法实现自动轮播。

第 9～13 行：判断 nowIndex 与最大索引值 liNumber-1 的大小，如果 nowIndex 小于最大索引值 liNumber-1，则为 nowInterval++，如果 nowIndex 大于或者等于最大索引值 liNumber-1，则 nowInterval=0，回到刚开始时的位置。

第 14 行：调用轮播方法 change()，并传入索引值 nowIndex。

第 15 行：设置每轮播一张的时间为 2.5s。

第 16～24 行：清除定时器后，重置定时器时调用的方法。也就是把第 8～15 行代码封装成了 useIntAgain() 方法。

第 25～29 行：当把鼠标悬浮在左边箭头 left 时，清除定时器，移出时重置定时器，调用 useIntAgain() 方法，让轮播图自动播放。

第 30～33 行：给 left 添加单击事件，当单击左箭头 left 时，先判断当前轮播图的索引值 nowIndex 是否大于 0，如果大于 0，则 nowIndex=nowIndex-1；如果小于或等于 0，则 nowIndex=liNumber-1。其中第 32 行是调用轮播方法 change()，并传入判断的索引值。

第 34～38 行：与第 25～29 行解释相似，不同的是移入的是右侧箭头 right。

第 39～42 行：给 right 添加单击事件，当单击右箭头 right 时，先判断当前轮播图的索引值 nowIndex 是否小于最大索引值 liNumber-1，如果小于 liNumber-1，则 nowIndex=nowIndex+1；如果大于或等于 liNumber-1，则 nowIndex=0。其中第 32 行、第 41 行是调用轮播方法 change() 传入判断的索引值。

第 43～51 行：鼠标移入 olList 中的 li 时轮播的情况。其中第 43 行利用 each() 方法为 olList 中的每个 li 绑定一个函数。

第 44～50 行：使用 hover() 方法，当鼠标移入 olList 中的某个 li 时，清除定时器。这时索引值 nowIndex=item；

其中第 47 行调用轮播方法 change()，传入索引值 nowIndex。

第 48～50 行：当鼠标移出 olList 中的 li 时，重置定时器，调用 useIntAgain() 方法，让轮播图自动播放。

10.7　网页定位导航特效

本节案例实现网页定位导航效果。在 IE 浏览器中运行，页面加载完，如图 10-11 所示；当单击左边固定导航时，右边的内容跟着切换，如图 10-12、图 10-13 所示；滑动滚动条的时候，左边的导航也随着右边内容的展示而进行颜色切换。网页定位导航非常适合展示内容较多和区块划分又很明显的页面。

图 10-11　页面加载效果　　　图 10-12　单击左侧"页面三"效果　　图 10-13　单击左侧"页面四"效果

【例 10-6】（实例文件：ch10\Chap10.6.html）网页定位特效实例。代码如下：

```html
<!DOCTYPE html>
<html lang="en">
<head>
    <meta charset="UTF-8">
    <title>网页定位导航</title>
    <style>
        *{margin:0;padding:0;}
        #nav{
            position:fixed;top:100px;left:50%;margin-left:-231px;width:80px;
        }
        #nav ul li{list-style:none;}
        #nav ul li a{
            display:block;margin:5px 0;font-size:14px;
            font-weight:bold;width:80px;height:50px;
            line-height:50px;text-decoration:none;color:#333;text-align:center;
        }
        #nav ul li a:hover,#nav ul li a.style{
            color:#fff;background:#FF8C00;
        }
        #content{ width:300px;margin:0 auto;padding:20px;height:2000px;}
        #content h1{ color:#000000; }
        #content.item{
            padding:20px;margin-bottom:20px;border:1px solid #FF8C00;box-sizing:content-box;
            height:100px;
        }
        #content.item h2{
            font-size:16px;font-weight:bold;margin-bottom:10px;
        }
    </style>
```

```
</head>
<body>
<div id="nav">
    <ul>
        <li><a href="#item1" class="style">页面一</a></li>
        <li><a href="#item2">页面二</a></li>
        <li><a href="#item3">页面三</a></li>
        <li><a href="#item4">页面四</a></li>
        <li><a href="#item5">页面五</a></li>
    </ul>
</div>
<div id="content">
    <h1>网页定位导航</h1>
    <div id="item1" class="item">
        <h2>页面一</h2>
    </div>
    <div id="item2" class="item">
        <h2>页面二</h2>
    </div>
    <div id="item3" class="item">
        <h2>页面三</h2>
    </div>
    <div id="item4" class="item">
        <h2>页面四</h2>
    </div>
    <div id="item5" class="item">
        <h2>页面五</h2>
    </div>
</div>
</body>
</html>
<script src="jquery-3.3.1.js"></script>
<script>
    $(document).ready(function(){
1.      $(window).scroll(function(){
2.          var top=$(document).scrollTop();
3.          $("#content div").each(function(index){
4.              var m=$(this);
5.              var itemTop=m.offset().top;
6.              if(top>itemTop-100){
7.                  var styleId="#"+m.attr("id");
8.                  $("#nav").find("a").removeClass("style");
9.                  $("#nav").find("[href='"+styleId+"']").addClass("style");
10.             }
11          });
12      });
    });
</script>
```

JavaScript 中标记的 jQuery 代码分析如下：

第 1～12 行：调用 jQuery 中的 scroll() 方法，当用户滚动浏览器窗口时，执行函数。

第 2 行：获取浏览器窗口滚动的垂直距离。

第 3 行：使用 each() 遍历 content 中的每个 div，并为每个 div 设置一个方法。

第 4 行：把遍历的每个 div 赋值给 m，m 指$("#content div").eq(index)。

第 5 行：获取 content 中的每个 div 距离浏览器窗口顶部的距离。

第 6～10 行：判断滚动条与导航条的关系。当大部分内容出现时，导航条焦点就会跳到相应的位置。

第 7 行：根据$("#content div")中的 id，拼接当前导航条中 a 标签的 id。

第 8 行：删除所有 a 标签的 style 样式。

第 9 行：为导航条焦点所在位置的 a 标签添加 style 样式。

10.8　导航条菜单效果

导航条菜单效果，就是当我们用鼠标对导航条进行操作时，下面会显示出一个下拉菜单，是与导航条相关的信息。与 tab 栏很像，不同的是当不操作导航条时，下拉菜单一直是隐藏的。

本节案例在 IE 浏览器中运行，页面加载完毕如图 10-14 所示。当把鼠标悬浮在除了"首页"以外的导航条上时，相应的下拉菜单会显示出来，并且菜单栏里的分类也可以选择，如图 10-15 所示。

图 10-14　页面加载效果

图 10-15　下拉菜单显示效果

【例 10-7】（实例文件：ch10\Chap10.7.html）导航条菜单效果实例。代码如下：

```
<!doctype html>
<html lang="en">
<head>
    <meta charset="UTF-8">
    <title>导航条菜单效果</title>
    <style>
        *{
            margin:0;padding:0;list-style-type:none;
        }
        .nav{
            width:605px;height:40px;line-height:40px;text-align:center;
            font-size:20px;position:relative;background:#8B8B7A;
            margin:20px auto;
        }
        .nav-main{
            width:100%;height:100%;list-style:none;
        }
        .nav-main>li{
            width:120px;height:100%;float:left;background:#8B8B7A;
            color:#fff;cursor:pointer;
        }
        .nav-main>li:hover{
            background:#8B8B7A;
        }
        .hidden{
            width:120px;font-size:16px;border:1px solid#8B8B7A;
            box-sizing:border-box;border-top:0;background:#fff;
            position:absolute;top:40px;display:none;
        }
        .hidden>ul{
            list-style:none;cursor:pointer;
        }
        .hidden li:hover{
            background:#8B8B7A;color:#fff;
        }
```

```
            #box1{left:121px;}
            #box2{left:242px;}
            #box3{left:363px;}
            #box4{left:485px;}
    </style>
</head>
<body>
<!--nav-->
<div class="nav">
    <!--导航条-->
    <ul class="nav-main">
        <li>首页</li>
        <li id="li1">女装</li>
        <li id="li2">男装</li>
        <li id="li3">童装</li>
        <li id="li4">洗护</li>
    </ul>
        <div id="box1" class="hidden">
        <ul>
            <li>吸睛上衣</li>
            <li>撩人美裙</li>
            <li>时髦裤装</li>
            <li>潮流外套</li>
        </ul>
    </div>
        <div id="box2" class="hidden">
        <ul>
            <li>原创设计</li>
            <li>品牌潮流</li>
            <li>明星网红</li>
        </ul>
    </div>
        <div id="box3" class="hidden">
        <ul>
            <li>纸尿裤</li>
            <li>奶瓶</li>
            <li>婴儿床</li>
            <li>睡袋</li>
            <li>安全座椅</li>
            <li>婴儿推车</li>
        </ul>
    </div>
        <div id="box4" class="hidden">
        <ul>
            <li>个人洗护</li>
            <li>女性护理</li>
            <li>衣物洗护</li>
        </ul>
    </div>
</div>
</body>
</html>
<script src="jquery-3.3.1.js"></script>
<script>
    $(function(){
1.          var num;
2.          $('.nav-main>li').hover(function(){
3.              var Obj=$(this).attr('id');              //判断有 id 的 li
4.              if(Obj!=null){
5.                  num=Obj.charAt(Obj.length-1);        //获取 id 的最后一个字符串
```

```
6.          }else{
7.              num=null;
8.          }
9.          $('#box'+num).slideDown(200);
10.       },function(){
11.          $('#box'+num).hide();
12.       });
13.       $('.hidden').hover(
14.          function(){ $(this).show();
15.          //滑动完成后执行的函数
16.          }, function(){
17.          $(this).slideUp(200);
18.       });
    });
</script>
```

JavaScript 中标记的 jQuery 代码分析：

第 1 行：定义变量 num，后面用于接收 id 的最后一个字符串。

第 2～12 行：运用 jQuery 中的 hover()方法。当悬浮到导航条时，对应的下拉菜单出现，移出导航条，下拉菜单消失。

第 3 行：获取$('.nav-main>li')的 id，通过 console.log(Obj)可以在后台看到。

第 4～8 行：判断获取的 Obj 是否为空，不为空则获取 id 的最后一个字符，赋值给 num；为空，则 num 等于 null。

第 9 行：'#box'+num 是拼接对应下拉菜单的 id 名。

第 10～12 行：移出导航条执行的函数，下拉菜单消失。

第 13～18 行：运用 jQuery 中的 hover()方法。当悬浮到下拉菜单时，下拉菜单会一直存在，当移出导航条或者下拉菜单时，下拉菜单消失。

10.9　瀑布流特效

瀑布流是一种网站的页面布局，视觉上参差不齐、多栏，随着页面不断的滚动，页面底部会不断加载数据。

本节瀑布流案例，在 IE 浏览器中运行，当页面加载完毕时，效果如图 10-16 所示；当向下滚动滚动条时，效果如图 10-17 所示。

图 10-16　页面加载效果

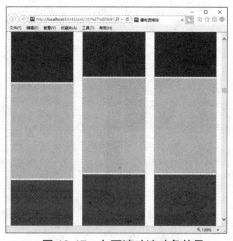

图 10-17　向下滚动滚动条效果

【例 10-8】（实例文件：ch10\Chap10.8.html）瀑布流特效实例。代码如下：

```html
<!doctype html>
<html lang="en">
<head>
    <meta charset="UTF-8">
    <title>瀑布流特效</title>
    <style>
        *{margin:0;padding:0;}
        .waterfall {
            float:left;
            list-style:none;
            padding:15px;
        }
        .waterfall li {
            box-shadow:0 1px 1px 0;
        }
        .waterfall li img{
            width:200px;
            height:300px;
        }
    </style>
</head>
<body>
<div id="box">
  <ul class="waterfall">
    <li><img src="imgs/1.png"/></li>
    <li><img src="imgs/2.png"/></li>
    <li><img src="imgs/3.png"/></li>
    <li><img src="imgs/4.png"/></li>
  </ul>
  <ul class="waterfall">
    <li><img src="imgs/5.png"/></li>
    <li><img src="imgs/1.png"/></li>
    <li><img src="imgs/2.png"/></li>
    <li><img src="imgs/3.png"/></li>
  </ul>
  <ul class="waterfall">
    <li><img src="imgs/4.png"/></li>
    <li><img src="imgs/5.png"/></li>
    <li><img src="imgs/1.png"/></li>
    <li><img src="imgs/2.png"/></li>
  </ul></div>
</body>
</html>
<script src="jquery-3.3.1.js"></script>
<script>
$(function(){
1.  $(document).scroll(function(){
2.      var top=$(document).scrollTop();
3.      $(".waterfall").each(function(index){
4.          var pic=$(".waterfall").eq(index);
5.          var bottom=pic.offset().top+pic.height();
6.          if((top+$(window).height())>=bottom){
7.              var li=$('.waterfall li').clone(true);
8.              $(".waterfall").append(li);
9.          }
10.     })
11.});
});
</script>
```

JavaScript 中标记的 jQuery 代码分析如下：

第 1～11 行：调用 jQuery 中的 scroll()方法，当用户滚动浏览器窗口时，执行函数。

第 2 行：获取浏览器窗口滚动的垂直距离。

第 3 行：使用 each()遍历每个 waterfall，并为每个 waterfall 设置一个方法。

第 4 行：把遍历的每个 waterfall 赋值给 pic。

第 5 行：pic.offset().top 是 pic 相对于 document 的位移，pic.height()获取 pic 的高度。

第 6～9 行：判断浏览器的窗口滚动的垂直距离加上窗口的可视高度与 pic 相对于 document 的位移加上 pic 高度的大小。

第 7～8 行：如果第 6 行条件满足，执行复制 waterfall 中的 li，并把它添加到 waterfall 中。这样就实现了不断加载数据块并附加至底部。

10.10　弹出层效果

弹出层多用于表单验证，例如登录成功或注册成功时会弹出一个层来表示你是否登录/注册成功的消息。实现弹出层的思路很简单：就是先隐藏内容，在触发某种条件后（如单击按钮），将原本隐藏的内容显示出来。

本节案例在 IE 浏览器中运行，当页面加载完毕时，页面如图 10-18 所示，当单击"李白"时，会弹出一个 div，里面内容是对"李白"的介绍，效果如图 10-19 所示。

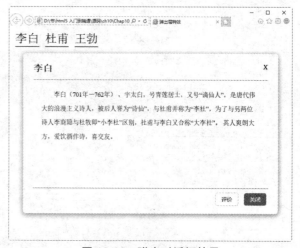

图 10-18　页面加载效果　　　　　　　　图 10-19　弹出对话框效果

【例 10.9】（实例文件：ch10\Chap10.9.html）弹出层特效实例。代码如下：

```
<!DOCTYPE html>
<html lang="en">
<head>
    <meta charset="UTF-8">
    <title>弹出层效果</title>
    <style>
        *{padding:0;margin:0;}
        ul{list-style:none;margin:15px auto;}
        li{
            float:left;
            font-size:30px;
            margin-left:15px;
            border-bottom:2px solid purple;
            cursor:pointer;
        }
        .modals {
```

```
            display:none;width:600px;height:350px;position:absolute;
            top:0;left:0;bottom:0;right:0;margin:auto;padding:25px;
            border-radius:8px;background-color:#fff;
            box-shadow:0 3px 18px rgba(0,0,255,0.5);
        }
        .head{
            height:40px;  width:100%;  border-bottom:1px solid gray;
        }
        .head h2{float:left;}
        .head span{
            float:right;cursor:pointer;font-weight:bold;display:block;
        }
        .foot{
            height:50px;line-height:50px;width:100%;
border-top:1px solid gray;text-align:right;
        }
        .comment,.foot-close{
            padding:8px 15px;margin:10px 5px;  border:none;border-radius:5px;
background-color:#337AB7;color:#fff;cursor:pointer;
        }
        .comment{
            background-color:#FFF;border:1px#CECECE solid;color:#000;
        }
        .box{
            width:550px;height:250px;padding-top:20px;padding-left:20px;
            line-height:35px;text-indent:2em;
        }
    </style>
</head>
<body>
<ul>
    <li class="click1">李白</li>
    <li class="click2">杜甫</li>
    <li class="click3">王勃</li>
</ul>
<!--弹出框-->
<div class="modals">
    <div class="head">
        <h2>李白</h2>
        <span class="modals-close">X</span>
    </div>
    <div class="box">
        <p>
            李白(701年—762年),字太白,号青莲居士,又号"谪仙人",是唐代伟大的浪漫主义诗人,被后人誉为"诗仙",与
杜甫并称为"李杜",为了与另两位诗人李商隐与杜牧即"小李杜"区别,杜甫与李白又合称"大李杜". 其人爽朗大方,爱饮酒作诗,喜
交友.
        </p>
    </div>
    <div class="foot">
        <input type="button" value="评价" class="comment" />
        <input type="button" value="关闭" class="foot-close modals-close"/>
    </div>
</div>
</body>
</html>
<script src="jquery-3.3.1.js"></script>
<script>
    $(function(){
1.      $('.click1').click(function(){
2.          $('.modals').show();
3.      });
4.      $('.modals-close').click(function(){
5.          $('.modals').hide();
6.      });
```

```
    })
</script>
```

JavaScript 中标记的 jQuery 代码分析：

第 1~3 行：添加单击事件，当单击"李白"时，弹出层显示。

第 4~6 行：添加单击事件，当单击"X"或者"关闭"时，关闭弹出层。

10.11　倒计时效果

一说到倒计时效果，大家肯定不会陌生，各大商场打折时间，一般都是采取倒计时的形式，或者各大网上商城，各种各样的倒计时都有。setInterval()方法是实现倒计时的关键，它用来设定一个时间，时间到了，就会执行一个指定的方法。

本节案例是计算当前时间距离 2020 年 1 月 1 日还有多长时间。在 IE 浏览器运行的结果如图 10-20 所示。

【例 10-10】（实例文件：ch10\Chap10.10.html）倒计时效果实例。代码如下：

图 10-20　倒计时效果

```html
<!DOCTYPE html>
<html lang="en">
<head>
    <meta charset="UTF-8">
    <title>Title</title>
    <style>
        h1 {
            font-size:30px;margin:20px 0;border-bottom:solid 1px #cccccc;
        }
        .time div{
            width:80px;height:50px;font-size:30px;color:white;float:left;
            text-align:center;line-height:50px;background:limegreen;
            margin-left:15px;
        }
    </style>
</head>
<body>
<h1>当前时间距离 2020 年 1 月 1 日还有多长时间</h1>
<div class="time">
    <div id="day">0 天</div>
    <div id="hour">0 时</div>
    <div id="minute">0 分</div>
    <div id="second">0 秒</div>
</div>
</body>
</html>
<script src="jquery-3.3.1.js"></script>
<script>
    $(function(){
1.      var date=new Date().getTime();
2.      var date1=new Date(2020,1,1).getTime();
3.      var value=(date1-date)/1000;
4.      var integer=parseInt(value);
5.      function timer(size){
6.          window.setInterval(function(){
7.              if(size>0){
8.                  var day=Math.floor(size/(60*60*24));
```

```
9.              var hour=Math.floor(size/(60*60))-(day*24);
10.             var minute=Math.floor(size/60)-(day*24*60)-(hour*60);
11.            var second=Math.floor(size)-(day*24*60*60)-(hour*60*60)-(minute*60);
12.           }else{alert("时间已过期")}
13.           if(minute <=9){minute='0'+minute}
14.           if(second<=9){second='0'+second}
15.           $('#day').html(day+"天");
16.           $('#hour').html(hour+'时');
17.           $('#minute').html(minute+'分');
18.           $('#second').html(second+'秒');
19.           size--;
20.         }, 1000);
21.       }
22.      timer(integer);
    });
</script>
```

JavaScript 中标记的 jQuery 代码分析如下:

第 1 行: 获取当前的时间距离 1970 年 1 月 1 日的毫秒数。

第 2 行: 获取 2020 年 1 月 1 日距离 1970 年 1 月 1 日的毫秒数。

第 3 行: 2020 年 1 月 1 日距离当前时间的秒数差值。

第 4 行: 倒计时总的秒数。

第 5~21 行: 定义倒计时函数 timer()。

第 4~20 行: 调用 setInterval()方法。

第 7~12 行: 先判断一下,倒计时时间是否过期,在倒计时时间没过期的情况下去计算天、时、分和秒。

第 13、14 行: 如果分钟、秒小于 10 的时候,在其前面加上 0。

第 15~18 行: 把计算的天、时、分和秒渲染到对应的盒子里。

第 19~20 行: 每 1000 毫秒, size 自减 1。

第 22 行: 调用倒计时函数 timer(),传入计算出的倒计时总秒数 integer。

10.12 抽奖效果

本节我们来实现一个抽奖效果,转盘和奖区由两张图片构成,当单击转盘时,转盘会旋转随机角度,指针执行哪块奖区,就会弹出对应的奖品信息。

其中我们还对抽奖次数进行了限制,就像在抽奖活动中不可能一直抽一样,我们设置了只能抽 3 次。大家在抽奖时是不是都很期望中大奖?但是,那是不可能实现的,有很小的概率可以获得。本案例中我们设置了“汽车”永远不会被抽到。

本节案例在 IE 浏览器中运行,页面加载完毕如图 10-21 所示。当单击转盘抽奖时,转盘转动随机角度,弹出对应的奖品,如图 10-22 所示。当单击次数超过 3 次时,会弹出“你只有 3 次机会”,如图 10-23 所示。

图 10-21 页面加载效果

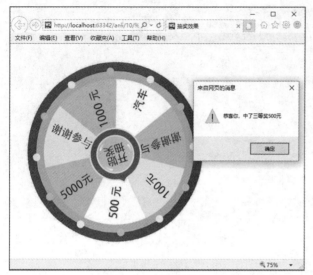

图 10-22　抽奖效果　　　　　　　　　　　图 10-23　限制抽奖次数

本案例中我们引入了 jQuery 中的旋转插件 jQueryRotate.js，调用其中的 totate()方法来使转盘旋转。

注意：要先引入 jquery.js 文件，后引入 jQueryRotate.js 文件。

【例 10-11】（实例文件：ch10\Chap10.11.html）抽奖效果实例。代码如下：

```
<!DOCTYPE html>
<html lang="en">
<head>
    <meta charset="UTF-8">
    <title>Title</title>
    <style>
        #div1{position:absolute;}
        #div2{position:absolute;left:232px;top:235px;}
    </style>
</head>
<body>
<div id="div1"><img src="imgs/back.jpg" alt=""></div>
<div id="div2"><img src="imgs/start.png" alt=""></div>
</body>
</html>
<script src="jquery-3.3.1.js"></script>
<script src="jQueryRotate.js"></script>
<script>
    $(function(){
1.      var rotateAngle;
2.      var a=0
3.      $("#div2").click(function(){
4.          a++;
5.          if(a>3){
6.              alert('你只有 3 次机会');
7.              return;
8.          }
9.          rotateAngle=Math.random()*360;
10.         if(0<rotateAngle<=51.2){
11.             rotateAngle=Math.random()*300+60;
12.         }
13.         $(this).rotate({
14.         duration:3000,//旋转时间 3s
```

```
15.            angle:0,//角度从 0 开始
16.            animateTo:rotateAngle+360*5,//给 rotateAngle 多加了 5 圈,用户体验更好
17.            callback:function(){
18.                 call();
19.            }
20.        })
21.    });
22.    function call(){
23.        if(0<rotateAngle&&rotateAngle<=51.2){
24.            alert("恭喜你,中了特等奖,一辆宝马");
25.            return;
26.        }
27.        else if(51.2<rotateAngle&&rotateAngle<=102.4){
28.            alert("很遗憾,谢谢参与");
29.            return;
30.        }
31.        else if(102.4<rotateAngle&&rotateAngle<=153.6){
32.            alert("恭喜你,中了100元");
33.            return;
34.        }
35.        else if(153.6<rotateAngle&&rotateAngle<=204.8){
36.            alert("恭喜你,中了三等奖500元");
37.            return;
38.        }
39.        else if(204.8<rotateAngle&&rotateAngle<=256){
40.            alert("恭喜你,中了一等奖5000元");
41.            return;
42.        }
43.        else if(256<rotateAngle&&rotateAngle<=307.2){
44.            alert("很遗憾,谢谢参与");
45.            return;
46.        }
47.        else{
48.            alert("恭喜你,中了二等奖1000元");
49.            return;
50.        }
51.    }
    })
</script>
```

JavaScript 中标记的 jQuery 代码分析如下：

第 1 行：定义一个变量，用于表示旋转的角度。

第 2 行：定义一个变量 a=0，用于判断抽奖次数。

第 3～21 行：为 div2 添加单击事件，单击 div2 开始抽奖。

第 4～8 行：限制抽奖次数，当 a>3 时，停止对后面代码的执行。

第 9 行：定义抽奖时旋转的随机角度 rotateAngle，使用 Math.random()方法。

第 10～12 行：判断 rotateAngle 是否在 0～51.2，如果是，重新给 rotateAngle 赋值。这样就可以操控中特等奖的机会了。

第 13～20 行：调用 jQueryRotate.js 中的 rotate()方法，让抽奖转盘旋转。

第 14～16 行：设置旋转的一些参数。

第 17～19 行：转盘旋转完成后的回调函数。第 18 行调用 call()方法判断转盘指针所在的奖区，弹出相应的结果。

第 22～51 行：call()方法的具体代码。

10.13　就业面试技巧与解析

10.13.1　面试技巧与解析（一）

面试官：请问 window.onload()函数和$(document).ready(function(){})方法有什么区别?

应聘者：它们主要有 3 个区别。

（1）执行时间上：window.onload()必须等到页面内所有元素加载到浏览器中后才能执行。而$(document).ready(function(){})是 DOM 结构加载完毕后就会执行。

（2）编写个数：window.onload()不能同时写多个，如果有多个 window.onload()，则只有最后一个会执行，它会把前面的都覆盖掉。$(document).ready(function(){})则不同，它可以编写多个，并且每一个都会执行。

（3）简写方法：window.onload()没有简写的方法，$(document).ready(function(){})可以简写为$(function(){})。

10.13.2　面试技巧与解析（二）

面试官：请问什么是 JQuery 中的链式操作方式？

应聘者：jQuery 中的链式操作方式是最有特色的功能之一，是指对发生在同一个 jQuery 对象上的一组行为，直接连接写，而无须重复获取对象。jQuery 的链式操作有助于提高性能，不用去重复获取 DOM 元素。

第 11 章

AngularJS 框架

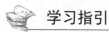 学习指引

AngularJS 作为目前最为流行的前端框架之一，非常受前端开发者的"喜爱"。

AngularJS 是 JavaScript 框架，它可通过<script>标签添加到 HTML 页面中。AngularJS 是一个比较完善的前端 MVC 框架，核心内容包括模板、数据双向绑定、路由、模块化、服务、过滤器、依赖注入等功能。

重点导读

- 掌握基础知识。
- 掌握指令。
- 掌握过滤器。
- 掌握表单验证。
- 熟悉服务。
- 掌握模型。
- 掌握事件机制。
- 掌握数据存储。
- 熟悉 Controller as 语法和安全依赖注入方法。
- 掌握路由。
- 熟悉标准项目结构设计。

11.1　基础知识

在学习 AngularJS 之前，先到官网下载 AngularJS 文件，本章所有案例的 AngularJS 文件都是在 HTML 文件同目录下，不需要再配置路径，直接载入到 HTML 中即可。例如 "<script src="angular.js"> </script>"。

11.1.1　表达式

AngularJS 和 JavaScript 表达式基本一样，包含字母、操作符和变量。AngularJS 使用表达式把数据绑定到 HTML 中。

语法如下：

```
{{expression}}
```

AngularJS 将在表达式书写的位置输出数据。

【例 11-1】（实例文件：ch11\Chap11.1.html）表达式的用法。代码如下：

```
<!DOCTYPE html>
<html>
<head>
    <meta charset="utf-8">
    <title>表达式</title>
</head>
<body>
<!--ng-init 指令创建了变量 data,你可以在应用中使用它.-->
<div ng-app="" ng-init="data='Hello AngularJS!'">
    <h1>{{data}}</h1>
    <p></p>
</div>
</body>
</html>
<script src="angular.js"></script>
```

图 11-1　表达式的用法

相关的代码实例可参考 Chap11.1.html 文件，在 IE 浏览器中运行的结果如图 11-1 所示。

11.1.2　ng-app 指令

ng-app 指令，一个 HTML 文档中最好只出现一次，如果出现多次也是只有第一个起作用。

ng-app 指令用于告诉 AngularJS 当前这个元素是根元素，它标记了 AngularJS 的作用。ng-app 可以添加在 HTML 文档中的任何一个元素中，如果添加到 HTML 标签上，说明 AngularJS 对整个页面都起作用。也可以在局部元素中添加 ng-app 指令，比如在某一个 div 内添加 ng-app，则表明接下来的整个 div 区域使用 AngularJS 解析，而其他位置元素则不使用 AngularJS 解析。

ng-app 的值可以为空，也可以赋值，代码如下：

```
<html ng-app=" ">      //为空
<html ng-app="app">    //赋值
```

但是，赋值时必须在 JavaScript 脚本里声明，否则无法解析 app，代码如下：

```
<script>
    angular.module("app",[]);//声明 app
</script>
```

11.1.3　模块

我们可以把一个应用程序分割成不同的模块，每一个模块里都可以包括控制器、服务、过滤器、指令等。在开发大型的应用程序时，可以按照不同的功能去设置不同的模块。

我们可以通过 angular.module() 方法来创建模块和获取模块。

angular.module() 方法有 3 个参数，例如：

```
angular.module(name,requires,configFn);
```

- name：表示模块的名称。
- requires：是一个数组，表示本模块所依赖的模块。如果新模块没有依赖关系，那么必须设置该参数为空数组[]。
- configFn：是一种方法或一个数组，负责模块初始化时做一些配置。

1. 创建模块

创建模块，其实就是 angular.module()方法存在第二个参数 requires，当 requires 里没有依赖的模块时，也必须加上[]。代码如下：

```
<div ng-app="myApp"></div>
<script>
var app=angular.module('myApp',[]);
</script>
```

这样就创建了模块 App，myApp 对应执行的 HTML 元素。

2. 获取模块

获取模块时，只需向 angular.module()方法中传入 name 参数，代码如下：

```
<script>
var App=angular.module('myApp');
</script>
```

如果模块 myApp 没有定义，那么浏览器会提示错误。

11.1.4　作用域

$scope 是一个对象，当在 AngularJS 中创建控制器时，可以将$scope 对象当作一个参数传递进去，它包括可用的方法和属性。当在控制器中添加$scope 对象时，HTML 可以获取这些方法和属性。在 HTML 中不需要添加$scope 前缀，只需要在表达式中添加属性名即可，如{{name}}。

所有的应用都有一个根作用域（$rootScope），它可以作用在 ng-app 指令包含的所有 HTML 元素中。$rootScope 是所有控制器中$scope 的桥梁，用它定义的属性，可以在所有控制器中使用。在其他控制器中可以通过$rootScope.X 获取到，X 代表属性。创建控制器时，将$rootScope 作为参数传递进去，就可以在应用中使用它了。

【例 11-2】（实例文件：ch11\Chap11.2.html）根作用域实例。代码如下：

```
<!DOCTYPE html>
<html>
<head>
    <meta charset="utf-8">
    <title>作用域 scope</title>
    <style>
        div{width:100px;height:100px;float:left;}
    </style>
</head>
<body ng-app="myApp">
<div ng-controller="con1">
    <h3>{{result}}</h3>
    <p ng-repeat="(key,value) in name1">{{key}}:{{value}}</p>
</div>
<div ng-controller="con2">
    <h3>{{result}}</h3>
    <p ng-repeat="(key,value) in name2">{{key}}:{{value}}</p>
</div>
<div ng-controller="con3">
```

```
    <h3>{{result}}</h3>
    <p ng-repeat="(key,value) in name3">{{key}}:{{value}}</p>
</div>
</body>
</html>
<script src="angular.js"></script>
<script>
    var app=angular.module('myApp',[]);
    app.controller('con1',function($scope){
        $scope.name1={name:"小明",score:"80"};
    });
    //在控制器 con2 中定义了根作用域$rootScope
    app.controller('con2',function($scope,$rootScope){
        $scope.name2={name:"小红",score:"75"};
        $rootScope.result="得分结果";
    });
    app.controller('con3',function($scope) {
        $scope.name3={name:"小华",score:"88"};
    });
</script>
```

图 11-2　根作用域的实例

在上面的代码中，我们只在 con2 中设置了 result 属性，在 con1 和 con2 中都可以通过$rootScope.result 获取。

相关的代码实例可参考 Chap11.2.html 文件，在 IE 浏览器中运行的结果如图 11-2 所示。

11.1.5　控制器

Controller 用于定义应用程序控制器，基本上用 AngularJS 就会用到 Controller。Controller 是 JavaScript 的一个构造函数，有两个作用，分别是初始化$scope 和增加方法。

我们可以使用控制器给 HTML 提供需要显示的数据，这些数据可以来自应用程序的后台数据库。

语法如下：

```
app.controller('name',function(){})
```

其中，第一个参数 name 是该控制器的名称，第二个参数是控制器的行为、方法和属性。

【例 11-3】（实例文件：ch11\Chap11.3.html）创建控制器实例。代码如下：

```
<!DOCTYPE html>
<html lang="en">
<head>
    <meta charset="UTF-8">
    <title>controller</title>
</head>
<body>
<div ng-app="myApp" ng-controller="con">
    <p>语文:{{language}}</p>
    <p>数学:{{geometry}}</p>
</div>
</body>
</html>
<script src="angular.js"></script>
<script>
    var app=angular.module('myApp',[]);
    app.controller('con',function($scope){
        $scope.language="80";
        $scope.geometry="90"
    })
</script>
```

在上面的代码中，我们定义了一个控制器，它初始化了一个$scope对象，并且有 language 和 geometry 两个属性。当我们把该控制器关联到 div 节点上，模板就可以通过数据绑定来读取它。

相关的代码实例可参考 Chap11.3.html 文件，在 IE 浏览器中运行的结果如图 11-3 所示。

图 11-3　创建控制器实例

11.1.6　$apply 与$watch

$apply 与$watch 这两个对象都依赖于$scope 对象，$apply 用来传播 model 的变化，而$watch 用来监听 model 的变化。这与 AngularJS 中的双向数据绑定有很大关系。下面介绍这两个对象的基本用法。

1. $apply()

单独调用$apply()方法的情况非常少，基本上所有的代码都包含在$scope.$apply()里面，如 ng-click、Controller 的初始化和 http 的回调函数等，在这些情况下，不需要单独调用。

当把不是由 AngularJS 触发的数据模型的改变引入 AngularJS 的控制范围内（如控制器、服务、AngularJS 事件处理器等）时，必须单独调用$apply()方法。

例如，当使用 setTimeout()函数来更新一个数据模型时，AngularJS 就没办法知道是否改变了数据模型。这种情况，就得单独调用$apply()方法。

【例 11-4】（实例文件：ch11\Chap11.4.html）$apply()的用法。代码如下：

```
<!doctype html>
<html ng-app="myApp">
<head>
    <meta charset="utf-8">
    <title>$apply</title>
</head>
<body>
<div ng-controller="con">
    {{name}} {{age}}
</div>
</body>
</html>
<script src="angular.js"></script>
<script>
    var app=angular.module("myApp",[]);
    app.controller("con", function($scope){
        $scope.name="爷爷";
        $scope.age="65 岁";
        setTimeout(function(){
            $scope.$apply(function(){
                $scope.name="奶奶";
                $scope.age="63 岁";
            });
        },3000);
    });
</script>
```

相关的代码实例可参考 Chap11.4.html 文件，在 IE 浏览器中运行的结果如图 11-4 所示；页面上的 name 和 age 在 3s 后就会改变，如图 11-5 所示，这就是$apply()的作用。

图 11-4　页面加载完成时

图 11-5　页面加载完成 3s 后

2. $watch()

AngularJS 内部的$watch 实现了页面随 model 的及时更新。$watch()方法主要用于手动监听一个对象，对象发生变化时触发某个事件。

语法如下：

```
$watch(a,b,c);
```

其中：

- a：AngularJS 的表达式或函数的字符串。
- b：函数，a 发生变化时被调用。
- c：布尔值，表示是否深度监听，如果设置为 true，它告诉 AngularJS 检查所监控的对象中每一个属性的变化。

例如下面的案例，监听一个 model，当 model 每次改变时都会触发第二个函数。

【例 11-5】（实例文件：ch11\Chap11.5.html）$watch()的用法。代码如下：

```html
<!DOCTYPE html>
<html lang="en">
<head>
    <meta charset="UTF-8">
    <title>$watch</title>
</head>
<body>
<div ng-app="myApp">
    <div ng-controller="con">
        <input type="text" ng-model="value"/>
        <!--<input type="text" ng-model="object.value"/>-->
        改变次数:{{count-1}}
    </div>
</div>
</body>
</html>
<script src="angular.js"></script>
<script>
    var app=angular.module("myApp",[]);
    app.controller("con",function($scope){
        $scope.value='';
        $scope.count=0;
        //监听一个 model,当一个 model 每次改变时,都会触发第 2 个函数
        $scope.$watch('value',function(){
            ++$scope.count;
            if($scope.count>10){
                alert('已经大于 10 次了')
            }
        });
    });
</script>
```

相关的代码实例可参考 Chap11.5.html 文件，在 IE 浏览器中运行的结果如图 11-6 所示；当在 input 中输入次数大于 10 次时，会提示"已经大于 10 次了"，在 IE 浏览器中运行的结果如图 11-7 所示。

图 11-6　$watch()的用法

图 11-7　$watch()的用法

当要监听一个对象或者数组时，需要使用$watch()的第三个参数。代码如下：

```
<!DOCTYPE html>
<html lang="en">
<head>
    <meta charset="UTF-8">
    <title>$watch</title>
</head>
<body>
<div ng-app="myApp">
    <div ng-controller="con">
        <input type="text" ng-model="value"/>
        <!--<input type="text" ng-model="object.value"/>-->
        改变次数:{{count-1}}
    </div>
</div>
</body>
</html>
<script src="angular.js"></script>
<script>
    var app=angular.module("myApp",[]);
    app.controller("con",function($scope){
        //监听对象 object
        $scope.object={
            value:''
        };
        $scope.count=0;
        $scope.$watch("object",function(){
            $scope.count++;
            if($scope.count>10){
                alert("已经大于 10 次了");
            }
        },true)  //加$watch()第三个参数 true
    });
</script>
```

如果不加第三个参数 true，会发现不管 object 里的内容如何改变，也没有触发第二个函数。

11.2　指令

不同的指令（ng-repeat，ng-class，ng-show，ng-hide）具备不同的功能，可以完成不同的任务，在 AngularJS
中有 3 种类型的指令，分别是组件指令、属性指令和结构指令。

- 组件指令：可以帮我们调用组件里的模板、样式。

- 属性指令：改变当前 DOM 结构中的属性、样式。例如：ng-class="类名"，会改变元素标签里的样式。
- 结构指令：可以改变当前 DOM 元素的结构。例如：ng-show="表达式"，就是在某种条件下，元素可以展示出来。

11.2.1　ng-repeat

ng-repeat 指令用于循环遍历数组或者对象。

语法如下：

```
<element ng-show="expression"></element>;
```

- 遍历数组时：expression=i in array。
- 遍历对象时：expression=(key,value) in object。

注意：遍历数组时，如果数据中出现重复的数据时，浏览器会提示错误，这时需要在遍历数组表达式后面加上一句 track by $index 代码，代码如下：

```
<element ng-show="i in array track by $index">{{i}}</element>;
```

【例 11-6】（实例文件：ch11\Chap11.6.html）ng-repeat 的用法。代码如下：

```
<!DOCTYPE html>
<html>
<head>
    <meta charset="utf-8">
    <title>ng-repeat</title>
</head>
<body ng-app="myApp">
<table ng-controller="con" border="1">
    <tr>
        <td>name</td>
        <td>class</td>
        <td>score</td>
    </tr>
    <tr ng-repeat="i in datas">
        <td>{{i.name}}</td>
        <td>{{i.class}}</td>
        <td>{{i.score}}</td>
    </tr>
</table>
</body>
</html>
<script src="angular.js"></script>
<script>
    var app=angular.module("myApp",[]);
    app.controller("con",function($scope) {
        $scope.datas=[
            {
                "name":"小明",
                "class":"三年级（2）班",
                "score":"95 分"
            },
            {
                "name":"小红",
                "class":"三年级（2）班",
                "score":"98 分"
            },
            {
                "name":"小华",
```

```
            "class":"三年级（2）班",
            "score":"92分"
        }
      ]
   });
</script>
```

相关的代码实例可参考 Chap11.6.html 文件，在 IE 浏览器中运行的结果如图 11-8 所示。

name	class	score
小明	三年级（2）班	95分
小红	三年级（2）班	98分
小华	三年级（2）班	92分

图 11-8　ng-repeat 的用法

11.2.2　ng-class

ng-class 指令用于给 HTML 元素动态绑定一个或多个 CSS 类。

语法如下：

```
<element ng-class="expression"></element>
```

ng-class 指令的值可以是字符串、对象，或一个数组。如果是字符串，多个类名使用空格分隔。如果是对象，需要使用 key-value 对，key 为你想要添加的类名，value 是一个布尔值，在 value 为 true 时，类才会被添加。如果是数组，可以由字符串或对象组合组成，数组的元素可以是字符串或对象。

【例 11-7】（实例文件：ch11\Chap11.7.html）ng-class 的用法。代码如下：

```
<!DOCTYPE html>
<html lang="en">
<head>
    <meta charset="UTF-8">
    <title>ng-class</title>
    <style>
        .blue{color:blue;}
        .border{border:1px solid red;}
    </style>
</head>
<body ng-app="myApp" ng-controller="con">
<p ng-class="class1">指令的值是字符串</p>
<p ng-class="class2">指令的值是数组</p>
<p ng-class="class3">指令的值是对象</p>
</body>
</html>
<script src="angular.js"></script>
<script>
var app=angular.module("myApp",[]);
app.controller('con',function($scope){
    $scope.class1="blue border",           //指令的值是字符串
    $scope.class3=['blue','border'],        //指令的值是数组
    $scope.class2={'blue':true,'border':true}  //指令的值是对象
})
</script>
```

相关的代码实例可参考 Chap11.7.html 文件，在 IE 浏览器中运行的结果如图 11-9 所示。

我们为 p 元素添加类分别使用字符串、数组和对象，可以看出都可以实现，在实际运用中可以根据需要来选择。

图 11-9　ng-class 的用法

11.2.3　ng-show 和 ng-hide

在页面中有些元素可能希望在特定的条件下显示或隐

藏，我们可以根据不同的情况来使用 ng-show 和 ng-hide。

ng-show 指令在表达式为 true 时显示指定的 HTML 元素，为 false 时隐藏元素。ng-hide 指令在表达式为 true 时隐藏 HTML 元素，为 false 时显示元素，两者刚好相反。

语法如下：

```
<element ng-show="expression"></element>
<element ng-hide="expression"></element>
```

注意：ng-hide 还可以作为 CSS 类来用，效果是隐藏元素，其代码如下：

```
<element class="ng-hide"></element>
```

【例 11-8】（实例文件：ch11\Chap11.8.html）ng-show 和 ng-hide 的用法。代码如下：

```
<!DOCTYPE html>
<html>
<head>
    <meta charset="utf-8">
    <title>ng-show 和 ng-hide</title>
</head>
<body ng-app="">
<div style="border:1px solid red">
    <p>显示 HTML:<input type="checkbox" ng-model="show"></p>
    <div ng-show="show">
        <h3>ng-show 显示效果</h3>
    </div>
</div>
<div style="border:1px solid red">
    <p>隐藏 HTML:<input type="checkbox" ng-model="hide"></p>
    <div ng-hide="hide">
        <h3>ng-hide 隐藏效果</h3>
    </div>
</div>
</body>
</html>
<script src="angular.js"></script>
```

在上面的代码中，checkbox 的值为 true 或 false，可以使用 ng-model 指令绑定，它的值可以用于应用中，勾选复选框，表示值为 true。

相关的代码实例可参考 Chap11.8.html 文件，在 IE 浏览器中运行的结果如图 11-10 所示；当勾选复选框时，在 IE 浏览器中运行的结果如图 11-11 所示。

图 11-10　复选框值为 false 时

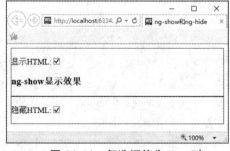
图 11-11　复选框值为 true 时

11.3　过滤器

过滤器（filter）正如其名，作用就是接收一个输入，通过某个规则进行处理，然后返回处理后的结果。

它主要用在数据的格式化上，例如获取一个数组中的子集，对数组中的元素进行排序等。AngularJS 内置了一些过滤器，它们是：currency（货币）、date（日期）、filter（子串匹配）、json（格式化 json 对象）、limitTo（限制个数）、lowercase（小写）、uppercase（大写）、number（数字）、orderBy（排序）共 9 种。除此之外还可以自定义功能强大的过滤器，用来满足任何要求的数据处理。

11.3.1　date 过滤器

data 过滤器可以把日期类型的数据转换为想要的格式类型。

原生的 JavaScript 对日期的格式化能力有限，AngularJS 提供的 date 过滤器基本可以满足一般的格式化要求。

语法如下：

```
{{date|date:'yyyy-MM-dd hh:mm:ss'}}
```

其中，yyyy-MM-dd hh:mm:ss 分别代表年-月-日-时-分-秒，可以自由组合其中的参数。

【例 11-9】（实例文件：ch11\Chap11.9.html）data 过滤器实例。代码如下：

```html
<!DOCTYPE html>
<html>
<head>
    <meta charset="utf-8">
    <title>date 过滤器</title>
</head>
<body>
<div ng-app="myApp" ng-controller="con">
    <p>{{ today|date:"yyyy-MM-dd hh:mm:ss"}}</p>
    <p>年:{{ today|date:"yyyy"}}</p>
    <p>月:{{ today|date:"MM"}}</p>
    <p>日:{{ today|date:"dd"}}</p>
    <p>时:{{ today|date:"hh"}}</p>
    <p>分:{{ today|date:"mm"}}</p>
    <p>秒:{{ today|date:"ss"}}</p>
</div>
</body>
</html>
<script src="angular.js"></script>
<script>
    var app=angular.module('myApp', [])
    app.controller('con', function($scope) {
        $scope.today=new Date()
    });
</script>
```

图 11-12　data 过滤器实例

相关的代码实例可参考 Chap11.9.html 文件，在 IE 浏览器中运行的结果如图 11-12 所示。

11.3.2　limitTo 过滤器

limitTo 过滤器可以限制一个字符串显示的字符数，也可以限制一个数组显示的项目数。

limitTo 过滤器用来截取数组或字符串，接收一个参数用来指定截取的长度，如果参数是负值，则从数组尾部开始截取。limitTo 过滤器只能从数组或字符串的开头/尾部进行截取。

语法如下：

```
{{字符串或数组|limitTo:name}}//将会从字符串或数组中截取 name 个字符或者项
```

【例 11-10】（实例文件：ch11\Chap11.10.html）limitTo 过滤器实例。代码如下：

```html
<!DOCTYPE html>
<html>
<head>
    <meta charset="utf-8">
    <title>limitTo 过滤器</title>
</head>
<body>
<div ng-app="">
    <p>{{["a","q","e","y"]|limitTo:3}}</p>
    <p>{{"angular.js"|limitTo:3}}</p>
    <p>{{["a","q","e","y"]|limitTo:-3}}</p>
    <p>{{"angular.js"|limitTo:-3}}</p>
</div>
</body>
</html>
<script src="angular.js"></script>
```

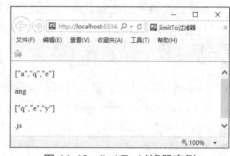

图 11-13 limitTo 过滤器实例

相关的代码实例可参考 Chap11.10.html 文件，在 IE 浏览器中运行的结果如图 11-13 所示。

11.3.3 filter 过滤器

想要在一个数组里面找到某个特定的项目，可以使用 filter 过滤器。

【例 11-11】（实例文件：ch11\Chap11.11.html）filter 过滤器实例。代码如下：

```html
<!DOCTYPE html>
<html>
<head>
    <meta charset="utf-8">
    <title>filter 过滤器</title>
</head>
<body>
<div ng-app="myApp" ng-controller="con">

    <p>输入想查找的:<input type="text" ng-model="data"></p>
    <ul>
        <li ng-repeat="i in datas|filter:data">
            {{(i.name|uppercase)+ ', '+i.score}}
        </li>
    </ul>
</div>
</body>
</html>
<script src="angular.js"></script>
<script>
    var app=angular.module('myApp', [])
    app.controller('con', function($scope) {
        $scope.datas=[
            {name:'小明',score:'90 分'},
            {name:'小红',score:'95 分'},
            {name:'小华',score:'85 分'}
        ];
    });
</script>
```

相关的代码实例可参考 Chap11.11.html 文件，在 IE 浏览器中运行的结果如图 11-14 所示。

当在表单中输入想要查找的数组项目时，会过滤掉不满足条件的项目，如图 11-15 所示。

图 11-14　页面加载完成时

图 11-15　filter 过滤后的页面

11.4　表单验证

ngModelController 是 ng-model 指令中所定义的一个特殊控制器。这个控制器包含了一些用于数据绑定、验证、CSS 更新，以及数值格式化和解析的服务。它不用于进行 DOM 渲染或者监听 DOM 事件。表单验证是与用户交互的一个重要部分，在 AngularJS 中，实现也是比较简单的，而且易于维护。

11.4.1　ngModelController

ngModel 提供了数据绑定、样式更新、验证、数据格式化、编译功能等，但是它并没有提供和逻辑相关的处理，如视图的重新渲染和监听 dom 事件，这些和逻辑处理相关的 dom，就应该使用 ngModelController 来进行数据绑定。ngModelController 是 ng-model 指令中所定义的 Controller。在自定义指令中，我们通过 require 参数直接引用，这样就可以在 link 函数中使用它去实现一些功能了。

假设我们在变量中要保存一个列表的类型，但是显示的内容只能是字符串，所以这两者之间需要一个转换。

【例 11-12】（实例文件：ch11\Chap11.12.html）ngModelController 的用法。代码如下：

```
<!DOCTYPE html>
<html ng-app="app">
<head>
    <meta charset="UTF-8">
    <title></title>
</head>
<body ng-controller="con">
    <p><input type="text" ng-model="newName"/><button ng-click="change()">转换大写</button></p>
    <p><input type="text" ng-model="name" custom/></p>
</body>
</html>
<script src="angular.js"></script>
<script>
    var app=angular.module('app',[]);
    app.controller('con', function($scope){
        $scope.name='大写字母';
        $scope.change=function(){
            $scope.name=$scope.newName;
        }
    });
    app.directive('custom',function(){
        return{
            restrict:'A',
            require:'ngModel',
            link:function(scope,ele,attrs,ctrl){
```

```
                ctrl.$formatters.push(function(value){
                    value=value.toUpperCase();
                    return value;
                });
            }
        }
    })
</script>
```

在上面的代码中自定义了 custom 指令，require 参数指定 ngModel，又因为 DOM 结构中 ng-model 是存在的，所以 link 函数中就可以获取一个 NgModelController 的实例，即代码中的 ctrl。此外还添加了需要的 $formatters 属性，在 model 被程序改变时调用它。

相关的代码实例可参考 Chap11.12.html 文件，在 IE 浏览器中运行的结果如图 11-16 所示；当在第一个文本框中输入字母时，单击"转换大写"按钮会把第一个文本框中的字母转换成大写字母，显示在第二个文本框中，如图 11-17 所示。

图 11-16　页面加载完成效果

图 11-17　单击"转换大写"按钮显示效果

11.4.2　表单验证

表单验证是 AngularJS 一项重要的功能，能保证 Web 应用不会被恶意或错误地输入影响。AngularJS 表单验证提供了很多表单验证指令，并且能将 HTML 5 表单验证功能同它自己的验证指令结合起来使用，进而在客户端验证时提供表单状态的实时反馈。

要使用表单验证，首先要保证表单有一个 name 属性，一般的输入字段如最大、最小长度等，这些功能由 HTML 5 表单属性提供。如果想屏蔽浏览器对表单的验证行为，可以在表单元素中添加 novalidate 属性，novalidate 属性规定当提交表单时不对其进行验证。

【例 11-13】（实例文件：ch11\Chap11.13.html）表单验证实例。代码如下：

```
<!DOCTYPE html>
<html>
<head>
    <meta charset="utf-8">
    <title>ng-model 验证表单</title>
</head>
<body>
<form ng-app="" name="Form">
    URL:
    <input type="url" name="Address" ng-model="text1">
    <span ng-show="Form.Address.$error.url">不是一个合法的 URL 地址</span><br><br>
    URL:
    <input type="url" name="Address1" ng-model="text2">
    <span ng-show="Form.Address1.$error.url">不是一个合法的 URL 地址</span>
</form>
<p>在输入框中输入网址,如果不是一个正确的网址,会弹出提示信息.</p>
</body>
```

```
</html>
<script src="angular.js"></script>
```

相关的代码实例可参考 Chap11.13.html 文件，在 IE 浏览器中运行的结果如图 11-18 所示。

图 11-18　表单验证

11.5　服务

服务（自定义服务、AngularJS 提供的服务：$log,$timeout,$q,$http）的作用就是为应用里其他的组件提供可以重复使用的功能，这里说的组件就是 AngularJS 的组成部分包括指令、控制器等。AngularJS 自带了许多服务，本节我们会选择几种进行详细介绍。当然我们也可以根据自己的需要来自定义服务。

11.5.1　自定义服务

创建自定义服务的方法有几种，如 factory、service、provider 等。本节介绍用 service 方法创建一个服务。

【例 11-14】（实例文件：ch11\Chap11.14.html）自定义服务实例。代码如下：

```
<!DOCTYPE html>
<html>
<head>
    <meta charset="utf-8">
    <title>自定义服务</title>
</head>
<body>
<div ng-app="myApp" ng-controller="con">
    <p>自定义服务,用于检测数据类型</p>
    <p><b>123456</b>的数据类型是:{{hex}}</p>
</div>
</body>
</html>
<script src="angular.js"></script>
<script>
    var app=angular.module('myApp', []);
    app.service('Service',function(){
        this.myFunc=function(x){
            return typeof(x);
        }
    });
    app.controller('con', function($scope,Service) {
        $scope.hex=Service.myFunc(123456);
    });
</script>
```

相关的代码实例可参考 Chap11.14.html 文件，在 IE 浏览器中运行的结果如图 11-19 所示。

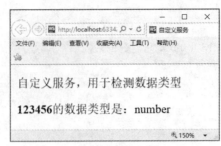

图 11-19　自定义服务

在上面的代码中，我们创建了一个查询数据类型的服务，在控制器中调用，传入数字 123456，在页面中就会显示 123456 的数据类型为 number。

11.5.2　AngularJS 提供的服务

在 AngularJS 中，服务是一个比较重要的部分，它是一个对象或者函数，可以在 AngularJS 的应用中使用。接下来介绍几种 AngularJS 提供的常用服务。

1. $log

在调试应用程序时，$log 可用于在控制台打印一些有用的信息。

【例 11-15】（实例文件：ch11\Chap11.15.html）$log 的服务实例。代码如下：

```html
<!DOCTYPE html>
<html lang="en" ng-app="myApp">
<head>
    <meta charset="UTF-8">
    <title>$log</title>
</head>
<body>
<p ng-controller="con"></p>
</body>
</html>
<script src="angular.js"></script>
<script>
    var app=angular.module('myApp', []);
    app.controller('con', ['$log', function ($log) {
        $log.log('打印信息');
        $log.info('普通信息');
        $log.warn('警告信息');
        $log.error('错误信息');
    }]);
</script>
```

相关的代码实例可参考 Chap11.15.html 文件，在 IE 浏览器中运行的结果如图 11-20 所示。

2. $timeout

$timeout 服务和 JavaScript 中 setTimeout 一样，它可以让我们在指定的时间过后来执行一些行为。

图 11-20　$log 的服务

【例 11-16】（实例文件：ch11\Chap11.16.html）$timeout 服务。代码如下：

```html
<!DOCTYPE html>
<html>
<head>
```

```
        <meta charset="utf-8">
        <title>$timeout</title>
    </head>
    <body>
    <div ng-app="myApp" ng-controller="con">
        <p>两秒后显示问题的答案:</p>
        <p>{{datas}}</p>
        <p>{{datas1}}</p>
    </div>
    </body>
    </html>
    <script src="angular.js"></script>
    <script>
        var app=angular.module('myApp',[]);
        app.controller('con',function($scope,$timeout){
            $scope.datas="你是谁?";
            $scope.datas1="";
            $timeout(function(){
                $scope.datas1="我是小明呀";
            }, 2000);
        });
    </script>
```

相关的代码实例可参考 Chap11.16.html 文件，在 IE 浏览器中运行的结果如图 11-21 所示；当页面加载完成 2s 后，"我是小明呀" 就会被渲染到页面中，如图 11-22 所示。

图 11-21 $timeout 服务

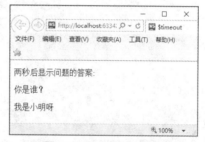

图 11-22 2s 后页面效果

3. $q 服务

AngularJS 中$q 这个服务可以帮助我们在应用中实现异步的功能，当函数执行完成时或异常时，它允许我们使用函数的返回值。

$q 提供的方法有以下几种。

- $q.all()：合并多个 promise，得到一个新的 promise。
- $q.defer()：返回一个 deferred 对象，这个对象可以执行几个常用的方法，比如 resolve、reject、notify 等。
- $q.when()：返回一个 promise 对象。

【例 11-17】（实例文件：ch11\Chap11.17.html）$q 服务实例。代码如下：

```
<!DOCTYPE html>
<html>
<head>
    <meta charset="utf-8">
    <title>$q</title>
</head>
<body>
<div ng-app="myApp" ng-controller="con">
</div>
</body>
</html>
<script src="angular.js"></script>
```

```
<script>
    var app=angular.module('myApp', []);
    app.factory("Service",function($q,$log){
        var _login=function(){
            var defer=$q.defer();//使用$q的defer()方法创建一个对象
            //假设向Service发送了一个http请求,请求返回数据.虚拟一下,直接创建一个data
            var data={result:"true",userName:"小明"};
            //可以根据返回的数据,去决定下一步做什么
            //表示向Service发送的请求得到了回应,这样就可以使用defer对象中的resolve方法和返回的数据,去执
            //行一些操作
            if(data.result==="true"){
                defer.resolve(data);
            }
            //如果不满足,说明遇到了错误,可以使用defer对象中的reject()去处理错误信息
            else{
                defer.reject('请求数据失败')
            }
            //当使用resolve()方法和reject()方法去执行一些操作时,需要使用promise中的then()方法
            defer.promise  //调用promise的then()方法
                //then()第一个参数就是满足条件要执行的函数,第二个参数是处理问题的函数
                .then(
                    function(data){
                        $log.info("hello"+" "+data.userName);
                    },
                    function(error){
                        $log.warn(error);
                    }
                )
        };
        //返回_login方法,就可以在其他地方使用它
        return{
            login:_login
        };
    });
    //把创建的服务注入控制器
    app.controller('con',function($scope,$log,Service){
        Service.login();//使用服务中的login()方法.这样当控制器加载完就会执行Service
    });
</script>
```

相关的代码实例可参考 Chap11.17.html 文件，在 IE 浏览器中运行的结果如图 11-23、图 11-24 所示。

图 11-23　$q 请求成功时

图 11-24　遇到错误时

4. $http

$http 是 AngularJS 应用中最常用的服务。AngularJS 内置的$http 服务简单地封装了浏览器原生的 XMLHttpRequest 对象，可以直接同外部进行通信。

具体用法看下面一个简单的实例。

先在$http.html 页面下创建一个 angular.txt 文件，里面的内容如图 11-25 所示。

我们使用$http 模拟向服务器请求数据，这里请求的是 angular.txt 文件中的数据。

【例 11-18】（实例文件：ch11\Chap11.18.html）$http 服务实例。代码如下：

```
<!DOCTYPE html>
<html>
<head>
    <meta charset="utf-8">
    <title>$http</title>
</head>
<body>
<div ng-app="myApp" ng-controller="con">
    <p>下面是请求的信息:</p>
<h1>{{datas}}</h1>
</div>
</body>
</html>
<script src="angular.js"></script>
<script>
    var app=angular.module('myApp',[]);
    app.controller('con', function($scope, $http) {
        //使用$http 中的 get 方法请求，调用 then 方法接受数据
        $http.get("./angular.txt").then(function(response){
            $scope.datas=response.data;
        });
    });
</script>
```

相关的代码实例可参考 Chap11.18.html 文件，在 IE 浏览器中运行的结果如图 11-26 所示。

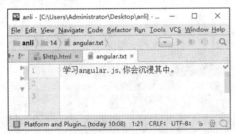

图 11-25　请求的数据

图 11-26　请求的数据在页面中显示的效果

11.6　模型

前面已经用到过的 ng-model，就是本节要介绍的模型指令。ng-model 指令用于绑定应用程序数据到 HTML 控制器（input、select）的值。

11.6.1　ng-model 指令

ng-model 指令可以将输入域的值与 AngularJS 创建的变量绑定。下面使用 ng-model 指令来绑定输入域的值到控制器的属性。

【例 11-19】（实例文件：ch11\Chap11.19.html）ng-model 指令。代码如下：

```
<!DOCTYPE html>
<html>
<head>
    <meta charset="utf-8">
```

```
    <title>ng-model</title>
</head>
<body>
<div ng-app="myApp" ng-controller="con">
    数据:<input type="text" ng-model="data">
</div>
</body>
</html>
<script src="angular.js"></script>
<script>
    var app=angular.module('myApp',[]);
    app.controller('con',function($scope){
        $scope.data="我是绑定的数据";
    });
</script>
```

相关的代码实例可参考 Chap11.19.html 文件，在 IE 浏览器中运行的结果如图 11-27 所示。

图 11-27　ng-model 指令

11.6.2　双向绑定

双向绑定，就是实现数据的双向绑定，在修改输入域的值时，AngularJS 属性的值也同时修改。

【例 11-20】（实例文件：ch11\Chap11.20.html）双向数据绑定实例。代码如下：

```
<!DOCTYPE html>
<html>
<head>
    <meta charset="utf-8">
    <title>ng-model</title>
</head>
<body>
<div ng-app="">
    <input type="text" ng-model="name">
    <p>input 输入框的值绑定了变量 name</p>
    <p> name="{{name}}"</p>
</div>
</body>
</html>
<script src="angular.js"></script>
```

相关的代码实例可参考 Chap11.20.html 文件，在 IE 浏览器中运行的结果如图 11-28 所示；在输入域中输入"小明"，在 IE 浏览器中显示的效果如图 11-29 所示。

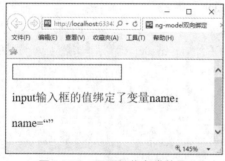

图 11-28　页面加载完成效果

图 11-29　在输入域输入值后的效果

11.6.3　CSS 类

ng-model 指令基于它们的状态为 HTML 元素提供了 CSS 类。

ng-model 指令根据表单域的状态可以添加/移除类，如表 11-1 所示。

表 11-1　可以添加/移除的类

类	说　明
ng-invalid	表示表单是否通过验证。如果表单没有通过验证，它为 true
ng-valid	表示表单是否通过验证。如果表单通过验证，它为 true
ng-pristine	布尔值属性，没有修改过表单时为 ture
ng-dirty	布尔值属性，控件输入值时为 true
ng-touched	布尔值属性，失去焦点时为 true
ng-untouched	布尔值属性，没失去焦点时为 true

【例 11-21】（实例文件：ch11\Chap11.21.html）CSS 类实例。代码如下：

```html
<!DOCTYPE html>
<html>
<head>
    <meta charset="utf-8">
    <title>ng-model CSS类</title>
    <style>
        input.ng-pristine{
            background-color:#54FF9F;
        }
    </style>
</head>
<body>
<form ng-app="" name="form">
    输入你的手机号：
    <input ng-model="text" required>
</form>
<!--<p>编辑文本域,不同状态背景颜色会发生变化.</p>-->
<!--<p>文本域添加了 required 属性,该值是必需的,如果为空则是不合法的.</p>-->
</body>
</html>
<script src="angular.js"></script>
```

相关的代码实例可参考 Chap11.21.html 文件，在 IE 浏览器中运行的结果如图 11-30 所示；当在表单输入值时，表单恢复默认颜色，如图 11-31 所示。

图 11-30　页面加载完成效果

图 11-31　在文本域输入值后效果

11.7　事件机制

在 JavaScript 中所涉及的事件，在 AngularJS 中基本也都涉及了，只是表达的方式和实现的方法不同而已。AngularJS 有自己的 HTML 事件指令。

【例 11-22】（实例文件：ch11\Chap11.22.html）事件实例。代码如下：

```html
<!DOCTYPE html>
<html>
<head>
    <meta charset="utf-8">
    <title>ng-click 指令</title>
</head>
<body>
<div ng-app="myApp" ng-controller="con">
    <button ng-click="hide()">隐藏</button>
    <p ng-hide="myVar">我是隐藏的内容</p>
</div>
</body>
</html>
<script src="angular.js"></script>
<script>
    var app=angular.module('myApp',[]);
    app.controller('con', function($scope) {
        $scope.hide=function() {
            $scope.myVar=true;
        }
    });
</script>
```

相关的代码实例可参考 Chap11.22.html 文件，在 IE 浏览器中运行的结果如图 11-32 所示；单击"隐藏"按钮，在 IE 浏览器中显示的效果如图 11-33 所示。

图 11-32　页面加载完成效果

图 11-33　单击"隐藏"按钮后效果

11.8　数据存储

AngularJS 中有一些方法可以存储数据，创建一个 factory 工厂来储存和调取数据是一种比较常用的方法。具体操作为：在 JavaScript 脚本中创建一个 factory 工厂，把数据载入工厂，这样在其他的控制器中便可以调用工厂中的数据。也可以单独创建一个 JavaScript 文件，在主页面中载入该 JavaScript 文件，这样也可以实现对数据的调用。

【例 11-23】（实例文件：ch11\Chap11.23.html）数据存储实例。代码如下：

```html
<!DOCTYPE html>
<html>
<head>
    <meta charset="utf-8">
    <title>存储数据</title>
</head>
<body ng-app="myApp">
<div ng-controller="con1">1.{{myData1}}</div>
```

```
<div ng-controller="con2">2.{{myData2}}</div>
<div ng-controller="con3">3.{{myData3}}</div>
</body>
</html>
<script src="angular.js"></script>
<script>
    var app=angular.module("myApp",[]);
    //创建工厂,存储数据
    app.factory('myData',function(){
        return{
            message:'存储的数据',
            data:['小明','小红','小华'],
            object:{name:'jock',age:'25'}
        };
    });
    //在控制器中调用存储的数据
    app.controller("con1",function($scope,myData){
        $scope.myData1=myData.message;
    });
    app.controller("con2",function($scope,myData){
        $scope.myData2=myData.data.join('-');//把数组转换为字符串
    });
    app.controller("con3",function($scope,myData){
        $scope.myData3=myData.object.name+" "+myData.object.age;
    });
</script>
```

相关的代码实例可参考 Chap11.23.html 文件，在 IE 浏览器中运行的结果如图 11-34 所示。

图 11-34   数据存储

11.9   其他

在最开始的时候对于 AngularJS 在 view 上的绑定都必须使用直接的$scope 对象，对于 Controller 来说，也得必须注入$scope 这个 service。AngularJS 从 1.2 版本开始带来了新语法 Controller as。它的出现，简洁了 Controller，使我们不需要把$scope 作为依赖项，可以使用 this 在控制器上直接添加想要的属性。

在 AngularJS 项目中，有时会遇到压缩代码而导致项目出错，这时有可能是因为没有使用安全的依赖注入方法。具体安全的依赖注入方法，请看下面两个小节的内容。

11.9.1   Controller as 语法

AngularJS 中提供的 Controller as 语法，简单说就是可以在 Controller 中使用 this 来替代$scope，把属性和方法挂载到 this 上。

传统的 Controller，代码如下：

```
app.controller('con',function($scope){
    $scope.title='content';
});
```

在 AngularJS1.2 版本之后，我们可以写成如下代码：

```
app.controller('con',function(){
    this.title='content';
});
```

在页面上使用时可以使用 Controller as 语法实例化一个对象，如下面的实例。

【例 11-24】（实例文件：ch11\Chap11.24.html）Controller as 实例。代码如下：

```
<!doctype html>
<html lang="en">
<head>
    <meta charset="UTF-8">
    <title>controller as</title>
</head>
<body>
<div ng-app="myApp" ng-controller="con as demo">
        {{demo.data}}
</div>
</body>
</html>
<script src="angular.js"></script>
<script>
    var app=angular.module('myApp',[])
    app.controller("con",function(){
        this.data="你好,jock! "
    });
</script>
```

从上面代码可以看出，这里的 this 指的是 as 后面那个实例化的对象。我们可以在表达式中使用这个对象。

相关的代码实例可参考 Chap11.24.html 文件，在 IE 浏览器中运行的结果如图 11-35 所示。

图 11-35　Controller as 实例

11.9.2　安全的依赖注入方法

我们平时都是把依赖注入 function 中，其代码如下：

```
var app=angular.module('myApp',[])
app.controller("con",function($scope,$log){
    $scope.data="你好,jock! ";
    $log.log("你好,jock! ")
});
```

这种方法不是最安全的依赖注入方法，因为有时候我们会压缩代码，这时有的依赖被压缩，如$log 使用 Gulp 压缩工具，会被压缩成简写的 l，这时 AngularJS 就识别不出$log，执行压缩文件就会提示错误信息。

解决这种情况，就需要使用安全的依赖注入方法，即把控制器的第二个参数放进一个数组里，把要注入的依赖一次写入数组，然后分别用引号包裹起来，这样注入的依赖就会传入 function。这样，不管 function 中参数的名字怎么改变，都可以使用注入的依赖。虽然 function 中参数的名字可以改变，但是，顺序很重要，function 中的参数必须与注入的依赖相对应。下面举一个例子。

【例 11-25】（实例文件：ch11\Chap11.25.html）安全依赖注入方法实例。代码如下：

```
<!doctype html>
<html lang="en">
<head>
    <meta charset="UTF-8">
```

```
    <title>安全的注入依赖的方法</title>
</head>
<body>
<div ng-app="myApp" ng-controller="con">
    {{data}}
</div>
</body>
</html>
<script src="angular.js"></script>
<script>
    var app=angular.module('myApp',[])
    app.controller("con",["$scope","$log",function($scope,l){
        $scope.data="你好,jock! ";
        l.log("你好,jock! ")  //在控制台打印数据
    }]);
</script>
```

通过上面代码可以发现，$log 与 function 中的参数 l 对应，l 就有 $log 所有的功能。

相关的代码实例可参考 Chap11.25.html 文件，在 IE 浏览器中运行的结果如图 11-36 所示。

图 11-36　安全的依赖注入

11.10　路由

AngularJS 中的路由，允许我们通过不同的 URL 访问不同的内容，并且可以实现多视图的单页 Web 应用。

通常 URL 形式为 http://qiangu.com/first/page，但在单页 Web 应用中 AngularJS 通过 "#+" 标记实现，例如：

```
http://qiangu.com/#/first
http://qiangu.com/#/second
http://qiangu.com/#/three
```

当单击上面任意一个链接时，向服务端请求的地址都是 http://qiangu.com，因为 "#" 号后面的内容在向服务端请求时会被浏览器忽略掉，所以就需要在客户端实现 "#" 号后面内容的功能实现。简单来说，就是路由通过 "#+" 标记帮助我们区分不同逻辑页面，并将其绑定到对应的控制器上。URL 所对应的视图和控制器示意图如图 11-37 所示。

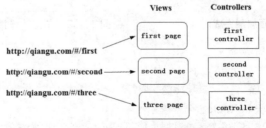

图 11-37　URL 示意图

【例 11-26】（实例文件：ch11\Chap11.26.html）。路由实例。代码如下：

```
<!DOCTYPE html>
<html>
<head>
    <meta charset="utf-8">
    <title> 路由实例</title>
    <style>
```

```
            *{margin:0;padding:0;}
            ul{overflow:hidden;}
            ul li{list-style:none;float:left;padding:5px 10px;}
            a{text-decoration:none;}
            div{font-size:30px;width:260px; height:100px;text-align:center;
                line-height:100px;border:1px solid black;margin-left:10px;}
        </style>
    </head>
    <body ng-app='myApp'>
    <ul>
        <li><a href="#/">首页</a></li>
        <li><a href="#/list">列表页</a></li>
        <li><a href="#/detail">详情页</a></li>
        <li><a href="#/connect">其他连接</a></li>
    </ul>
    <div ng-view></div>
    <script src="angular.min.js"></script>
    <script src="angular-route.js"></script>
    <script>
        var app=angular.module('myApp',['ngRoute'])//[]内引入依赖模块 ngRoute
            app.config(['$routeProvider', function($routeProvider){
                $routeProvider.when('/',{template:'首页页面'})
                    .when('/list',{template:'列表页页面'})
                    .when('/detail',{template:'详情页页面'})
                    .when('/connect',{template:'链接页面'})
            }]);
    </script>
    </body>
    </html>
```

相关的代码实例可参考 Chap11.26.html 文件，在 IE 浏览器中运行的结果如图 11-38 所示。当单击"详情页"按钮时，页面显示效果如图 11-39 所示。

图 11-38　页面加载完成时

图 11-39　单击"详情页"按钮后页面效果

实现上面这个案例，主要需以下 4 个步骤：

（1）载入实现路由的 js 文件：angular.js。代码如下：

```
<script src="angular-route.js"></script>
```

（2）在模块中引入依赖模块 ngRoute。代码如下：

```
var app=angular.module('myApp',['ngRoute'])
```

（3）添加 ngView 指令。代码如下：

```
<div ng-view></div>
```

该 div 内的内容会根据路由的变化而变化。

（4）配置$routeProvider，用来定义路由的规则。代码如下：

```
app.config(['$routeProvider', function($routeProvider){
        $routeProvider.when('/',{template:'首页页面'})
```

```
        .when('/list',{template:'列表页页面'})
        .when('/detail',{template:'详情页页面'})
        .when('/connect',{template:'链接页页面'})
    }]);
```

11.11　标准项目结构设计

对于 AngularJS 的初学者而言，自己创建一个完整的 angular 项目结构很难实现，但通过 AngularJS 官方提供的命令行工具 Angular-cli，则可以很容易地创建 AngularJS 项目。

11.11.1　angular-cli 环境搭建

1. 安装 NPM 和 node.js

首先，检查一下计算机上是否安装了 NPM 和 node.js。右击左下角的"开始"按钮，在弹出的菜单中选择"运行"选项，在弹出的"运行"对话框中输入 CMD，单击"确定"按钮。在命令行里分别输入 npm -v 和 node -v 检查是否安装有 NPM 和 node.js，如果安装了会提示版本，如图 11-40 所示。

如果提示其他信息，则要到 NPM 和 node.js 官网去下载它们，这里就不赘述了。

2. 淘宝 NPM 镜像

淘宝的 NPM 镜像是一个完整的 npmjs.org 镜像，可以用来代替官方版本。设置了淘宝镜像后，下载软件就是从国内网站下载，下载速度相对较快。

在命令行里输入 npm install -g cnpm --registry=https://registry.npm.taobao.org，按 Enter 键进行全局安装。安装完成后，输入 cnpm -v 检查是否安装成功，如果提示如图 11-41 所示的信息，说明安装成功。

图 11-40　检测是否安装了 NPM 和 node.js

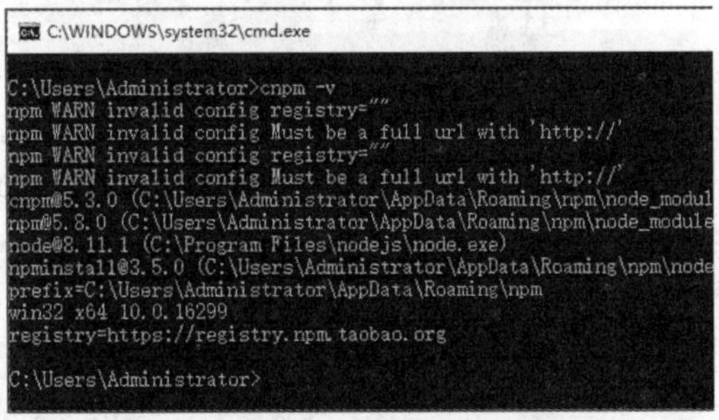

图 11-41　检测 cnpm 安装是否成功

3. 安装 Typescript 和 Typings

在命令行中输入 npm install -g typescript typings，按 Enter 键安装，安装完成如图 11-42 所示。

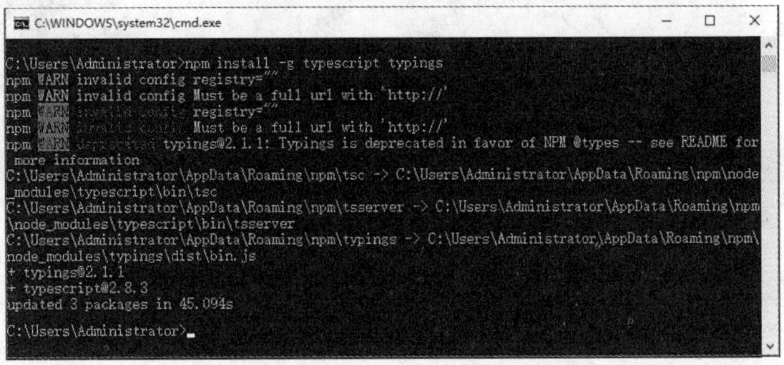

4. 安装 Python

安装 Python 时选择 Python 2.7.15 版本。在命令行中输入 python，按 Enter 键会提示如图 11-43 所示的信息。

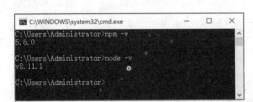

图 11-42　安装 Typescript 和 Typings

这里没有选择 Python 的最新版本 Python 3.6 系列，因为最新版本的 Python 在安装 angular-cli 时总是报错误，说明目前还不支持。

5. 全局安装 Angular-cli

完成上面 4 个步骤后，就可以安装 Angular-cli 了。在命令行中输入 cnpm install -g @angular/cli@latest，按 Enter 键安装。安装完成后，在命令行中输入 ng-v 来检测版本，如图 11-44 所示。

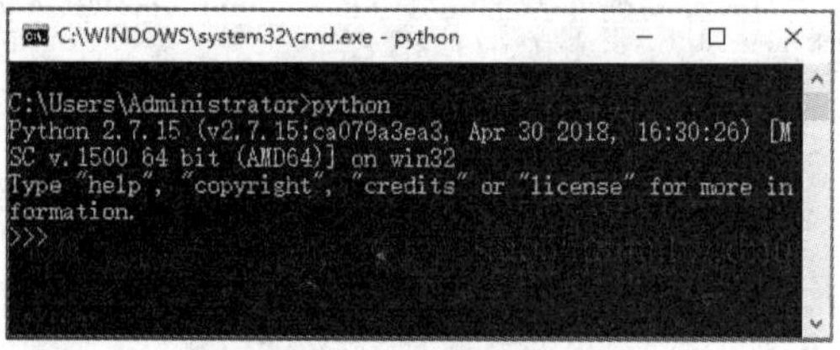

图 11-43　检测 python 版本

图 11-44　检测 Angular-cli 版本

11.11.2　使用 Angular-cli 创建项目

Angular-cli 全局安装完成后，就可以按照本节所讲的步骤来创建项目了。

步骤 1：进入项目的路径，假设要在如图 11-45 所示的文件夹路径下创建项目。

在命令行里输入"cd 路径"，如 cd C:\Users\Administrator\Desktop\anli\angular，如图 11-46 所示。

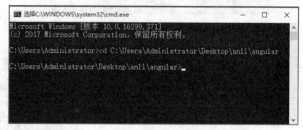

图 11-45　创建项目的文件夹路径

图 11-46　在命令行中进入到该文件夹路径

步骤 2：在命令行里输入"ng new 项目名称"，假如创建一个名为 demo 的项目，如图 11-47 所示。

步骤 3：启动项目，在命令行中输入 ng serve，如图 11-48 所示。

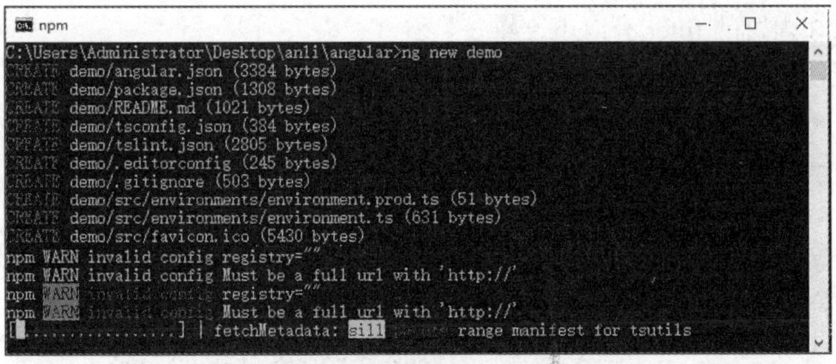

图 11-47　创建名为 demo 的项目

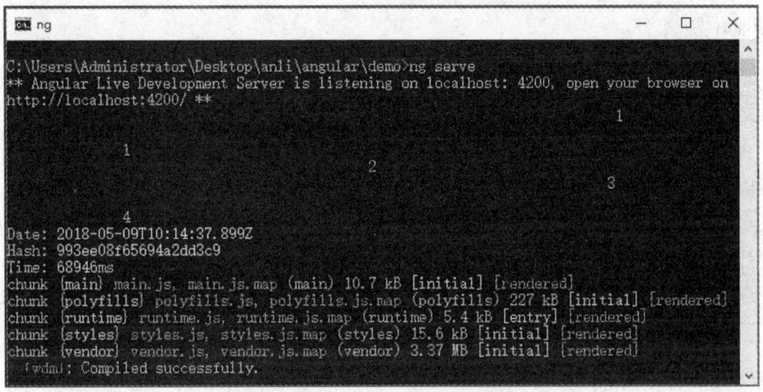

图 11-48　启动项目

步骤 4：在浏览器中输入默认的地址 http://localhost:4200，在 Chrome 中运行的效果如图 11-49 所示。这样就成功创建了一个项目，项目结构如图 11-50 所示。

图 11-49　Angular-cli 初始界面

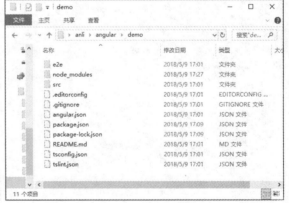

图 11-50　项目结构

11.12　就业面试技巧与解析

11.12.1　面试技巧与解析（一）

面试官：请问 AngularJS 内置的 filter 有哪些？

应聘者：AngularJS 内置的 filter 有以下 9 种。

- date：把日期类型的数据转化为想要的格式类型。
- currency：货币转换。
- limitTo：限制一个字符串显示的字符数，也可以限制一个数组显示的项目数。
- orderBy：排序。
- lowercase：转换为小写。
- uppercase：转换为大写。
- number：格式化数字，加上千位分隔符，并接收参数限定小数点位数。
- filter：处理一个数组，过滤出含有某一个子串的元素。
- json：格式化 json 对象。

11.12.2　面试技巧与解析（二）

面试官：请问 AngularJS 的数据绑定采用什么机制？

应聘者：双向数据绑定是 AngularJS 的核心机制之一。当 view 中有任何数据变化时，会更新到 model，当 model 中数据有变化时，view 也会同步更新，显然，这需要一个监控。原理就是，AngularJS 在$scope 模型上设置了一个监听队列，用来监听数据变化并更新 view。每次绑定一个东西到 view 上时 AngularJS 就会往$watch 队列里插入一条$watch，用来检测它监视的 model 里是否有变化的东西。当浏览器接收到可以被 AngularJS 处理的事件时，$digest 循环就会触发，遍历所有的$watch，最后更新 DOM。

第 3 篇

高级应用

通过对前面篇章的学习，本篇将结合 HTML 5 技术介绍移动 Web 应用程序的 jQuery Mobile 框架。通过本篇的学习，使用 jQuery Mobile 框架，读者可以轻松地创建移动端项目。

- 第 12 章　认识 jQuery Mobile
- 第 13 章　jQuery Mobile 页面
- 第 14 章　jQuery Mobile 页面组件
- 第 15 章　使用 jQuery Mobile 主题
- 第 16 章　使用 jQuery Mobile 事件
- 第 17 章　使用 jQuery Mobile 插件

第 12 章

认识 jQuery Mobile

 学习指引

jQuery Mobile 用于编写移动 Web 应用程序，它能运行于所有主流的移动平台之上。使用 jQuery Mobile 可以帮助我们轻松实现华丽的、跨设备和跨平台的 Web App 应用程序，大大提高设计者的移动开发效率和质量。学习 jQuery Mobile，需要熟悉 JavaScript 和 jQuery 的相关基础知识，它们是学习 jQuery Mobile 的基础。本章将重点介绍 jQuery Mobile 的基础知识。

 重点导读

- 了解 jQuery Mobile 基础。
- 掌握移动设备模拟器。
- 学会安装 jQuery Mobile。
- 掌握创建 jQuery Mobile 页面。

12.1　jQuery Mobile 基础

jQuery Mobile 是 jQuery 新推出的函数库，它是 jQuery 在手机和平板计算机等移动设备上应用的版本。jQuery Mobile 包括构建完整移动 Web 应用程序和网站所需要的所有 UI 组件。

随着智能手机和平板计算机的流行，主流移动平面上的浏览器功能已经与传统的桌面浏览器功能非常相似，因此 jQuery 团队开发了 jQuery Mobile。

jQuery Mobile 不仅给主流移动平台带来 jQuery 核心库，而且发布一个完整统一的 jQuery 移动 UI 框架，支持主流的移动平台。jQuery Mobile 开发团队曾说："能开发这个项目，我们非常兴奋。移动 Web 太需要一个跨浏览器的框架，让开发人员开发出真正的移动 Web 网站。我们将尽全力满足这样的需求。"

jQuery Mobile 是一个基于 HTML 5 的前端框架，拥有响应式网站特性，设计者不需要为每一个移动设备或操作系统单独开发应用，可以通过 jQuery Mobile 框架设计一个高度响应的网站或应用，它能运行于所有的主流智能手机、平板计算机和桌面系统。

jQuery Mobile 的优势：

- 简单易用：页面开发主要使用标记，很少使用 JavaScript。jQuery Mobile 通过 HTML 5 标记和 CSS 3 规范配置和美化页面，对于已经熟悉 HTML 5 和 CSS 3 的读者来说，非常容易上手。
- 提供丰富的函数库：常见的键盘、触碰功能等，开发人员不用编写代码，只需要经过简单的设置，就可以实现需要的功能，大大减少了程序员开发的时间。
- 跨平台：目前大部分的移动设备浏览器都支持 HTML 5 标准和 jQuery Mobile，所以可以实现跨不同的移动设备。例如 Android、Apple iOS、BlackBerry、Windows Phone、Symbian 和 MeeGo 等。
- 丰富的布景主题和 ThemeRoller 工具：jQuery Mobile 提供了布局主题，通过这些主题，可以轻松地快速创建绚丽多彩的网页。通过使用 jQuery UI 的 ThemeRoller 在线工具，只需要在下拉菜单中进行简单的设置，就可以制作出丰富多彩的网页风格，并且可以将代码下载下来应用。

jQuery Mobile 的工作原理是提供可触摸的 UI 小部件和 Ajax 导航系统，使页面支持动画式切换效果。以页面中的元素标签为时间的驱动对象，当触摸或者单击时进行触发，最后在移动终端的浏览器中实现一个个应用程序的动画展示效果。

12.2　jQuery Mobile 操作流程

jQuery Mobile 的操作流程与编写 HTML 类似，开发工具也一样，编辑制作好的 jQuery Mobile 页面就可以在浏览器或者模拟器中浏览了。操作流程有以下 3 个步骤：

（1）创建 HTML 5 文件。
（2）引入 jQuery、jQuery Mobile 函数库和 jQuery Mobile CSS。
（3）使用 jQuery Mobile 定义的 HTML 标准编写网页架构和内容。

12.2.1　下载移动设备模拟器

使用 jQuery Mobile 制作的页面主要用于移动端设备浏览，所以在开发时需要使用模拟器帮助开发者预览所制作的 jQuery Mobile 页面效果。本节主要向读者介绍常见的移动模拟器 Opera Mobile Emulator。

Opera Mobile Emulator 是一款针对计算机桌面开发的模拟移动设备的浏览器，可自行设置需要模拟的不同型号的手机和平板计算机配置，在计算机上模拟各类手机等移动设备访问网站。

下载网址：http://www.opera.com/zh-cn/developer/mobile-emulator/，在浏览器中打开该网址，根据不同的系统选择不同的版本，这里选择 Windows 系统的版本，如图 12-1 所示。

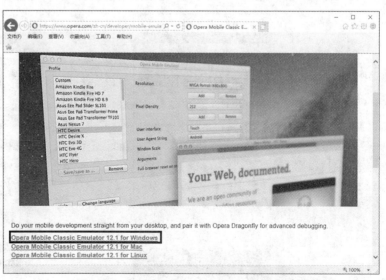

图 12-1　Opera Mobile Emulator 的下载页面

下载完模拟器后进行安装，安装完成后启动模拟器，会弹出"选择语言"对话框，在下拉列表中选择"简体中文"选项，如图 12-2 所示。单击"确定"按钮，将显示模拟器界面，可以从中选择需要模拟的移动设备，这里选择 LG Optimus 3D 选项，单击"启动"按钮，如图 12-3 所示，这时模拟器会弹出欢迎界面，如图 12-4 所示。

图 12-2　语言选择

图 12-4　欢迎界面

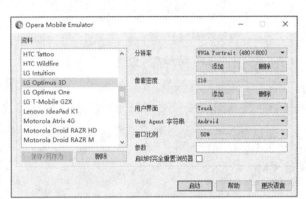

图 12-3　选择模拟移动设备

单击"接受"按钮，打开手机模拟器窗口，在"输入网址"文本框中输入需要查看网页效果的地址即可，如图 12-5 所示。

这里直接单击"淘宝网"图标，即可查看淘宝网在该移动设备模拟器中的显示效果，如图 12-6 所示。

图 12-5　手机模拟器窗口

图 12-6　查看预览效果

Opera Mobile Emulator 不仅可以查看移动网页的效果，还可以任意调整窗口的大小，从而可以查看不用屏幕尺寸的效果。虽然 Opera Mobile Emulator 模拟器没有呈现真实手机的外观，但窗口尺寸与手机屏幕是一样大小的。

12.2.2　安装 jQuery Mobile

使用 jQuery Mobile 开发页面，必须先引入 jQuery Mobile 函数库（.js）、CSS 样式表和配套的 jQuery 函数库文件。常见的引用方法有以下两种：第一种是到 jQuery Mobile 官方网站上下载文件进行引用，第二种是直接通过 URL 链接到 jQuery Mobile 的 CDN-hosted 引用，不需要下载文件。

第一种方法：从 jQuery Mobile 的官网下载该库文件（网址是 http://jquerymobile.com/download），如图 12-7 所示。

图 12-7　下载 jQuery Mobile 库文件

下载完成并解压，然后直接引用文件即可，代码如下：

```
<head>
    <meta charset="UTF-8">
    <title> </title>
    <meta name="viewport" content="width=device-width, initial-scale=1">
    <link rel="stylesheet" href="jquery.mobile-1.4.5.css">
    <script src="jquery.js"></script>
    <script src="jquery.mobile-1.4.5.js"></script>
</head>
```

注意：将下载的文件解压到和网页位于同一目录下，否则会引用报错。

第二种方法：从 CDN 中加载 jQuery Mobile。CDN 的全称是 Content Delivery Network，即内容分发网络。其基本思路是尽可能避开互联网上有可能影响数据传输速度和稳定性的瓶颈和环节，使内容传输得更快、更稳定。

使用 CDN 加载 jQuery Mobile，不需要在计算机上安装任何东西，仅需要在网页中加载层叠样式(.css)和 JavaScript 库(.js)就能够使用 jQuery Mobile。

用户可以在 jQuery Mobile 官网上查找引用路径，网址是：http://jquerymobile.com/download/，进入该网站后，找到 jQuery Mobile 的引用链接，将其复制后添加到 HTML 文件<head>标记中即可，如图 12-8 所示。

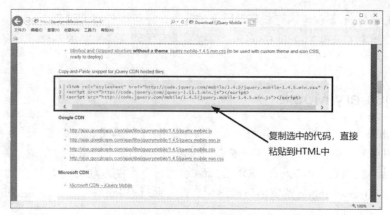

图 12-8　jQuery Mobile 的引用链接

将代码复制到<head>标记块内，代码如下：

```
<head>
<meta name="viewport" content="width=device-width, initial-scale=1">
<link rel="stylesheet" href="http://code.jquery.com/mobile/1.4.5/jquery.mobile-1.4.5.min.css">
<script src="http://code.jquery.com/jquery-1.11.3.min.js"></script>
<script src="http://code.jquery.com/mobile/1.4.5/jquery.mobile-1.4.5.min.js"></script>
</head>
```

注意： 由于 jQuery Mobile 函数库仍然在开发中，所引用的链接中的版本号可能与本书不同，因此请使用官方提供的最新版本，只要按照上述方法将代码复制下来引用即可。在执行页面时必须保证网络畅通，否则不能实现 jQuery Mobile 移动页面的效果。

12.2.3　创建 jQuery Mobile 页面

创建 jQuery Mobile 页面非常简单，通过<div>标签组织页面结构，通过在标签中设置 data-role 属性设置该标签的功能。每一个设置了 data-role 属性的<div>标签就是一个容器，可以在该容器内添加其他页面元素。data-role 属性是 HTML 5 中新增的属性，通过设置它，jQuery Mobile 页面就可以很快地定位到指定的元素，并对内容进行相应的处理。下面创建一个 jQuery Mobile 页面。

【例 12-1】（实例文件：ch12\Chap12.1.html）创建 jQuery Mobile 页面。代码如下：

```
<!DOCTYPE html>
<html lang="en">
<head>
    <meta charset="UTF-8">
    <title>创建 jquery mobile 页面</title>
    <meta name="viewport" content="width=device-width, initial-scale=1">
    <link rel="stylesheet" href="jquery.mobile-1.4.5.css">
    <script src="jquery.js"></script>
    <script src="jquery.mobile-1.4.5.js"></script>
</head>
<body>
<div data-role="page">
    <div data-role="header">
        <h1>头部</h1>
    </div>
    <div data-role="main">
        <p>jQuery Mobile 页面</p>
    </div>
    <div data-role="footer">
        <h1>尾部</h1>
```

```
        </div>
    </div>
</body>
</html>
```

相关的代码实例可参考 Chap12.1.html 文件，打开 Opera Mobile 模拟器，直接将所制作的 jQuery Mobile 页面文件拖入 Opera Mobile 模拟器中，即可看到 jQuery Mobile 页面的效果如图 12-9 所示。

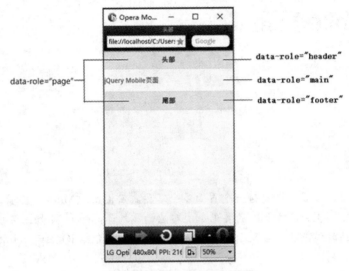

图 12-9　jQuery Mobile 页面

在<head></head>标签之间添加<meta>标签，设置和加载 jQuery Mobile 函数库代码。

在<body></body>标签之间，通过多个<div>标签对 jQuery Mobile 页面的层次进行划分，根据每个<div>标签中所设置的 data-role 属性值，确定该<div>的功能分区。如果设置 data-role 属性值为 header，则表示该<div>为头部区域；设置 data-role 属性值为 main，则表示该<div>为内容区域；设置 data-role 属性值为 footer，则表示该<div>元素为尾部区域。

12.3　就业面试技巧与解析

12.3.1　面试技巧与解析（一）

面试官：请问什么是 jQuery Mobile？

应聘者：jQuery Mobile 是一个触控优化的框架，用于创建移动 Web 应用程序，适用于所有流行的智能手机和平板计算机。它构建于 jQuery 库之上，如果熟悉 jQuery 的话，很容易学习它。它使用 HTML 5、CSS 3、JavaScript 和 Ajax，通过尽可能少的代码完成对页面的布局。

12.3.2　面试技巧与解析（二）

面试官：请问在使用 jQuery Mobile 框架时，大致的操作流程是什么？

应聘者：首先创建一个 HTML 5 页面，然后载入 jQuery Mobile 函数库和 jQuery Mobile CSS，最后使用 jQuery Mobile 定义的 HTML 标准编写网页架构和内容。

第13章

jQuery Mobile 页面

 学习指引

jQuery Mobile 支持单个页面，也支持一个页面多个容器。在 jQuery Mobile 中可以将多个容器写到同一个 HTML 中，但是要按照 jQuery Mobile 的要求加上对应的属性，jQuery Mobile 会把多个容器转变成几个分开的页面，每次显示的时候默认只会显示第一个。本章将向读者介绍 jQuery Mobile 页面的结构、页面的跳转以及预加载等功能。

 重点导读

- 掌握 jQuery Mobile 页面基本架构。
- 掌握预加载和缓存 jQuery Mobile 页面。
- 掌握 jQuery Mobile 页面头部栏。
- 掌握 jQuery Mobile 页面导航栏。
- 掌握 jQuery Mobile 页面尾部栏。
- 掌握结构化 jQuery Mobile 页面内容。

13.1   jQuery Mobile 页面结构

创建 jQuery Mobile 页面必须符合 HTML 5 文件规范，因为 jQuery Mobile 页面的许多功能效果都需要借助于 HTML 5 的新增标签和属性，并且在文档的<head>标签中需要依次加载 jQuery Mobile 的 CSS 样式表文件、jQuery 框架文件和 jQuery Mobile 插件文件。

 ### 13.1.1   jQuery Mobile 页面的基本架构

在 jQuery Mobile 中，一个基本的页面架构，就是在页面中将一个<div>标签添加 data-role 属性，属性设置为 page，使该 div 形成一个容器，而在这个容器中又有 3 个子容器，也是 3 个<div>标签，也分别添加 data-role 属性，属性值分别为 header、content、footer，这样就形成了头部、内容和尾部 3 部分组成的基本页面架构。下面代码就是一个 jQuery Mobile 页面的基本架构。

【例 13-1】（实例文件：ch13\Chap13.1.html）jQuery Mobile 页面结构。代码如下：

```html
<!DOCTYPE html>
<html lang="en">
<head>
    <meta charset="UTF-8">
    <title>页面的基本结构</title>
    <meta name="viewport" content="width=device-width, initial-scale=1">
    <link rel="stylesheet" href="jquery.mobile-1.4.5.css">
    <script src="jquery.js"></script>
    <script src="jquery.mobile-1.4.5.js"></script>
</head>
<body>
<div data-role="page">
    <div data-role="header">
        <h1>头部</h1>
    </div>
    <div data-role="main">
        <p>内容</p>
    </div>
    <div data-role="footer">
        <h1>尾部</h1>
    </div>
</div>
</body>
</html>
```

相关的代码实例可参考 Chap13.1.html 文件，在 Opera Mobile 模拟器中的显示效果如图 13-1 所示。

在上面的代码中，为了更好地支持 HTML 5 的新增功能与属性，第一行以 HTML 5 的声明文档开始。

在<head>标签中新增如下代码：

```html
<meta name="viewport" content="width=device-width, initial-scale=1">
```

添加这行代码的作用：设置移动设备中浏览器缩放的宽度与等级。通常情况下，移动设备的浏览器默认宽度显示页面，这种宽度会导致屏幕缩小，页面放大，不适合浏览。添加了这行代码，可以使页面的宽度与移动设备的屏幕宽度相同，更加适合用户浏览。

图 13-1 jQuery Mobile 页面结构

在这个基本页面中，头部、内容和尾部这 3 部分存在与否都是可选的。在页面中这 3 部分主要编写内容如表 13-1 所示。

表 13-1 页面结构

页 面 结 构	编 写 内 容
<div data-role="header">头部</div>	在页面的头部建立导航工具栏，用于放置标题和按钮（典型的至少要放一个"返回"按钮，用于返回前一页）。通过添加额外的属性 data-position="fixed"，可以保证头部始终保持屏幕的顶部
<div data-role="content">内容</div>	包含一些主要内容，例如文本内容、图像、按钮、列表、表单等
<div data-role="footer">尾部</div>	在页面的底部创建工具栏，添加一些功能按钮 为了确保它始终保持在页面的底部，可以给其加上 data-position="fixed"属性

13.1.2 多容器 jQuery Mobile 页面

在 jQuery Mobile 中，当一个 HTML 可以包含多个含有 data-role 属性值为 page 的元素时，该 HTML 页面就是多容器的 jQuery Mobile 页面。容器之间各自独立，每个容器都有一个唯一的 id 名称。

13.1.3 jQuery Mobile 页面间的链接

jQuery Mobile 页面间的链接有两种情况，一种是同一个 HTML 页面中的链接，另一种是多个 HTML 页面间的链接。

1. 同一个 HTML 页面中的链接

同一个 HTML 页面中的链接就是多容器 jQuery Mobile 页面间的链接，通过设置超链接<a>标签的 href 属性值为 "#+容器的 id 名称"，单击超链接时，jQuery Mobile 将在当前的 HTML 页面中寻找相应的 id 名称的容器，实现容器间的跳转。

【例 13-2】（实例文件：ch13\Chap13.2.html）jQuery Mobile 同页面间的链接实例。代码如下：

```
<!DOCTYPE html>
<html lang="en">
<head>
    <meta charset="UTF-8">
    <meta name="viewport" content="width=device-width, initial-scale=1">
    <link rel="stylesheet" href="jquery.mobile-1.4.5.css">
    <script src="jquery.js"></script>
    <script src="jquery.mobile-1.4.5.js"></script>
</head>
<body>
<!--第一个容器,id名称为page1-->
<div data-role="page" id="page1">
    <div data-role="header">
        <h1>书名</h1>
    </div>
    <div data-role="main">
        <p>第一页的内容</p>
        <p><a href="#page2">跳转到第二页</a></p>
    </div>
    <div data-role="footer">
        <h1>作者</h1>
    </div>
</div>
<!--第二个容器,id名称为page2-->
<div data-role="page" id="page2">
    <div data-role="header">
        <h1>书名</h1>
    </div>
    <div data-role="main">
        <p>第二页内容</p>
        <p><a href="#page1">返回第一页</a></p>
    </div>
    <div data-role="footer">
        <h1>作者</h1>
    </div>
</div>
</body>
</html>
```

相关的代码实例可参考 Chap13.2.html 文件，在 Opera Mobile 模拟器中预览效果如图 13-2 所示，当单击"跳转到第二页"按钮时，将跳转到 page2 容器，如图 13-3 所示。

图 13-2　page1 容器

图 13-3　page2 容器

注意： 在本章后面的案例中，头部<head></head>标签中的代码都是一样的，具体代码如下：

```
<head>
    <meta charset="UTF-8">
    <meta name="viewport" content="width=device-width,initial-scale=1">
    <link rel="stylesheet" href="jquery.mobile-1.4.5.css">
    <script src="jquery.js"></script>
    <script src="jquery.mobile-1.4.5.js"></script>
</head>
```

在本章后面的案例中，就省略不写了。

2. 多个 HTML 页面间的链接

虽然在一个页面中，可以实现多种页面显示的效果，但是把全部代码写在同一个 HTML 页面中会延缓页面加载的时间，使代码冗余，且不利于功能的分工和后期的维护。因此，在 jQuery Mobile 中，可以开发多个 HTML 页面，使用超链接方式实现页面相互切换效果。

新建两个 HTML 页面，分别是"多页面的链接.html"和"外部链接的页面.html"。

【例 13-3】 （实例文件：ch13\Chap13.3.html）jQuery Mobile 多页面间的链接实例。

"多页面的链接.html"文件中的代码如下：

```
<body>
<div data-role="page" id="page1">
    <div data-role="header">
        <h1>书名</h1>
    </div>
    <div data-role="main">
        <p>第一章的内容</p>
        <p><a href="外部链接的页面.html" rel="external">总目录</a></p>
    </div>
    <div data-role="footer">
        <h1>作者</h1>
    </div>
```

```
    </div>
    </body>
```

"外部链接的页面.html"文件中的代码如下：

```
<body>
<div id="page" data-role="page">
    <div data-role="header">
        <h1>首页</h1>
    </div>
    <div data-role="content">
        <h3>目录内容</h3>
        <p><a href="多页面的链接.html" rel="external">返回首页</a></p>
    </div>
    <div data-role="footer">
        <h1>注释</h1>
    </div>
</div>
</body>
```

相关的代码实例可参考 Chap13.3.html 文件，在 Opera Mobile 模拟器中预览效果如图 13-4 所示，当单击"总目录"按钮时，将跳转到"外部链接的页面.html"，显示效果如图 13-5 所示。

图 13-4　多页面的链接

图 13-5　外部链接的页面

这里使用了超链接的 rel 属性，设置该属性的值为 external，该页面将脱离 jQuery Mobile 的主页环境，以独自打开的页面在浏览器中显示。

13.1.4　在 jQuery Mobile 页面中实现后退功能

在 jQuery Mobile 中实现后退效果，有两种方法：第一种方法是在头部 header 中添加 data-add-back-btn 属性，属性值为 true，页面会自动添加后退按钮 Back；第二种方法是使用超链接<a>标签，在该标签中设置 data-rel 属性，属性值为 back，当单击超链接时，就会后退到上一个页面。需要注意的是，这时会忽略超链接的 href 属性的 URL 值，直接后退到上一个页面。

【例 13-4】（实例文件：ch13\Chap13.4.html）实现后退功能的实例。代码如下：

```
<body>
<div data-role="page" id="page1">
    <div data-role="header" >
```

```
        <h1>书名</h1>
    </div>
    <div data-role="main">
        <p>第一页的内容</p>
        <p><a href="#page2">跳转到下一个页面</a></p>
    </div>
    <div data-role="footer">
        <h1>作者</h1>
    </div>
</div>
<div data-role="page" id="page2">
    <!--第一种方法-->
    <div data-role="header" data-add-back-btn="true">
        <h1>书名</h1>
    </div>
    <div data-role="main" >
        <p>第二页内容</p>
        <!--第二种方法-->
        <p><a href="" data-rel="back">后退到上个页面</a></p>
    </div>
    <div data-role="footer">
        <h1>作者</h1>
    </div>
</div>
</body>
```

相关的代码实例可参考 Chap13.4.html 文件，在 Opera Mobile 模拟器中预览效果如图 13-6 所示，当单击"跳转到下一个页面"按钮时，将跳转到 page2 容器，显示效果如图 13-7 所示。

在 page2 容器中，当单击 Back 按钮和"后退到上个页面"时，都可以后退到上个页面。

图 13-6　page1 容器内容

图 13-7　page2 容器内容

注意：需要把 jQuery Mobile 文件中的 images 文件放到该页面目录下，否则，Back 按钮中的 Back 字符不会显示，jQuery Mobile 图标也将不可用。

13.1.5 设置后退按钮的文字

在 13.1.4 节学习过，在头部 header 中添加 data-add-back-btn 属性，可以在头部左侧添加一个默认名为 back 的后退按钮，可以通过在头部标签中添加 data-back-btn-text 属性设置默认按钮的文字。

【例 13-5】（实例文件：ch13\Chap13.5.html）设置后退按钮中的文字。代码如下：

```
<body>
<div data-role="page" id="page1">
    <div data-role="header">
        <h1>书名</h1>
    </div>
    <div data-role="main">
        <p>第一页的内容</p>
        <p><a href="#page2">跳转到第二页</a></p>
    </div>
    <div data-role="footer">
        <h1>作者</h1>
    </div>
</div>

<div data-role="page" id="page2">
    <div data-role="header" data-add-back-btn="true">
        <h1>书名</h1>
    </div>
    <div data-role="main">
        <p>第二页内容</p>
        <p><a href="#page3">第三页</a></p>
    </div>
    <div data-role="footer">
        <h1>作者</h1>
    </div>
</div>
<div data-role="page" id="page3">
    <div data-role="header" data-add-back-btn="true" data-back-btn-text="上一页">
        <h1>书名</h1>
    </div>
    <div data-role="main" >
        <p>第三页内容</p>
        <p><a href="#page1">返回第一页</a></p>
    </div>
    <div data-role="footer">
        <h1>作者</h1>
    </div>
</div>
</body>
```

相关的代码实例可参考 Chap13.5.html 文件，在 Opera Mobile 模拟器中预览效果如图 13-8 所示，当单击"跳转到第二页"按钮时，将跳转到 page2 容器，显示效果如图 13-9 所示，当单击"跳转到第三页"按钮时，将跳转到 page3 容器，显示效果如图 13-10 所示。

在上面的代码中，为 page2 容器添加了 data-add-back-btn="true"属性设置，所以在头部左侧位置显示默认的 back 后退按钮。在 page3 容器中，不仅添加了 data-add-back-btn="true"属性设置，而且还添加了 data-back-btn-text 属性设置，可以看到修改后的按钮文字效果。

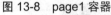
图 13-8　page1 容器

图 13-9　page2 容器

图 13-10　page3 容器

13.1.6　弹出对话框

在 jQuery Mobile 页面中实现对话框其实非常简单，只需要在指向页面的链接元素中添加 data-rel 属性，并设置该属性值为 dialog 即可。单击该链接时，打开的页面将以一个对话框的形式显示在浏览器中。单击对话框中的任意链接，打开的对话框将自动关闭，并退回至上一页。

打开的对话框实际上是一个 page 容器，所以可以通过设置 data-transition 属性值，选择打开对话框时页面的动画效果。

【例 13-6】（实例文件：ch13\Chap13.6.html）弹出对话框实例。代码如下：

```
<body>
<div data-role="page" id="page1">
    <div data-role="header">
        <h1>书名</h1>
    </div>
    <div data-role="main">
        <p>第一页的内容</p>
        <p><a href="#page2" data-rel="dialog" data-transition="slidefade">跳转到第二页</a></p>
    </div>
    <div data-role="footer">
        <h1>作者</h1>
    </div>
</div>
<div data-role="page" id="page2">
    <div data-role="header">
        <h1>书名</h1>
    </div>
    <div data-role="main" >
        <p>第二页内容</p>
        <p><a href="#page1">返回第一页</a></p>
    </div>
    <div data-role="footer">
        <h1>作者</h1>
    </div>
</div>
</body>
```

相关的代码实例可参考 Chap13.6.html 文件，在 Opera Mobile 模拟器中预览效果如图 13-11 所示，当单击"跳转到第二页"时，将跳转到 page2 容器，如图 13-12 所示。

图 13-11　page1 容器

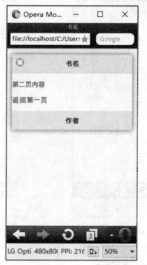

图 13-12　page2 容器

13.2　预加载和缓存 jQuery Mobile 页面

在移动应用开发中，要注意移动端浏览器加载速度，如果加载过慢，会影响用户的体验效果。在 jQuery Mobile 中，为了加快页面的访问速度，使用预加载和页面缓存是十分有效的方法。

13.2.1　预加载 jQuery Mobile 页面

在开发移动应用程序时，对需要链接的页面进行预加载是十分有必要的。把一个链接的页面设置成预加载方式时，在当前页面加载完成之后，目标页面也被自动加载到当前文档中，单击就可以马上打开，大大加快了页面访问的速度。

在 jQuery Mobile 页面中预加载页面有以下两种方法。

（1）在需要预加载的超链接<a>中添加 data-prefetch="true"属性类别，jQuery Mobile 在加载完成当前页面后将自动加载该链接元素所指的目标页面，即 href 属性所链接的页面。代码如下：

```
<a href="链接的地址" data-prefetch="true"></a>
```

（2）调用 JavaScript 代码中的全局性方法$.mobile.loadPage()预加载指定的目标 HTML 页面，其最终的效果与设置元素的 data-prefetch 属性一样。

13.2.2　页面缓存

在 jQuery Mobile 中，可以通过页面缓存的方式将访问过的历史内容写入页面文档的缓存中。当用户重新访问时，不需要重新加载，只要从缓存中读取就可以了。

在 jQuery Mobile 页面中将页面内容缓存到页面文档中有以下两种方法。

（1）在需要链接页面的元素中添加 data-dom-cache="true"属性类别，data-dom-cache 属性的功能是将对应的元素内容写入缓存中。

（2）通过 JavaScript 代码设置一个全局性的 jQuery Mobile 属性类别$.mobile.page.prototype.options. domCache="true"，可以将当前文档写入缓存中。

【例 13-7】（实例文件：ch13\Chap13.7.html）页面缓存。代码如下：

```html
<body>
<div data-role="page" data-dom-cache="true">
    <div data-role="header" data-position="fixed">
        <h1>头部</h1>
    </div>
    <div data-role="main">
        <p><a href="页面缓存的内容.html" data-prefetch="true" rel="external">页面预加载的内容</a></p>
    </div>
    <div data-role="footer" data-position="fixed">
        <h1>尾部</h1>
    </div>
</div>
</body>
```

相关的代码实例可参考 Chap13.7.html 文件。在 Opera Mobile 模拟器中预览效果如图 13-13 所示。当单击 "页面预加载的内容" 按钮时，将跳转到 "页面缓存的内容" 页面，如图 13-14 所示。

图 13-13 "页面缓存" 页面

图 13-14 "页面缓存的内容" 页面

13.3　jQuery Mobile 页面头部栏

头部栏是移动应用中的主题内容，它是 page 容器中的第一个元素，最多有两个按钮，可以使用 "回退" 按钮，也可以添加表单元素中的按钮，并可以通过设置相关属性控制头部按钮的相对位置。

13.3.1　头部栏的基本结构

头部栏由标题文字和按钮组成，标题文字一般使用<h1>～<h6>标签标记；标题文字的两侧可以分别放置一个按钮，用于标题中的导航操作。在 jQuery Mobile 页面的<div>标签中设置 data-role 属性为 header，即可将该元素设置为 jQuery Mobile 页面的头部栏。

【例 13-8】（实例文件：ch13\Chap13.8.html）头部栏的基本结构。代码如下：

```
<body>
<div data-role="page" id="page1">
    <div data-role="header">
        <a href="#">按钮一</a>
        <h1>头部栏</h1>
        <a href="#">按钮二</a>
    </div>
</div>
</body>
```

移动设备上的浏览器分辨率不尽相同，如果尺寸过小，而头部栏的标题内容又很长时，jQuery Mobile 会自动调整需要显示的内容，隐藏的内容以"…"的形式显示在头部栏。

相关的代码实例可参考 Chap13.8.html 文件，在 Opera Mobile 模拟器中预览效果如图 13-15 所示。

图 13-15　头部栏的基本结构

13.3.2　添加按钮

在 jQuery Mobile 中，可以通过以下 3 种方式添加按钮：

（1）使用<button>标签。

（2）使用<input>标签。

（3）使用<a>标签。

在头部栏中，通常使用<a>标签添加按钮。

【例 13-9】（实例文件：ch13\Chap13.9.html）在头部栏中添加按钮。代码如下：

```
<body>
<div data-role="page" id="page1">
    <div data-role="header">
        <a href="#" >上一页</a>
        <h1>书名</h1>
        <a href="#page2" >下一页</a>
    </div>
    <div data-role="main">
        <p>第一页的内容</p>
    </div>
    <div data-role="footer">
        <h1>作者</h1>
    </div>
</div>
<div data-role="page" id="page2">
    <div data-role="header">
        <a href="#page1" >上一页</a>
        <h1>书名</h1>
        <a href="#" >下一页</a>
    </div>
    <div data-role="main">
        <p>第二页内容</p>
    </div>
    <div data-role="footer">
        <h1>作者</h1>
```

```
        </div>
    </div>
</body>
```

相关的代码实例可参考 Chap13.9.html 文件，在 Opera Mobile 模拟器中预览效果如图 13-16 所示，当单击"下一页"按钮时，将跳转到第二页内容，如图 13-17 所示。

图 13-16　page1 容器

图 13-17　page2 容器

在上面的代码中，在头部栏添加了两个按钮，左侧为"上一页"，右侧为"下一页"。单击第一个容器的"下一页"按钮会跳转到 page2 容器；单击 page2 容器的上一页，会跳转到 page1 容器。

头部栏中的按钮链接元素是头部栏的首个元素，默认位置在头部的左侧，默认按钮个数只有一个，如果在头部栏添加两个按钮时，左侧链接按钮会按顺序保留第一个，第二个按钮会自动放置在头部栏右侧。

13.3.3　设置按钮位置

当在头部栏中设置一个按钮时，不管按钮书写的位置在哪里，最终都会显示在头部栏的左侧。如果想要改变按钮的位置，需要添加新的类别属性 ui-btn-left 和 ui-btn-right，其中 ui-btn-left 表示按钮在头部栏的左侧，ui-btn-right 表示按钮在头部栏的右侧。

【例 13-10】（实例文件：ch13\Chap13.10.html）设置头部栏中按钮的位置。代码如下：

```
<body>
<div data-role="page" id="page1">
    <div data-role="header">
        <h1>书名</h1>
        <a href="#page2" class="ui-btn-right">下一页</a>
    </div>
    <div data-role="main">
        <p>第一页的内容</p>
    </div>
    <div data-role="footer">
        <h1>作者</h1>
    </div>
</div>
<div data-role="page" id="page2">
    <div data-role="header">
        <a href="#page1" class="ui-btn-left">上一页</a>
```

293

```
        <h1>书名</h1>
    </div>
    <div data-role="main">
        <p>第二页的内容</p>
    </div>
    <div data-role="footer">
        <h1>作者</h1>
    </div>
</div>
</body>
```

相关的代码实例可参考 Chap13.10.html 文件，在 Opera Mobile 模拟器中预览效果如图 13-18 所示，当单击 "下一页" 按钮时，将跳转到第二页内容，如图 13-19 所示。

图 13-18 　 page1 容器

图 13-19 　 page2 容器

ui-btn-right 属性类别，在头部栏只存在一个按钮时，或者是想放置在头部栏右侧时非常好用。

13.4　 jQuery Mobile 页面导航栏

在 jQuery Mobile 中，专门为导航栏提供了一个组件，使用在<div>标签中添加 data-role="navbar"属性设置，便可将该属性设置为一个导航栏容器。在导航栏容器内，通过<ul>标签设置导航栏的各子类导航按钮，导航栏会根据子类导航栏按钮的数量划分空间，但是一行中最多放置 5 个按钮，超出的按钮将另起一行。导航栏中的按钮可以引用系统的图标，也可以自定义图标。

13.4.1　 导航栏的基本结构

导航栏由一组水平排列的链接组成，通常设置在头部和尾部。导航栏中如果要设置某个子类导航的选中状态，只需要在按钮的元素中添加 ui-btn-active 类别属性即可。

【例 13-11】 （实例文件：ch13\Chap13.11.html）导航栏的基本结构。代码如下：

```
<body>
<div data-role="page" id="page1">
    <div data-role="header">
        <h1>欢迎来到我的水果店</h1>
```

```
            <div data-role="navbar">
                <ul>
                    <li><a href="#page1">苹果</a></li>
                    <li><a href="#page2">香蕉</a></li>
                    <li><a href="#page3">橘子</a></li>
                </ul>
            </div>
        </div>
        <div data-role="main" class="ui-content">
            <p>苹果的介绍</p>
        </div>
        <div data-role="footer">
            <h1>我的底部</h1>
        </div>
    </div>
    <div data-role="page" id="page2">
        <div data-role="header">
            <h1>欢迎来到我的水果店</h1>
            <div data-role="navbar">
                <ul>
                    <li><a href="#page1">苹果</a></li>
                    <li><a href="#page2">香蕉</a></li>
                    <li><a href="#page3">橘子</a></li>
                </ul>
            </div>
        </div>
        <div data-role="main" class="ui-content">
            <p>香蕉的介绍</p>
        </div>
        <div data-role="footer">
            <h1>我的底部</h1>
        </div>
    </div>
    <div data-role="page" id="page3">
        <div data-role="header">
            <h1>欢迎来到我的水果店</h1>
            <div data-role="navbar">
                <ul>
                    <li><a href="#page1">苹果</a></li>
                    <li><a href="#page2">香蕉</a></li>
                    <li><a href="#page3">橘子</a></li>
                </ul>
            </div>
        </div>
        <div data-role="main" class="ui-content">
            <p>橘子的介绍</p>
        </div>
        <div data-role="footer">
            <h1>我的底部</h1>
        </div>
    </div>
</div>
</body>
```

　　相关的代码实例可参考 Chap13.11.html 文件，在 Opera Mobile 模拟器中预览效果如图 13-20 所示；当单击"香蕉"按钮时会跳转到 page2 容器，如图 13-21 所示；当单击"橘子"按钮时会跳转到 page3 容器，如图 13-22 所示。

　　在导航栏的内部容器中，每个导航按钮的宽度都是一样的，因此，每增加一个子类按钮，都会将原先按钮的宽度按照等比例的方式进行等分。

图 13-20　page1 容器

图 13-21　page2 容器

图 13-22　page3 容器

13.4.2　导航栏的图标

给导航栏中的子类链接按钮添加图标，只需要在对应的<a>元素中添加 data-icon 属性，并在 jQuery Mobile 自带的系统图标集合中选择一个图标名作为该属性的值，图标的默认位置是按钮链接文字的上面。

data-icon 属性值对应的图标效果如表 13-2 所示。

表 13-2　data-icon 属性值以及对应的图标效果

属 性 值	图 标 效 果	属 性 值	图 标 效 果
action		back	
bars		arrow-u	
bullets		arrow-d	
video		arrow-l	
comment		arrow-r	
carat-r		arrow-u-r	
check		arrow-u-l	
carat-u		carat-r	
shop		arrow-d-r	
search		arrow-d-l	
plus		audio	

续表

属　性　值	图　标　效　果	属　性　值	图　标　效　果
power		alert	
mail		info	
lock		heart	
grid		refresh	

表 13-2 中的 data-icon 属性值所对应的图标效果，不仅用于导航栏中的子类链接按钮，也适用于 jQuery Mobile 页面中的各类按钮。

【例 13-12】（实例文件：ch13\Chap13.12.html）设置导航栏中的图标。代码如下：

```
<body>
<div data-role="page" id="page1">
    <div data-role="header">
        <h1>欢迎来到我的水果店</h1>
        <div data-role="navbar">
            <ul>
                <li><a href="#page1" data-icon="home">苹果</a></li>
                <li><a href="#page2" data-icon="star">香蕉</a></li>
                <li><a href="#page3" data-icon="grid">橘子</a></li>
            </ul>
        </div>
    </div>
    <div data-role="main" class="ui-content">
        <p>苹果的介绍</p>
    </div>
    <div data-role="footer">
        <h1>我的底部</h1>
    </div>
</div>
<div data-role="page" id="page2">
    <div data-role="header">
        <h1>欢迎来到我的水果店</h1>
        <div data-role="navbar">
            <ul>
                <li><a href="#page1" data-icon="home">苹果</a></li>
                <li><a href="#page2" data-icon="star">香蕉</a></li>
                <li><a href="#page3" data-icon="grid">橘子</a></li>
            </ul>
        </div>
    </div>
    <div data-role="main" class="ui-content">
        <p>香蕉的介绍</p>
    </div>
    <div data-role="footer">
        <h1>我的底部</h1>
    </div>
</div>
<div data-role="page" id="page3">
    <div data-role="header">
        <h1>欢迎来到我的水果店</h1>
```

```
                <div data-role="navbar">
                    <ul>
                        <li><a href="#page1" data-icon="home">苹果</a></li>
                        <li><a href="#page2" data-icon="star">香蕉</a></li>
                        <li><a href="#page3" data-icon="grid">橘子</a></li>
                    </ul>
                </div>
            </div>
        <div data-role="main" class="ui-content">
            <p>橘子的介绍</p>
        </div>
        <div data-role="footer">
            <h1>我的底部</h1>
        </div>
    </div>
</body>
```

相关的代码实例可参考 Chap13.12.html 文件，在 Opera Mobile 模拟器中预览效果如图 13-23 所示。当单击"香蕉"按钮时会跳转到 page2 容器，如图 13-24 所示。

图 13-23　page1 容器

图 13-24　page2 容器

13.4.3　设置导航栏图标的位置

导航栏图标的位置默认是在上方，如果需要改变图标的位置，可以在导航栏容器元素中添加 data-iconpos 属性。data-iconpos 属性有 top、bottom、left 和 right 4 个属性值，分别表示图标在文字的上方、下方、左边和右边。

【例 13-13】（实例文件：ch13\Chap13.13.html）设置导航栏中图标的位置。代码如下：

```
<body>
<div data-role="page" id="page1">
    <div data-role="header">
        <h1>欢迎来到我的水果店</h1>
        <div data-role="navbar" data-iconpos="left">
            <ul>
                <li><a href="#page1" data-icon="home">苹果</a></li>
                <li><a href="#page2" data-icon="star">香蕉</a></li>
```

```
            <li><a href="#page3" data-icon="grid">橘子</a></li>
          </ul>
        </div>
      </div>
      <div data-role="main" class="ui-content">
        <p>苹果的介绍</p>
      </div>
      <div data-role="footer">
        <h1>我的底部</h1>
      </div>
    </div>
    <div data-role="page" id="page2">
      <div data-role="header">
        <h1>欢迎来到我的水果店</h1>
        <div data-role="navbar" data-iconpos="bottom">
          <ul>
            <li><a href="#page1" data-icon="home">苹果</a></li>
            <li><a href="#page2" data-icon="star">香蕉</a></li>
            <li><a href="#page3" data-icon="grid">橘子</a></li>
          </ul>
        </div>
      </div>
      <div data-role="main" class="ui-content">
        <p>香蕉的介绍</p>
      </div>
      <div data-role="footer">
        <h1>我的底部</h1>
      </div>
    </div>
    <div data-role="page" id="page3">
      <div data-role="header">
        <h1>欢迎来到我的水果店</h1>
        <div data-role="navbar" data-iconpos="right">
          <ul>
            <li><a href="#page1" data-icon="home">苹果</a></li>
            <li><a href="#page2" data-icon="star">香蕉</a></li>
            <li><a href="#page3" data-icon="grid">橘子</a></li>
          </ul>
        </div>
      </div>
      <div data-role="main" class="ui-content">
        <p>橘子的介绍</p>
      </div>
      <div data-role="footer">
        <h1>我的底部</h1>
      </div>
    </div>
  </body>
```

相关的代码实例可参考 Chap13.13.html 文件，在 Opera Mobile 模拟器中预览效果如图 13-25 所示。当单击"香蕉"按钮会跳转到 page2 容器，导航栏图标在文字下方，如图 13-26 所示；当单击"橘子"按钮时会跳转到 page3 容器，导航栏图标在文字的右边，如图 13-27 所示。

图 13-25　page1 容器

图 13-26　page2 容器

图 13-27　page3 容器

13.5　jQuery Mobile 页面尾部栏

尾部栏和头部栏都属于 jQuery Mobile 页面中的工具栏，两者的结构差不多，区别在于尾部栏更加灵活，它在 jQuery Mobile 页面中更具有功能性和可变性，可以添加更多的按钮和表单元素。

13.5.1　添加按钮

在尾部栏中，通常需要在按钮的外围添加一个 data-role 属性值为 controlgroup 的容器，形成一个按钮组。同时还可以在该容器中添加 data-role 属性，属性值为 horizontal，使按钮按水平顺序排列。

【例 13-14】（实例文件：ch13\Chap13.14.html）尾部栏添加按钮实例。代码如下：

```
<body>
<div data-role="page" id="page">
    <div data-role="header">
        <h1>欢迎来到我的水果店</h1>
    </div>
    <div data-role="main" class="ui-content">
        <p>水果介绍</p>
    </div>
    <div data-role="footer">
        <div data-role="controlgroup" data-type="horizontal">
            <a href="#" data-role="button" data-icon="home">店铺介绍</a>
            <a href="#" data-role="button" data-icon="star">买家帮助</a>
            <a href="#" data-role="button" data-icon="grid">联系我们</a>
        </div>
    </div>
</div>
</body>
```

相关的代码实例可参考 Chap13.14.html 文件，在 Opera Mobile 模拟器中预览效果如图 13-28 所示。

图 13-28　尾部栏添加按钮

13.5.2　添加表单元素

在尾部栏中，可以添加表单元素，如<text><select>等。在尾部栏中添加 ui-bar 类别属性，可以使增加的表单元素间保持一定的距离。添加 data-position 属性，属性值为 inline，用于统一设定表单元素的显示位置。

【例 13-15】（实例文件：ch13\Chap13.15.html）尾部栏添加表单元素实例。代码如下：

```
<body>
<div data-role="page" id="page">
    <div data-role="header">
        <h1>欢迎来到我的水果店</h1>
    </div>
    <div data-role="main" class="ui-content">
        <p>水果介绍</p>
    </div>
    <div data-role="footer" class="ui-bar" data-position="inline">
        <label for="link">水果链接</label>
            <select name="link" id="link">
            <option value="0">请选择</option>
            <option value="1">苹果</option>
            <option value="2">梨子</option>
            <option value="3">香蕉</option>
            <option value="4">橘子</option>
        </select>
    </div>
</div>
</body>
```

相关的代码实例可参考 Chap13.15.html 文件，在 Opera Mobile 模拟器中预览效果如图 13-29 所示。当单击表单元素时，显示效果如图 13-30 所示。

图 13-29　表单页面

图 13-30　单击表单元素后的效果

13.6　结构化 jQuery Mobile 页面内容

jQuery Mobile 中提供了多列的网格布局和可折叠区块等工具，使用这些工具可以快速对 jQuery Mobile

页面的正文区域进行格式化处理。

13.6.1 jQuery Mobile 网格布局

jQuery Mobile 提供了一套 CSS 样式实现 jQuery Mobile 页面中内容的网格布局。该样式有 4 种预设的配置布局：ui-grid-a、ui-grid-b、ui-grid-c、ui-grid-d，分别对应于两列、三列、四列、五列网格布局形式。使用网格布局时，整个宽度为 100%，没有边框、背景、边距和填充。

【例 13-16】（实例文件：ch13\Chap13.16.html）jQuery Mobile 网格布局实例。代码如下：

```html
<body>
<div data-role="page">
    <div data-role="header" data-position="fixed">
        <h1>头部</h1>
    </div><br/>
    <div data-role="main">
        <div class="ui-grid-solo">
            <div class="ui-block-a">
                <div class="ui-bar ui-bar-a">一列布局</div>
            </div>
        </div><br/>
        <div class="ui-grid-a">
            <div class="ui-block-a">
                <div class="ui-bar ui-bar-a">二列布局</div>
            </div>
            <div class="ui-block-b">
                <div class="ui-bar ui-bar-a">二列布局</div>
            </div>
        </div><br/>
        <div class="ui-grid-b">
            <div class="ui-block-a">
                <div class="ui-bar ui-bar-b">三列布局</div>
            </div>
            <div class="ui-block-b">
                <div class="ui-bar ui-bar-b">三列布局</div>
            </div>
            <div class="ui-block-c">
                <div class="ui-bar ui-bar-b">三列布局</div>
            </div>
        </div><br/>
        <div class="ui-grid-c">
            <div class="ui-block-a">
                <div class="ui-bar ui-bar-c">四列布局</div>
            </div>
            <div class="ui-block-b">
                <div class="ui-bar ui-bar-c">四列布局</div>
            </div>
            <div class="ui-block-c">
                <div class="ui-bar ui-bar-c">四列布局</div>
            </div>
            <div class="ui-block-d">
                <div class="ui-bar ui-bar-c">四列布局</div>
            </div>
        </div><br/>
        <div class="ui-grid-d">
            <div class="ui-block-a">
                <div class="ui-bar ui-bar-d">五列布局</div>
            </div>
            <div class="ui-block-b">
                <div class="ui-bar ui-bar-d">五列布局</div>
```

```
        </div>
        <div class="ui-block-c">
            <div class="ui-bar ui-bar-d">五列布局</div>
        </div>
        <div class="ui-block-d">
            <div class="ui-bar ui-bar-d">五列布局</div>
        </div>
        <div class="ui-block-e">
            <div class="ui-bar ui-bar-d">五列布局</div>
        </div>
      </div>
    </div>
    <div data-role="footer" data-position="fixed">
        <h1>尾部</h1>
    </div>
</div>
</body>
```

图 13-31　网格布局

相关的代码实例可参考 Chap13.16.html 文件，在 Opera Mobile
模拟器中预览效果如图 13-31 所示。

从上面的代码中可以看到，要创建一个多列网格布局，就要
先通过<div>构建 1 个容器，如果是两列，将为容器添加 class 属
性值为 ui-grid-a，并给 2 个子容器分别添加 ui-block-a 和 ui-block-b
的类样式；如果是三列，将为容器添加 class 属性值为 ui-grid-b，
并给 3 个子容器分别添加 ui-block-a、ui-block-b 和 ui-block-c 的类
样式，其他的依次类推。

13.6.2　可折叠区块

可折叠区块允许隐藏和显示内容。在 jQuery Mobile 页面中创建可折叠区块，代码如下：

```
<div data-role="collapsible">
    <h3></h3>
    <p></p>
</div>
```

在上面的代码中，首先创建了一个<div>容器，将该<div>容器的 data-role 属性值设置为 collapsible，表
示该容器是一个可折叠区块。在容器中添加<h1>～<h6>中的一个标签，根据需要设置。该标签以按钮的形
式展示，按钮的左侧有一个 "+" 号，表示该标题可以展开。在标题的下方放置需要折叠显示的内容，通常
使用<p>段落标签。当用户单击标题中的 "+" 号时，显示<p>标签中的内容，标题左侧的 "+" 号变成 "–"
号；再次单击时，隐藏<p>标签中的内容，标题左侧的 "–" 号变成 "+" 号。

【例 13-17】（实例文件：ch13\Chap13.17.html）可折叠区块实例。代码如下：

```
<body>
<div data-role="page">
    <div data-role="header" data-position="fixed">
        <h1>头部</h1>
    </div>
    <div data-role="main">
        <div data-role="collapsible">
            <h3>店铺介绍</h3>
            <p style="text-indent:2em">
                夏天水果综合网上购物商城,正品保证,全国联保,100 个城市本店半日即可送达! 本店易购,正品保障,支持
货到付款,24 小时夏天水果为您提供不间断的优质服务!
            </p>
        </div>
```

```
    </div>
    <div data-role="footer" data-position="fixed">
        <h1>尾部</h1>
    </div>
</div>
</body>
```

在 Opera Mobile 模拟器中预览效果如图 13-32 所示。当单击标题"店铺介绍"按钮时，页面显示效果如图 13-33 所示。

图 13-32　可折叠区块

图 13-33　单击标题后页面

在可折叠容器中设置 data-collapsed 属性值为 true，表示标题下的内容是隐藏的，这也是可折叠区块的默认效果；设置 data-collapsed 属性值为 false，表示标题下的内容是显示的，即可折叠区块是展开的。

13.6.3　可折叠区块的嵌套

在 jQuery Mobile 页面中可以对可折叠区块进行嵌套，在一个折叠区块的内容中再添加折叠区块，以此类推。建议这种嵌套不要超过 2 层，否则用户体验比较差。

【例 13-18】（实例文件：ch13\Chap13.18.html）可折叠区块嵌套实例。代码如下：

```
<body>
<div data-role="page">
    <div data-role="header" data-position="fixed">
        <h1>头部</h1>
    </div>
    <div data-role="main">
        <div data-role="collapsible">
            <h3>店铺介绍</h3>
            <p style="text-indent:2em">
                夏天水果综合网上购物商城,正品保证,全国联保,
                100 个城市本店半日即可送达!本店易购,正品保障,
                支持货到付款,24 小时夏天水果为您提供不间断的优质服务!
            </p>
            <div data-role="collapsible">
                <h4>联系方式</h4>
                <p>老板手机:13312345678</p>
                <p>店铺座机:010-12345678</p>
            </div>
```

```
        </div>
    </div>
    <div data-role="footer" data-position="fixed">
        <h1>尾部</h1>
    </div>
</div>
</body>
```

相关的代码实例可参考 Chap13.18.html 文件，在 Opera Mobile 模拟器中预览效果如图 13-34 所示。当单击标题"店铺介绍"按钮时，页面显示效果如图 13-35 所示；然后在显示的内容中再单击第 2 个标题"联系方式"按钮，页面显示效果如图 13-36 所示。

图 13-34　可折叠区块

图 13-35　"店铺介绍"显示内容

图 13-36　"联系方式"显示内容

13.6.4　可折叠区块组

可折叠区块可以形成可折叠区块组，在可折叠区块组中可以含有多个可折叠区块，与此同时，可折叠区块组中只有一个折叠区块是展开的，当展开组中一个可折叠区块时，其他的可折叠区块将会关闭。

可折叠区块组是将多个折叠区块放置在一个<div>容器中，并给该容器中添加 data-role="collapsible-set" 属性类别。

【例 13-19】（实例文件：ch13\Chap13.19.html）可折叠区块组实例。代码如下：

```
<body>
<div data-role="page">
    <div data-role="header" data-position="fixed">
        <h1>头部</h1>
    </div>
    <div data-role="main">
        <div data-role="collapsible-set">
            <div data-role="collapsible" data-collapsed="false">
                <h3>苹果品种</h3>
                <p >辽南寒富</p>
                <p >山东红星</p>
                <p >山西万荣</p>
            </div>
            <div data-role="collapsible">
                <h3>香蕉品种</h3>
                <p >仙人蕉</p>
                <p >西贡蕉</p>
```

```
            <p >天宝蕉</p>
        </div>
        <div data-role="collapsible">
            <h3>橘子品种</h3>
            <p >砂糖橘</p>
            <p >皇帝柑</p>
            <p >红美人</p>
        </div>
    </div>
</div>
<div data-role="footer" data-position="fixed">
    <h1>尾部</h1>
</div>
</div>
</body>
```

相关的代码实例可参考 Chap13.19.html 文件，在 Opera Mobile 模拟器中预览效果如图 13-37 所示。当单击可折叠组中其他可折叠区块标题时，将展开该区块并隐藏其他区块内容，显示效果如图 13-38、图 13-39 所示。

图 13-37　可折叠区块组

图 13-38　"香蕉品种"区块内容

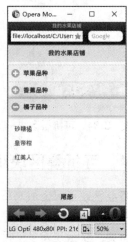

图 13-39　"橘子品种"区块内容

13.7　就业面试技巧与解析

13.7.1　面试技巧与解析（一）

面试官：请问，如何架构一个 jQuery Mobile 基本页面？

应聘者：在 jQuery Mobile 中，一个基本的页面架构，就是在页面中将一个<div>标签添加 data-role 属性，属性设置为 page，使该 div 形成一个容器；然后在这个容器中再设置 3 个子容器，也是 3 个<div>标签，再分别添加 data-role 属性，属性值分别为 header、content、footer，这样就形成了由头部、内容和尾部 3 部分组成的基本页面架构。

13.7.2　面试技巧与解析（二）

面试官：在 jQuery Mobile 页面开发中，请简单地谈一下，是把所有的内容放到一个页面的多个容器中，还是把所有内容分开放在多个页面中，哪一种比较好？

应聘者：如果是简单的网页内容，可以考虑把所有内容放到一个页面的多个容器中；但是如果页面结构很复杂，跳转页面比较多的情况下，就会显得很臃肿，显然会增加维护的复杂度。而把所有内容分开放在多个页面中，比较适合页面结构，且很多情况下更易于维护。但两种方式在性能上没有明显的差异。

第14章

jQuery Mobile 页面组件

学习指引

在 jQuery Mobile 中提供了许多常用的组件，包括按钮组件、列表组件和各种类型的表单组件等。灵活地运用这些组件，才可以使我们在 jQuery Mobile 移动应用开发设计中得心应手。

重点导读

- 掌握 jQuery Mobile 按钮组件创建和使用方法。
- 掌握 jQuery Mobile 列表组件创建和使用方法。
- 掌握 jQuery Mobile 表单组件创建和使用方法。

14.1 jQuery Mobile 按钮组件

在 jQuery Mobile 中按钮由以下两种元素形成：

（1）超链接<a>标签元素，在<a>标签中添加 data-role="button"属性设置，jQuery Mobile 便会自动为该元素添加相应的样式外观，形成可单击的按钮形状。

（2）在表单中的<input>标签中设置 type 属性，属性值可以是 submit、reset、button 或 image，都会形成相应的按钮表单元素。

14.1.1 内联按钮

在 jQuery Mobile 中，按钮元素默认都是块状，并且自动填充页面宽度。如果想要取消默认效果，可以在按钮的元素中添加 data-role="button"属性类别，该按钮将会根据其内容中文字和图片的宽度自动进行缩放，形成一个紧凑的按钮。

如果想要将缩放后的按钮在同一行显示，那么可以在多个按钮的外层增加一个<div>容器，在该容器中设置 data-inline 属性值为 true，这样就可以使容器中的按钮样式自动缩放至最小宽度，并且以浮动效果在一行显示。

【例 14-1】（实例文件：ch14\Chap14.1.html）内联按钮实例。代码如下：

```html
<!DOCTYPE html>
<html lang="en">
<head>
    <meta charset="UTF-8">
    <title>内联按钮</title>
    <meta name="viewport" content="width=device-width, initial-scale=1">
    <link rel="stylesheet" href="jquery.mobile-1.4.5.css">
    <script src="jquery.js"></script>
    <script src="jquery.mobile-1.4.5.js"></script>
</head>
<body>
<div data-role="page">
    <div data-role="header" data-position="fixed">
        <h1>头部</h1>
    </div>
    <div data-role="main">
        <p>确定要提交你的信息吗?</p>
        <div data-role="ui-grid-a">
            <div class="ui-block-a">
                <a href="#" data-role="button" class="ui-btn-active">确定</a>
            </div>
            <div class="ui-block-b">
                <input type="button" value="取消">
            </div>
        </div>
    </div>
    <div data-role="footer" data-position="fixed">
        <h1>尾部</h1>
    </div>
</div>
</body>
</html>
```

相关的代码实例可参考 Chap14.1.html 文件，在 Opera Mobile 模拟器中显示
效果如图 14-1 所示。

注意：在本章后面的案例中，头部<head></head>标签中的代码都是一样的，
具体如下：

```html
<head>
    <meta charset="UTF-8">
    <meta name="viewport" content="width=device-width,initial-scale=1">
    <link rel="stylesheet" href="jquery.mobile-1.4.5.css">
    <script src="jquery.js"></script>
    <script src="jquery.mobile-1.4.5.js"></script>
</head>
```

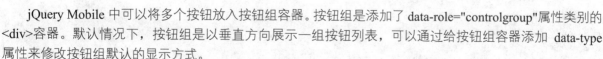

图 14-1　内联按钮

在本章后面的案例中，我们就省略不写了。

14.1.2　按钮组

jQuery Mobile 中可以将多个按钮放入按钮组容器。按钮组是添加了 data-role="controlgroup"属性类别的
<div>容器。默认情况下，按钮组是以垂直方向展示一组按钮列表，可以通过给按钮组容器添加 data-type
属性来修改按钮组默认的显示方式。

【例 14-2】（实例文件：ch14\Chap14.2.html）按钮组实例。代码如下：

```html
<body>
<div data-role="page">
    <div data-role="header" data-position="fixed">
```

```
        <h1>头部</h1>
    </div>
    <div data-role="main">
        <p>确定要提交你的信息吗?</p>
        <div data-role="controlgroup">
            <a href="#" data-role="button" class="ui-btn-active">确定</a>
            <input type="button" value="取消">
        </div>
        <p>确定要提交你的信息吗?</p>
        <div data-role="controlgroup" data-type="horizontal">
            <a href="#" data-role="button" class="ui-btn-active">确定</a>
            <input type="button" value="取消">
        </div>
    </div>
    <div data-role="footer" data-position="fixed">
        <h1>尾部</h1>
    </div>
</div>
</body>
```

相关的代码实例可参考 Chap14.2.html 文件，在 Opera Mobile 模拟器中显示效果如图 14-2 所示。

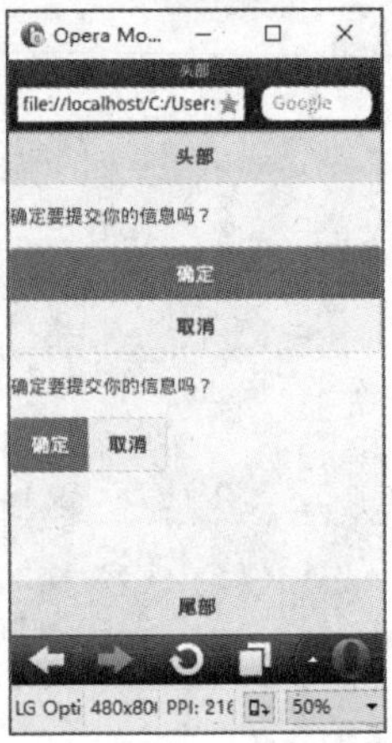

图 14-2　按钮组

14.2　jQuery Mobile 列表组件

在 jQuery Mobile 中的列表是标准的 HTML 列表，分为有序和无序列表。如果在<ul>标签中添加 data-role="listview"属性，那么就可以创建一个无序列表，并且将会使用 jQuery Mobile 的默认样式对列表进行渲染显示。默认情况下 jQuery Mobile 页面中的列表宽度与屏幕进行等比例缩放，在列表选项的最右侧显示一个带箭头的图标。

14.2.1　基本列表

在 jQuery Mobile 中，<ul>元素一旦被定义为列表，jQuery Mobile 将会使用默认的样式对该列表进行渲染显示。列表中各选项右侧的圆形箭头图标是用来提示用户该选项有链接。单击时，通过跳转页面的方式跳转到各选项<a>标签中 href 属性所设置的链接页面中。

【例 14-3】（实例文件：ch14\Chap14.3.html）基本列表实例。代码如下：

```
<body>
<div data-role="page">
    <div data-role="header" data-position="fixed">
        <h1>基本列表</h1>
    </div>
    <div data-role="main">
        <p>水果列表</p>
        <ul data-role="listview">
            <li><a href="#">苹果</a></li>
            <li><a href="#">橘子</a></li>
            <li><a href="#">香蕉</a></li>
            <li><a href="#">草莓</a></li>
            <li><a href="#">西瓜</a></li>
        </ul>
```

```
</div>
    <div data-role="footer" data-position="fixed">
        <h1>尾部</h1>
    </div>
</div>
</body>
```

相关的代码实例可参考 Chap14.3.html 文件，在 Opera Mobile 模拟器中显示效果如图 14-3 所示。

14.2.2　有序列表

使用<ol>标签可以创建一个有序列表。在有序列表显示时，jQuery Mobile 会优先使用 CSS 样式给列表添加编号。

【例 14-4】（实例文件：ch14\Chap14.4.html）有序列表实例。代码如下：

图 14-3　基本列表

```
<body>
<div data-role="page">
    <div data-role="header" data-position="fixed">
        <h1>有序列表</h1>
    </div>
    <div data-role="main">
        <p>水果列表</p>
        <ol data-role="listview">
            <li><a href="#">苹果</a></li>
            <li><a href="#">橘子</a></li>
            <li><a href="#">香蕉</a></li>
            <li><a href="#">草莓</a></li>
            <li><a href="#">西瓜</a></li>
        </ol>
    </div>
    <div data-role="footer" data-position="fixed">
        <h1>尾部</h1>
    </div>
</div>
</body>
```

相关的代码实例可参考 Chap14.1.html 文件，在 Opera Mobile 模拟器中显示效果如图 14-4 所示。

图 14-4　有序列表

14.2.3　分割列表选项

在 jQuery Mobile 列表选项中，可以通过在<li>标签中再添加一个<a>标签，在页面中实现分割的效果，这样就可以对内容进行不同的操作了。

分割后的两部分通常有一个竖直的分割线，分割线左侧为缩短长度后的选项按钮，右侧为后来增加的<a>元素。右侧的<a>标签显示效果只是一个带图标的按钮，可以通过在<ul>标签中设置 data-split-icon 属性的值，改变该按钮中的图标。

【例 14-5】（实例文件：ch14\Chap14.5.html）分割列表选项实例。代码如下：

```
<body>
<div data-role="page">
    <div data-role="header" data-position="fixed">
        <h1>分割列表选项</h1>
    </div>
```

311

```
        <div data-role="main">
            <p>水果列表</p>
            <ol data-role="listview">
                <li><a href="#">苹果</a><a href="#"></a></li>
                <li><a href="#">橘子</a><a href="#"></a></li>
                <li><a href="#">香蕉</a><a href="#"></a></li>
                <li><a href="#">草莓</a><a href="#"></a></li>
                <li><a href="#">西瓜</a><a href="#"></a></li>
            </ol>
        </div>
        <div data-role="footer" data-position="fixed">
            <h1>尾部</h1>
        </div>
    </div>
</body>
```

图 14-5　分割列表选项

相关的代码实例可参考 Chap14.5.html 文件，在 Opera Mobile 模拟器中显示效果如图 14-5 所示。

注意：目前在 jQuery Mobile 中，列表分割只支持分割成两部分，即在<li>元素中，只允许有两个<a>标签，如果有多个<a>标签，会将最后一个<a>元素作为分割线右侧部分。

14.2.4　对列表项进行分类

在 jQuery Mobile 页面列表中，可以在想要列表分组的位置增加一个<li>元素，并在该<li>元素添加 data-role="list-divider"属性类别，这样该<li>标签就表示是一个分组列表项了。默认的情况下，普通列表项的主题色为"浅灰色"，分组列表项的主题色是"灰色"。

【例 14-6】（实例文件：ch14\Chap14.6.html）列表分类实例。代码如下：

```
<body>
<div data-role="page">
    <div data-role="header" data-position="fixed">
        <h1>对列表项进行分类</h1>
    </div>
    <div data-role="main">
        <p>水果列表</p>
        <ul data-role="listview">
            <li data-role="list-divider"><a href="#">苹果种类</a></li>
            <li><a href="#" >红富士</a></li>
            <li><a href="#">红将军</a></li>
            <li><a href="#">乔纳金</a></li>
            <li data-role="list-divider"><a href="#">香蕉种类</a></li>
            <li><a href="#">大种高把</a></li>
            <li><a href="#">高脚顿地雷</a></li>
            <li><a href="#">矮脚顿地雷</a></li>
        </ul>
    </div>
    <div data-role="footer" data-position="fixed">
        <h1>尾部</h1>
    </div>
</div>
</body>
```

图 14-6　对列表进行分类

相关的代码实例可参考 Chap14.6.html 文件，在 Opera Mobile 模拟器中显示效果如图 14-6 所示。

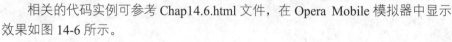

14.2.5　图标与计数器

在 jQuery Mobile 中，如果想要将图片作为列表项的图标使用，那么需要为该元素添加类别属性 ui-li-icon，才能在列表的左侧正常显示该图标。如果想在列表项的右侧添加一个气泡数字，则只需要添加一个<span>标签，并在该标签中添加类别属性 ui-li-count 即可。

【例 14-7】（实例文件：ch14\Chap14.7.html）图标与计数器实例。代码如下：

```
<body>
<div data-role="page">
    <div data-role="header" data-position="fixed">
        <h1>基本列表</h1>
    </div>
    <div data-role="main">
        <p>水果列表</p>
        <ul data-role="listview">
            <li>
                <a href="#">
                    <img src="images/1.gif" class="ui-li-icon">
                    购买苹果的重量/kg
                    <span class="ui-li-count">3</span>
                </a>
            </li>
            <li>
                <a href="#">
                    <img src="images/2.gif" class="ui-li-icon">
                    购买香蕉的重量/kg
                    <span class="ui-li-count">5</span>
                </a>
            </li>
            <li>
                <a href="#">
                    <img src="images/3.gif" class="ui-li-icon">
                    购买橘子的重量/kg
                    <span class="ui-li-count">4</span>
                </a>
            </li>
        </ul>
    </div>
    <div data-role="footer" data-position="fixed">
        <h1>尾部</h1>
    </div>
</div>
</body>
```

图 14-7　图标与计数器

相关的代码实例可参考 Chap14.7.html 文件，在 Opera Mobile 模拟器中显示效果如图 14-7 所示。

14.2.6　列表项内容格式化处理

在 jQuery Mobile 中，通常情况下，使用<p>标签减弱列表项中显示的内容，使用<h1>~<h6>标签凸显列表项中的内容，所以两者经常结合使用，这样可以使列表项中显示的内容具有层次感。如果要增加补充的信息，如日期，可以在显示的<p>标签中添加类别属性 ui-li-aside。

【例 14-8】（实例文件：ch14\Chap14.8.html）列表项内容格式化实例。代码如下：

```
<body>
<div data-role="page">
    <div data-role="header" data-position="fixed">
```

```
            <h1>列表项内容格式化处理</h1>
        </div>
        <div data-role="main">
            <ul data-role="listview" data-divider-theme="b">
                <li data-role="list-divider" >
                    <span>2018 年各种水果销量</span>
                </li>
                <li>
                    <a href="#">
                        <img src="images/1.gif" alt="">
                        <h3>苹果</h3>
                        <p>总销售量 5 吨</p>
                        <p class="ui-li-aside"><b>2018.5</b>更新</p>
                    </a>
                </li>
                <li>
                    <a href="#">
                        <img src="images/2.gif" alt="">
                        <h3>香蕉</h3>
                        <p>总销售量 4.2 吨</p>
                        <p class="ui-li-aside"><b>2018.5</b>更新</p>
                    </a>
                </li>
                <li>
                    <a href="#">
                        <img src="images/3.gif" alt="">
                        <h3>橘子</h3>
                        <p>总销售量 6 吨</p>
                        <p class="ui-li-aside"><b>2018.5</b>更新</p>
                    </a>
                </li>
                <li>
                    <a href="#">
                        <img src="images/4.gif" alt="">
                        <h3>梨子</h3>
                        <p>总销售量 3 吨</p>
                        <p class="ui-li-aside"><b>2018.5</b>更新</p>
                    </a>
                </li>
            </ul>
        </div>
        <div data-role="footer" data-position="fixed">
            <h1>尾部</h1>
        </div>
    </div>
</body>
```

相关的代码实例可参考 Chap14.8.html 文件，在 Opera Mobile 模拟器中显示效果如图 14-8 所示。

图 14-8　列表项内容格式化

14.2.7　过滤列表项

在 jQuery Mobile 中，可以通过在<ul>标签中添加 data-filter 属性设置来过滤列表项中的标题内容。

实现过滤列表有以下步骤：

（1）给过滤的元素添加 data-filter="true"属性。

（2）创建<input>元素并指定 id，元素中加上 data-type="search"属性，这样就能创建基本的搜索字段。

（3）为过滤的元素添加 data-input 属性，属性值必须是<input>元素的 id。

【例 14-9】（实例文件：ch14\Chap14.9.html）过滤列表项实例。

```
<body>
<div data-role="page" id="pageone">
    <div data-role="main" class="ui-content">
        <h2>成绩单</h2>
        <input id="filter" data-type="search">
        <ul data-role="listview" data-filter="true" data-input="#filter">
            <li><a href="#">小明语文 80 分,数学 90 分</a></li>
            <li><a href="#">小红语文 95 分,数学 75 分</a></li>
            <li><a href="#">小华语文 85 分,数学 90 分</a></li>
        </ul>
    </div>
</div>
</body>
```

相关的代码实例可参考 Chap14.9.html 文件，在 Opera Mobile 模拟器中显示效果如图 14-9 所示。在输入框中输入"小明"，则会过滤掉其他人的成绩，页面显示效果如图 14-10 所示。

图 14-9　过滤列表项页面

图 14-10　输入框输入"小明"后的效果

14.3　jQuery Mobile 表单组件

jQuery Mobile 中的表单组件是在标准 HTML 的基础上增强了表单的样式，因此即使浏览器不支持 jQuery Mobile，表单仍可正常使用。jQuery Mobile 会把表单元素增强为触摸设备很容易使用的形式，因此对于 iPhone/iPad 与 Android 使用 Web 表单将会变得非常方便。

14.3.1　滑块

在 jQuery Mobile 中，如果在<input>标签中设置 type 属性值为 range，则可以在页面中创建一个滑块组件。滑块由两部分组成，一部分是数字输入框，另一部分是可以拖动修改输入框中数字的滑动条。滑块组件可以添加 max 和 min 属性来设置滑动条的取值范围，来分别表示最大值和最小值。

【例 14-10】（实例文件：ch14\Chap14.10.html）滑块实例。代码如下：

```
<body>
<div data-role="page">
    <div data-role="header" data-position="fixed">
```

```
        <h1>滑块</h1>
    </div>
    <div data-role="main" id="content">
        <input type="range" value="16" min="16" max="50" onchange="setSize()" id="text">
        <p>拖动滑块改变字体大小</p>
    </div>
    <div data-role="footer" data-position="fixed">
        <h1>尾部</h1>
    </div>
</div>
</body>
<script>
    function $$(id){
        return document.getElementById(id);
    }
    function setSize(){
        var set=$('#text').val()+"px";
        $$("content").style.fontSize=set;
    }
</script>
```

相关的代码实例可参考 **Chap14.10.html** 文件，在 Opera Mobile 模拟器中显示效果如图 14-11 所示。当把滑块滑到最右边时，页面显示效果如图 14-12 所示。

图 14-11　滑块

图 14-12　拖动滑块到最大时效果

14.3.2　文本输入组件

在 jQuery Mobile 中，文本输入域是使用标准 HTML 标记的，并且支持一些 HTML 5 的 input 类型，如 password、email、tel、number、range 等。

【例 14-11】（实例文件：ch14\Chap14.11.html）文本输入组件实例。代码如下：

```
<body>
<div data-role="page">
    <div data-role="header" data-position="fixed">
        <h1>文本输入 </h1>
    </div>
    <div data-role="main">
        搜索:<input type="search" id="search" name="search">
        姓名:<input type="text" id="text" name="text">
        年龄:<input type="number" id="number" name="number">
        电话:<input type="tel" id="tel" name="tel">
```

```
      邮箱:<input type="email" id="email" name="email">
   </div>
   <div data-role="footer" data-position="fixed">
      <h1>尾部</h1>
   </div>
</div>
</body>
```

相关的代码实例可参考 Chap14.11.html 文件，在 Opera Mobile 模拟器中显示效果如图 14-13 所示。

图 14-13　文本输入组件实例

14.3.3　翻转切换开关

在 jQuery Mobile 中，通过在<select>标签中设置 data-role= "slider"属性类别，可以将该下拉菜单元素中的两个<option>选项转变为一个翻转切换的开关。

【例 14-12】（实例文件：ch14\Chap14.12.html）翻转切换开关实例。代码如下：

```
<body>
<div data-role="page">
   <div data-role="header" data-position="fixed">
      <h1>切换开关</h1>
   </div>
   <div data-role="main">
      <select name="slider" id="slider" data-role="slider">
         <option value="0">关</option>
         <option value="1">开</option>
      </select>
   </div>
   <div data-role="footer" data-position="fixed">
      <h1>尾部</h1>
   </div>
</div>
</body>
```

相关的代码实例可参考 Chap14.12.html 文件，在 Opera Mobile 模拟器中显示效果如图 14-14 所示。当单击开关按钮时，页面显示效果如图 14-15 所示。

图 14-14　关闭状态

图 14-15　打开状态

14.3.4 单选按钮

在通常情况下，使用<fieldset>标签，并在该标签中设置 data-role="controlgroup"属性类别，把所有的<input>和<label>包含其中，这样可以样式化容器中的所有标签，单选钮样式化后更加容易被点击和触摸。

【例 14-13】（实例文件：ch14\Chap14.13.html）单选按钮实例。代码如下：

```html
<body>
<div data-role="page">
    <div data-role="header" data-position="fixed">
        <h1>单选按钮 </h1>
    </div>
    <div data-role="main">
        <p>请选出你最喜欢的水果</p>
        <fieldset data-role="controlgroup">
            <label for="radiol">苹果</label>
            <input type="radio" id="radiol" value="1" name="radio">
            <label for="radio2">橘子</label>
            <input type="radio" id="radio2" value="2" name="radio">
            <label for="radio3">香蕉</label>
            <input type="radio" id="radio3" value="3" name="radio">
            <label for="radio4">梨子</label>
            <input type="radio" id="radio4" value="4" name="radio">
        </fieldset>
        <div calss="ui-grid-a">
            <div class="ui-block-a">
                <a href="#" data-role="button" class="ui-btn-active">确定</a>
            </div>
            <div class="ui-block-b">
                <input type="button" value="取消" >
            </div>
        </div>
    </div>
    <div data-role="footer" data-position="fixed">
        <h1>尾部</h1>
    </div>
</div>
</body>
```

相关的代码实例可参考 Chap14.13.html 文件，在 Opera Mobile 模拟器中显示效果如图 14-16 所示。当选择"苹果"或"香蕉"单选按钮时，页面效果如图 14-17 所示。

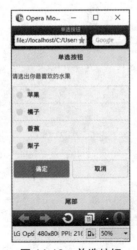

图 14-16　单选按钮

图 14-17　选择"苹果"或"香蕉"单选按钮效果

14.3.5 复选框

与单选按钮类似，使用<fieldset>标签，并在该标签中设置 data-role="controlgroup"属性类别，包含多个多选框。复选框选项组默认是垂直显示，也可以在<fieldset>标签中设置 data-type="horizontal"属性类别，将其改变为水平显示。

【例 14-14】（实例文件：ch14\Chap14.14.html）复选框实例。代码如下：

```html
<body>
<div data-role="page">
    <div data-role="header" data-position="fixed">
        <h1>复选框</h1>
    </div>
    <div data-role="main">
        <p>请选出你喜欢的几种水果</p>
        <fieldset data-role="controlgroup">
            <label for="chb1">苹果</label>
            <input type="checkbox" id="chb1" value="1" name="radio">
            <label for="chb2">橘子</label>
            <input type="checkbox" id="chb2" value="2" name="radio">
            <label for="chb3">香蕉</label>
            <input type="checkbox" id="chb3" value="3" name="radio">
            <label for="chb4">梨子</label>
            <input type="checkbox" id="chb4" value="4" name="radio">
        </fieldset>
        <div class="ui-grid-a">
            <div class="ui-block-a">
                <a href="#" data-role="button" class="ui-btn-active">确定</a>
            </div>
            <div class="ui-block-b">
                <input type="button" value="取消">
            </div>
        </div>
    </div>
    <div data-role="footer" data-position="fixed">
        <h1>尾部</h1>
    </div>
</div>
</body>
```

相关的代码实例可参考 Chap14.14.html 文件，在 Opera Mobile 模拟器中显示效果如图 14-18 所示。在页面中可以随便选择自己喜欢的水果，页面显示效果如图 14-19 所示。

图 14-18 复选框

图 14-19 勾选复选框选择水果效果

319

14.3.6 选择菜单

<select>标签形成的选择菜单在 jQuery Mobile 中样式发生了很大变化，所以在移动设备开发中需要创建自定义的选择菜单。在 jQuery Mobile 中创建自定义选择菜单其实很简单，只需要在<select>标签中设置 data-native-menu="false"属性类别，即可将该选择菜单转换为自定义菜单类型。

自定义的选择菜单由按钮和菜单两部分组成，当用户单击按钮时，对应的菜单选择器将会自动打开，选其中某一项后，菜单自动关闭。

【例 14-15】（实例文件：ch14\Chap14.15.html）选择菜单实例。代码如下：

```
<body>
<div data-role="page">
    <div data-role="header" data-position="fixed">
        <h1>选择菜单</h1>
    </div>
    <div data-role="main">
        <p>请选择登录账号时间:</p>
        <fieldset data-role="controlgroup">
            <select name="year" id="year" data-native-menu="false">
                <option>选择年份</option>
                <option value="2016">2016</option>
                <option value="2017">2017</option>
                <option value="2018">2018</option>
            </select>
            <select name="month" id="month" data-native-menu="false">
                <option>选择月份</option>
                <option value="1">1 月</option>
                <option value="2">2 月</option>
                <option value="3">3 月</option>
                <option value="4">4 月</option>
                <option value="5">5 月</option>
                <option value="6">6 月</option>
                <option value="7">7 月</option>
                <option value="8">8 月</option>
                <option value="9">9 月</option>
                <option value="10">10 月</option>
                <option value="11">11 月</option>
                <option value="12">12 月</option>
            </select>
        </fieldset>
    </div>
    <div data-role="footer" data-position="fixed">
        <h1>尾部</h1>
    </div>
</div>
</body>
```

相关的代码实例可参考 Chap14.15.html 文件，在 Opera Mobile 模拟器中显示效果如图 14-20 所示。在页面中选择年份和月份，页面效果如图 14-21 所示。选择日期后，页面效果如图 14-22 所示。

图 14-20　选择菜单

图 14-21　选择年份和月份

图 14-22　选择日期后页面效果

14.3.7　多项选择菜单

在 jQuery Mobile 中的选择菜单可以通过设置 multiple 属性，实现菜单的多项选择。如果给某个选择菜单设置 multiple="true"属性类别，单击该按钮，在弹出的菜单对话框中，全部菜单选项右侧会出现一个可以勾选的复选框，用户可以通过勾选该复选框，选中任意多个选项。选择完后，单击左上角的"关闭"按钮，对话框将关闭，对应按钮自动更新为用户所选择的内容选型。

【例 14-16】（实例文件：ch14\Chap14.16.html）多项选择菜单。代码如下：

```
<body>
<div data-role="page">
    <div data-role="header" data-position="fixed">
        <h1>多项选择菜单</h1>
    </div>
    <div data-role="main">
        <p>请选择登录账号的时间:</p>
        <fieldset data-role="controlgroup">
            <select name="year" id="year" data-native-menu="false" multiple="true">
                <option>选择年份</option>
                <option value="2016">2016</option>
                <option value="2017">2017</option>
                <option value="2018">2018</option>
            </select>
            <select name="month" id="month" data-native-menu="false" multiple="true">
                <option>选择月份</option>
                <option value="1">1 月</option>
                <option value="2">2 月</option>
                <option value="3">3 月</option>
                <option value="4">4 月</option>
                <option value="5">5 月</option>
                <option value="6">6 月</option>
                <option value="7">7 月</option>
                <option value="8">8 月</option>
                <option value="9">9 月</option>
                <option value="10">10 月</option>
                <option value="11">11 月</option>
                <option value="12">12 月</option>
            </select>
        </fieldset>
    </div>
```

```
    <div data-role="footer" data-position="fixed">
        <h1>尾部</h1>
    </div>
  </div>
  </body>
```

相关的代码实例可参考 Chap14.16.html 文件，在 Opera Mobile 模拟器中显示效果如图 14-23 所示。在页面中单击选择年份和月份，页面效果如图 14-24 所示。选择完日期后，页面效果如图 14-25 所示。

图 14-23　多项选择菜单

图 14-24　选择年份和月份

图 14-25　选择日期后页面效果

14.4　就业面试技巧与解析

14.4.1　面试技巧与解析（一）

面试官： jQuery Mobile 提供了许多可视化的组件，请谈一谈对 jQuery Mobile 组件的理解。

应聘者： 在 jQuery Mobile 中提供了许多常用的组件，包括按钮组件、列表组件和各种类型的表单组件等。灵活地运用这些组件，可以使我们在 jQuery Mobile 移动应用开发设计中得心应手，开发出更加丰富的页面效果。

14.4.2　面试技巧与解析（二）

面试官： 在 jQuery Mobile 列表组件中，如果想要使用搜索方式过滤列表项中的标题内容，请问如何实现过滤？

应聘者： 在 jQuery Mobile 中，可以通过在<ul>中添加 data-filter 属性设置过滤列表项中的标题内容。具体实现可以分为 3 个步骤：

（1）给过滤的元素添加 data-filter="true"属性。

（2）创建<input>元素并指定 id，元素上加上 data-type="search"属性，这样就能创建基本的搜索字段。

（3）为过滤的元素添加 data-input 属性，属性值是<input>元素的 id。

第15章

使用 jQuery Mobile 主题

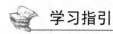

学习指引

主题对于 Web 站点和应用程序起着非常重要的作用，是最直接面对用户的操作界面，关系到用户的最终体验。jQuery Mobile 中提供了多种不同风格的主题预设，使设计者可以轻松地创建出不同主题的 jQuery Mobile 页面。本章主要讲解有关 jQuery Mobile 主题的知识。

重点导读

- 掌握建立 jQuery Mobile 默认主题及其修改方法。
- 掌握自定义 jQuery Mobile 页面和工具栏主题。
- 熟悉使用 ThemeRoller 创建主题的方法。

15.1　jQuery Mobile 页面主题

jQuery Mobile 页面主题用于控制元素的颜色、渐变、字体、阴影、圆角等视觉效果，并包含了多套色板，每套色板中都定义了列表项、表单、按钮、工具栏、内容块、页面的全部视觉效果。

15.1.1　默认主题

在 jQuery Mobile 1.4.5 版本中提供了 2 套默认主题样式，分别是样式 a 和 b。在早前，jQuery Mobile 1.1.1 版本提供了 5 套默认主题样式，分别是样式 a、b、c、d 和 e。

在默认情况下，jQuery Mobile 页面默认使用的是主题样式 a，如果需要更改某组件和容器的主题样式，只需要将它的 data-theme 属性值设置为主题对应的样式字母即可。

【例 15-1】（实例文件：ch15\Chap15.1.html）默认主题实例。代码如下：

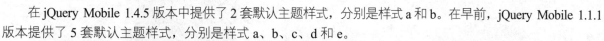

```
<body>
<div data-role="page" id="page1" data-theme="a">
   <div data-role="header">
      <h1>默认主题</h1>
```

```
    </div>
    <div data-role="main" class="ui-content">
        <a href="#page1" data-role="button" data-inline="true" class="ui-btn-active">主题 a 效果</a>
        <a href="#page2" data-role="button" data-inline="true" class="ui-btn-active">主题 b 效果</a>
        <a href="#" class="ui-btn">按钮</a>
        <label for="name">输入框:</label>
        <input type="text" name="name" id="name" placeholder="内容">
        <label for="SW">切换开关:</label>
        <select name="SW" id="SW" data-role="slider">
            <option value="关">关</option>
            <option value="开" selected>开</option>
        </select>
    </div>
    <div data-role="footer">
        <h1>尾部</h1>
    </div>
</div>
<div data-role="page" id="page2" data-theme="b">
    <div data-role="header">
        <h1>默认主题</h1>
    </div>
    <div data-role="main" class="ui-content">
        <a href="#page1" data-role="button" data-inline="true" class="ui-btn-active">主题 a 效果</a>
        <a href="#page2" data-role="button" data-inline="true" class="ui-btn-active">主题 b 效果</a>
        <a href="#" class="ui-btn">按钮</a>
        <label for="name1">输入框:</label>
        <input type="text" name="name" id="name1" placeholder="内容">
        <label for="SW1">切换开关:</label>
        <select name="SW" id="SW1" data-role="slider">
            <option value="关">关</option>
            <option value="开" selected>开</option>
        </select>
    </div>
    <div data-role="footer">
        <h1>尾部</h1>
    </div>
</div>
</body>
```

相关的代码实例可参考 Chap15.1.html 文件，在 Opera Mobile 模拟器中预览效果如图 15-1 所示。当单击"主题 b 效果"按钮时，将跳转到 page2 容器，page2 容器主题是 b，页面显示效果如图 15-2 所示。

图 15-1　a 主题效果

图 15-2　b 主题效果

15.1.2 修改默认主题

除了可以使用系统提供的主题样式外，开发者还可以根据应用的需求修改相应的主题样式。实现方法很简单，只要打开定义主题的 CSS 样式文件，找到需要修改的元素，修改对应的属性值即可。

【例 15-2】（实例文件：ch15\Chap15.2.html）修改默认主题实例。代码如下：

```html
<body>
<div data-role="page" id="page1jQ" data-theme="a" data-position="fixed">
    <div data-role="header">
        <h1>自定义主题</h1>
    </div>
    <div data-role="main" class="ui-content">
        <a href="#" class="ui-btn">按钮</a>
        <label for="name">输入框:</label>
        <input type="text" name="name" id="name" placeholder="内容">
    </div>
    <div data-role="footer" data-position="fixed">
        <h1>尾部</h1>
    </div>
</div>
</body>
```

相关的代码实例可参考 Chap15.2.html 文件，在 Opera Mobile 模拟器中预览效果如图 15-3 所示。可以在 jQuery Mobile 源 CSS 文件中找到设置 a 主题的 CSS 类，如图 15-4 所示。

图 15-3　a 主题页面效果

```css
.ui-bar-a,
.ui-page-theme-a .ui-bar-inherit,
html .ui-bar-a .ui-bar-inherit,
html .ui-body-a .ui-bar-inherit,
html body .ui-group-theme-a .ui-bar-inherit {
    background-color: #e9e9e9 /*{a-bar-background-color}*/;
    border-color:#ddd /*{a-bar-border}*/;
    color: #333 /*{a-bar-color}*/;
    text-shadow: 0 /*{a-bar-shadow-x}*/ 1px /*{a-bar-shadow-y}*/
    font-weight: bold;
}
```

图 15-4　a 主题 CSS 样式

在 a 主题的 CSS 样式上修改，部分样式如图 15-5 所示。修改完成后保存页面，在 Opera Mobile 模拟器中刷新页面，页面效果显示为修改后的样式，如图 15-6 所示。

```css
.ui-bar-a,
.ui-page-theme-a .ui-bar-inherit,
html .ui-bar-a .ui-bar-inherit,
html .ui-body-a .ui-bar-inherit,
html body .ui-group-theme-a .ui-bar-inherit {
    background-color: red /*{a-bar-background-color}*/;
    border-color:#ddd /*{a-bar-border}*/;
    color: white /*{a-bar-color}*/;
    text-shadow: 0 /*{a-bar-shadow-x}*/ 1px /*{a-bar-sha
    font-weight: bold;
}
```

图 15-5　修改后的 a 主题 CSS 样式

图 15-6　修改 a 主题后的效果

15.2　自定义 jQuery Mobile 页面和工具栏主题

前面介绍的是在 jQuery Mobile 自带的 CSS 样式中修改主题样式，而每次版本更新后，都需要对新版本的文件重新覆盖修改后的代码，操作很麻烦。因此，可以重新编写一个单独的 CSS 文件，专门定义页面与组件的主题样式。用时只需把该 CSS 文件引入。

15.2.1　自定义页面主题

jQuery Mobile 页面结构由一个添加了 data-role="page" 属性类别的 <div> 组成。如果要自定义该元素的主题，需要在该元素上添加 data-theme 属性，并为其指定一个唯一的且是未用过的主题值，这样就可以为该页面写一个自定义的 CSS。

jQuery Mobile 中可以自定义主题类，如表 15-1 所示，列出了 jQuery Mobile 页面中可以用的主题类，字母 a～z 表示 CSS 样式可以指定 a～z。

表 15-1　jQuery Mobile 中的主题类

类样式名称	说　　明
ui-page-theme-(a～z)	设置页面整体
ui-bar-(a～z)	设置页面头部栏、尾部栏以及其他栏目
ui-btn-(a～z)	设置按钮
ui-group-theme-(a～z)	设置控制组的演示 listviews 和 collapsible 集合
ui-overlay-(a～z)	设置页面背景颜色

【例 15-3】（实例文件：ch15\Chap15.3.html）a 主题页面实例。代码如下：

```
<!DOCTYPE html>
<html lang="en">
<head>
    <meta charset="UTF-8">
    <title>自定义主题</title>
    <meta name="viewport" content="width=device-width, initial-scale=1">
    <link rel="stylesheet" href="jquery.mobile-1.4.5.css">
    <script src="jquery.js"></script>
    <script src="jquery.mobile-1.4.5.js"></script>
</head>
<body>
<div data-role="page" id="page1" data-theme="a">
    <div data-role="header" data-position="fixed">
        <h1>自定义主题</h1>
    </div>
    <div data-role="main" class="ui-content">
        <a href="#" class="ui-btn">按钮</a>
        <label for="name">输入框:</label>
        <input type="text" name="name" id="name" placeholder="内容">
    </div>
    <div data-role="footer" data-position="fixed">
        <h1>尾部</h1>
    </div>
</div>
</body>
</html>
```

相关的代码实例可参考 Chap15.3.html 文件，在 Opera Mobile 模拟器中预览效果如图 15-7 所示。

上面是 jQuery Mobile 中的 a 主题的默认样式，下面我们在外部新建一个 CSS 样式文件 style.css，并在 <head> 标签中引入该 CSS 文件，其代码如下：

```
<link rel="stylesheet" href="style.css">
```

在 style.css 样式表文件中创建名为.ui-page-theme-z 的 CSS 样式，如图 15-8 所示。返回 jQuery Mobile 页面中，在 page 容器标签中添加 data-theme 属性设置，引用刚创建的 z 主题，具体可参考【例 15-4】。

图 15-7　页面 a 主题效果

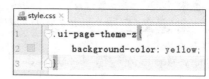

图 15-8　创建的 z 主题

【例 15-4】（实例文件：ch15\Chap15.4.html）自定义页面主题实例。代码如下：

```
<head>
    <meta charset="UTF-8">
    <title>自定义主题</title>
    <meta name="viewport" content="width=device-width, initial-scale=1">
    <link rel="stylesheet" href="jquery.mobile-1.4.5.css">
    <!--引入外部自定义 css 文件-->
<link rel="stylesheet" href="style.css">
    <script src="jquery.js"></script>
    <script src="jquery.mobile-1.4.5.js"></script>
</head>
<body>
<!--添加自定义的主题-->
<div data-role="page" id="page1" data-theme="z">
    <div data-role="header" data-position="fixed">
        <h1>自定义主题</h1>
    </div>
    <div data-role="main" class="ui-content">
        <a href="#" class="ui-btn">按钮</a>
        <label for="name">输入框:</label>
        <input type="text" name="name" id="name" placeholder="内容">
    </div>
    <div data-role="footer" data-position="fixed">
        <h1>尾部</h1>
    </div>
</div>
</body>
```

相关的代码实例可参考 Chap15.4.html 文件，在 Opera Mobile 模拟器中预览效果如图 15-9 所示。

图 15-9　引入 z 主题样式后的效果

15.2.2　自定义工具栏主题

在 jQuery Mobile 页面中，头部和尾部两个工具栏默认的主题是 a，也可以直接在工具栏容器标签中添加 data-theme 属性指定其所需要使用的主题。定义工具栏，则可以创建.ui-bar-(a-z)类 CSS 样式，然后通过 data-theme 属性调整所定义的主题样式即可。

【例 15-5】（实例文件：ch15\Chap15.5.html）a 主题工具栏实例。代码如下：

```
<!DOCTYPE html>
<html lang="en">
<head>
    <meta charset="UTF-8">
    <title>自定义工具栏 </title>
    <meta name="viewport" content="width=device-width, initial-scale=1">
    <link rel="stylesheet" href="jquery.mobile-1.4.5.css">
    <script src="jquery.js"></script>
    <script src="jquery.mobile-1.4.5.js"></script>
</head>
<body>
<div data-role="page" id="page1">
    <div data-role="header" data-position="fixed">
        <h1>自定义工具栏</h1>
    </div>
    <div data-role="main" class="ui-content">
        <a href="#" class="ui-btn">按钮</a>
        <label for="name">输入框:</label>
        <input type="text" name="name" id="name" placeholder="内容">
    </div>
    <div data-role="footer" data-position="fixed">
        <h1>尾部</h1>
    </div>
</div>
</body>
</html>
```

相关的代码实例可参考 Chap15.5.html 文件，在 Opera Mobile 模拟器中预览效果如图 15-10 所示。

上面是 jQuery Mobile 中的 a 主题样式，下面我们在外部新建一个 CSS 文件 style1.css，并在<head>标签中引入该 CSS 文件，代码如下：

```
<link rel="stylesheet" href="style1.css">
```

在 style1.css 样式表文件中创建名为.ui-bar-y 和.ui-bar-z 的 CSS 样式，如图 15-11 所示。返回 jQuery Mobile 页面中，在头部和尾部栏中添加 data-theme 属性设置，引用刚创建的主题 y 和 z，具体可参考【例 15-6】。

图 15-10　页面 a 主题效果

图 15-11　创建 y 和 z 主题

【例 15-6】（实例文件：ch15\Chap15.6.html）自定义工具栏主题实例。代码如下：

```
<head>
    <meta charset="UTF-8">
    <title>自定义工具栏</title>
    <meta name="viewport" content="width=device-width, initial-scale=1">
    <link rel="stylesheet" href="jquery.mobile-1.4.5.css">
<!--引入外部自定义 css 文件-->
    <link rel="stylesheet" href="style1.css">
    <script src="jquery.js"></script>
    <script src="jquery.mobile-1.4.5.js"></script>
</head>
<body>
<div data-role="page" id="page1">
<!--添加自定义的主题 y-->
    <div data-role="header" data-theme="y" data-position="fixed">
        <h1>自定义工具栏</h1>
    </div>
    <div data-role="main" class="ui-content">
        <a href="#" class="ui-btn">按钮</a>
        <label for="name">输入框:</label>
        <input type="text" name="name" id="name" placeholder="内容">
    </div>
<!--添加自定义的主题 z-->
    <div data-role="footer" data-position="fixed" data-theme="z" >
        <h1>尾部</h1>
    </div>
</div>
</body>
```

相关的代码实例可参考 Chap15.6.html 文件，在 Opera Mobile 模拟器中预览效果如图 15-12 所示。

图 15-12　引入 y 和 z 主题后的页面效果

15.2.3　自定义内容主题

内容主题相比较于页面主题所影响的范围小得多。内容主题所影响的范围只在 main 容器中，容器之外的元素不受影响。在容器 main 中，可以通过 data-content-theme 属性设置可折叠区块中显示区域的主题，该主题是独立的、自定义的，不受限于内容区域 main 容器的主题。

【例 15-7】（实例文件：ch15\Chap15.7.html）自定义内容主题实例。代码如下：

```html
<body>
<div data-role="page" id="page1">
    <div data-role="header" data-position="fixed">
        <h1>自定义内容主题</h1>
    </div>
    <div data-role="main">
        <div data-role="collapsible-set">
            <div data-role="collapsible" data-collapsed="false" data-theme="a" data-content-theme="b">
                <h3>苹果品种</h3>
                <p >辽南寒富</p>
                <p >山东红星</p>
                <p >山西万荣</p>
            </div>
            <div data-role="collapsible" data-theme="b" data-content-theme="a">
                <h3>香蕉品种</h3>
                <p >仙人蕉</p>
                <p >西贡蕉</p>
                <p >天宝蕉</p>
            </div>
        </div>
    </div>
    <div data-role="footer" data-position="fixed">
        <h1>尾部</h1>
    </div>
</div>
</body>
```

相关的代码实例可参考 Chap15.7.html 文件，在 Opera Mobile 模拟器中预览效果如图 15-13 所示。当单击 "香蕉品种" 按钮时，显示效果如图 15-14 所示。

图 15-13 自定义"草果品种"主题页面　　　图 15-14 自定义"香蕉品种"主题页面

15.3　使用 ThemeRoller 创建主题

jQuery Mobile 本身虽然提供了不同的样式，但这些样式并不能满足所有人的要求，而自定义 jQuery Mobile 的样式所牵扯的 CSS 样式又非常复杂，为此 jQuery Mobile 专门推出了 ThemeRoller 工具用于生成这些样式。访问 ThemeRoller 官方网站 http://themeroller.jquerymobile.com/，页面如图 15-15 所示。

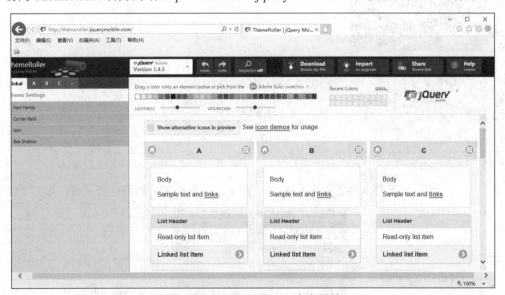

图 15-15　ThemeRoller 官方网站

进入 ThemeRoller 官方网站页面可以看到 ThemeRoller 编辑器，默认的有 3 个主题面板，分别为 A、B 和 C，而在页面下方，还可以通过单击 Add swath 区域添加空白的主题面板，如图 15-16 所示。在页面左侧功能区的标签对应相应的主题，其中 Global 标签用于设置 jQuery Mobile 主题的全局属性，如图 15-17 所示。

在 Global 选项卡中展开各选项，可以看到可供设置的全局属性，如图 15-18 所示。

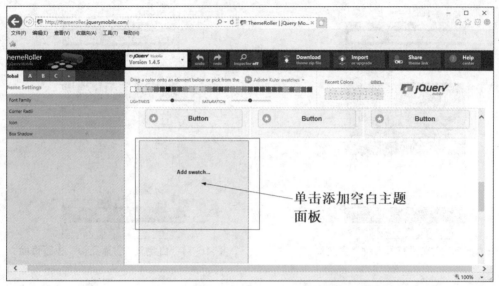

图 15-16 ThemeRoller 主题面板

图 15-17 Global 标签

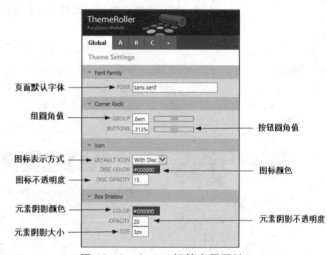

图 15-18 Global 标签全局属性

单击 A 选项卡，可以转到与 A 主题相关的属性设置中，进而对相关属性进行设置，如图 15-19 所示。

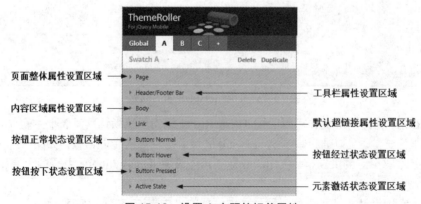

图 15-19 设置 A 主题的相关属性

通过 ThemeRoller 可以对 jQuery Mobile 的样式进行所见即所得的设计。例如，在 A 选项卡中对相应的属性进行设置，单击颜色设置框，可以弹出颜色选择窗口，选择需要的颜色，也可以输入十六进制颜色值，在页面右侧的主题 A 上马上就能够看到相应的主题效果，如图 15-20 所示。

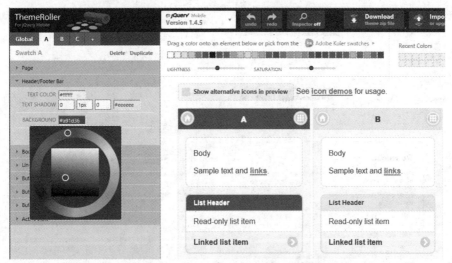

图 15-20　修改 A 主题样式后的页面效果

在 ThemeRoller 中可以利用页面中提供的 Inspector 工具查看标签的选项对应的是什么组件。单击页面中的 Inspector 工具，在 A 主题面板中单击相应的元素，页面左侧功能区自动转到该元素属性的设置选项中，如图 15-21 所示。

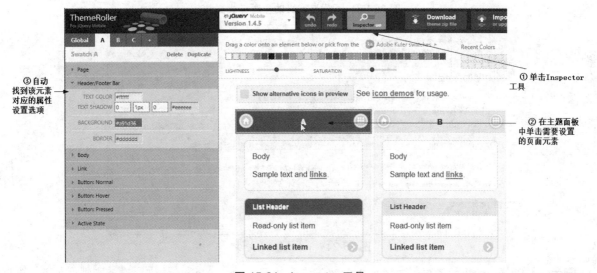

图 15-21　Inspector 工具

在该页面中创建好需要的主题之后，单击页面上方的 Download 按钮，如图 15-22 所示。弹出主题文件下载窗口，在 Theme Name 文本框中输入自定义文件名称，单击右下角的 Download Zip 按钮，即可下载在该页面生成的主题样式文件，如图 15-23 所示。

下载的文件为 zip 压缩包文件，解压缩文件之后，会有一个 index.html 文件和一个 themes 文件夹。打开 index.html 文件之后，里面有用户如何引用文件说明，如图 15-24 所示。

图 15-22　单击 Download 按钮

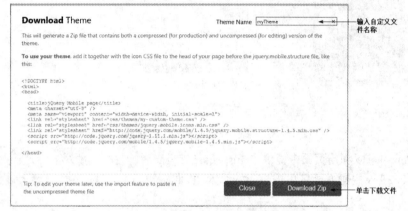

图 15-23　下载自定义的主题样式文件

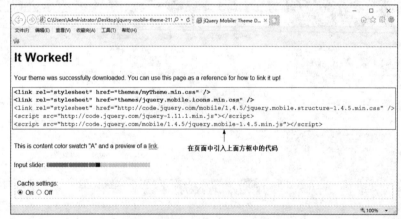

图 15-24　index.html 文件

需要注意的是，一定要将解压得到的 themes 文件夹放在 jQuery Mobile 页面所在的文件目录下，这样才能正确地引用上面的代码。

【例 15-8】（实例文件：ch15\Chap15.8.html）使用 ThemeRoller 创建的主题实例。代码如下：

```
<!DOCTYPE html>
<html lang="en">
<head>
    <meta charset="UTF-8">
    <title>ThemeRoller 主题</title>
    <meta name="viewport" content="width=device-width,initial-scale=1">
```

```
    <link rel="stylesheet" href="themes/myTheme.min.css"/>
    <link rel="stylesheet" href="themes/jquery.mobile.icons.min.css"/>
    <link rel="stylesheet" href="http://code.jquery.com/mobile/1.4.5/jquery.mobile.structure-1.
4.5.min.css"/>
    <script src="http://code.jquery.com/jquery-1.11.1.min.js"></script>
    <script src="http://code.jquery.com/mobile/1.4.5/jquery.mobile-1.4.5.min.js"></script>
</head>
<body>
<div data-role="page">
    <div data-role="header" data-position="fixed">
        <h1>头部</h1>
    </div>
    <div data-role="main">
        <p>内容</p>
    </div>
    <div data-role="footer" data-position="fixed">
        <h1>尾部</h1>
    </div>
</div>
</body>
</html>
```

相关的代码实例可参考 Chap15.8.html 文件，在 Opera Mobile
模拟器中预览效果如图 15-25 所示。

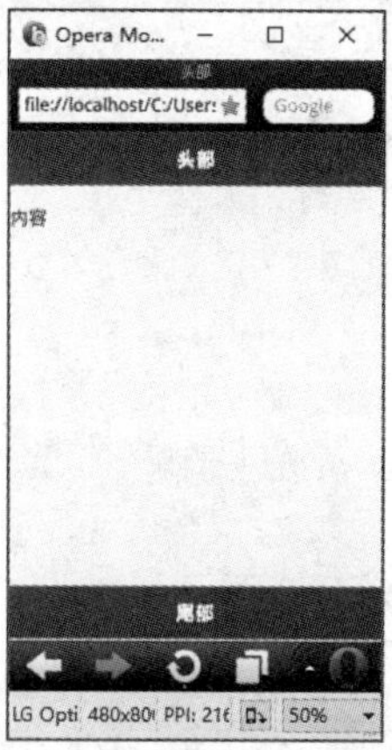

图 15-25　ThemeRoller 创建的主题效果

15.4　就业面试技巧与解析

15.4.1　面试技巧与解析（一）

面试官：jQuery Mobile 主题框架系统可以使应用的视觉风格得到统一，请介绍一下它有哪些特点？

应聘者：jQuery Mobile 主题框架系统有以下 4 个特点。

（1）轻量级文件：在 jQuery Mobile 中，全面支持 CSS 3 和 HTML 5，页面中的圆角、阴影、渐变色和动画过渡效果等都是通过 CSS 3 和 HTML 5 实现的，没有使用图片，从而减小了文件的大小。

（2）轻量级图标：在 jQuery Mobile 主题框架中，使用了一套简化的图标集，它包含绝大部分在移动设备中使用的图标。

（3）灵活的主题：jQuery Mobile 主题框架系统提供了多套可供选择的主题和色调，并且每套主题之间都可以混合搭配，丰富了 jQuery Mobile 页面的视觉效果。

（4）实用的自定义主题：在 jQuery Mobile 中，除了使用 jQuery Mobile 主题框架系统自带的主题样式外，还允许开发者自定义主题，来满足应用程序的需要。

15.4.2　面试技巧与解析（二）

面试官：在项目开发中，我们希望根据应用的需要去修改默认主题或者自定义主题，请谈一下你对这两种方法的理解。

应聘者：修改默认主题，顾名思义，就是在 jQuery Mobile 源 CSS 文件上修改样式，实现的方法很简单，但由于修改的是源 CSS 样式，所以每次版本更新后，都需要对新版本的文件重新覆盖修改后的代码，操作起来不是很方便。自定义主题，就是重新编写一个单独的 CSS 文件，专门用于自定义主题的样式，在项目中只需把该文件载入项目。

第16章

使用 jQuery Mobile 事件

 学习指引

在 jQuery Mobile 中可以使用任何标准的 jQuery 事件。本章主要介绍页面事件、触摸事件、屏幕滚动事件和屏幕方向改变事件。

重点导读

- 熟悉页面事件。
- 掌握触摸事件。
- 掌握屏幕滚动事件。
- 掌握屏幕方向改变事件。

16.1 页面事件

在 jQuery Mobile 中与页面进行 "沟通" 的事件大致可以分为以下 3 种。

（1）初始化事件（Page Initialization）：在页面创建前，当页面创建时，以及在页面初始化之后触发该事件。

（2）加载外部页面事件（Page Load）：加载外部页面时触发该事件。

（3）页面切换事件（Page Change）：页面切换时触发该事件。

在 jQuery Mobile 中操作事件很简单，使用 jQuery 中的 on() 方法指定要触发的事件并设定事件的处理函数就可以了，其代码如下：

```
$(document).on(事件名称,选择器,事件处理函数)
```

其中，"选择器" 可以省略，表示事件应用于整个页面。

16.1.1 初始化事件

在 jQuery Mobile 中，页面初始化包括 4 个事件，按触发顺序分别是 mobileinit、pagebeforecreate、pagecreate

和 pageinit。

1. mobileinit

在 jQuery Mobile 开始执行时，就会触发 mobileinit 事件，所以需要把 mobileinit 绑定的函数放在 jQuery.Mobile.js 之前，其代码如下：

```
<script src="jquery.js"></script>
<script src="mobileinit 事件文件"></script>
<script src="jquery.mobile-1.4.5.js"></script>
```

想要更改 jQuery Mobile 默认的设置时，就可以将函数绑定到 mobileinit 事件上。这样，jQuery Mobole 就会以 mobileinit 文件中的设置来取代原来的设置，其代码如下：

```
<script>
    $(document).on("mobileinit",function(){
        程序语句
    });
</script>
```

2. pagebeforecreate、pagecreate、pageinit

pagebeforecreate 事件会在页面 DOM 加载后，正在初始化时触发；pagecreate 事件是在 DOM 加载完成，初始化也完成时触发；pageinit 是在初始化之后触发，其代码如下：

```
<script>
    $(document).on("pagebeforecreate",function(){
        程序语句
    });
    $(document).on("pagecreate",function(){
        程序语句
    });
    $(document).on("pageinit",function(){
        程序语句
    });
</script>
```

【例 16-1】（实例文件：ch16\Chap16.1.html）初始化事件实例，其代码如下：

```
<!DOCTYPE html>
<html lang="en">
<head>
    <meta charset="UTF-8">
    <meta name="viewport" content="width=device-width, initial-scale=1">
    <link rel="stylesheet" href="jquery.mobile-1.4.5.css">
    <script src="jquery.js"></script>
    <script>
        $(document).on("mobileinit",function(){
            alert("mobileinit 事件触发了");
        });
        $(document).on("pagebeforecreate",function(){
            alert("pagebeforecreate 事件触发了");
        });
        $(document).on("pagecreate",function(){
            alert("pagecreate 事件触发了");
        });
        $(document).on("pageinit",function(){
            alert("pageinit 事件触发了");
        });
    </script>
    <script src="jquery.mobile-1.4.5.js"></script>
</head>
<body>
```

```
<div data-role="page" id="page1">
    <div data-role="header" data-position="fixed">
        <h1>初始化事件</h1>
    </div>
    <div data-role="main">
        <h2>初始化事件触发顺序</h2>
    </div>
    <div data-role="footer" data-position="fixed">
        <h1>尾部</h1>
    </div>
</div>
</body>
</html>
```

相关的代码实例可参考 Chap16.1.html 文件，在 Opera
Mobile 模拟器中，初始化事件触发顺序显示结果如图 16-1 所示。

16.1.2 加载外部页面事件

加载外部页面会触发两个事件，一个是 pagebeforeload 事件，另一个是当页面载入成功时触发 pageload 事件，载入失败时触发 pageloadfailed 事件。

图 16-1 初始化事件触发顺序

1. pageload

pageload 事件，其代码如下：

```
<script>
    $(document).on("pageload",function(event,data){
        //程序语句
    });
</script>
```

pageload 事件处理函数包括 event 和 data 两个参数，如表 16-1 所示。

表 16-1 pageload 事件参数

参　　数	说　　明
event	任何 jQuery 的事件属性，例如 event.target,event.type
data	包含以下属性： url：字符串类型，页面的 URL 地址 absUrl：字符串类型，绝对路径 dataUrl：字符串类型，地址栏的 URL options：对象类型，$.mobile.loadpage 指定的选项

2. pageloadfailed 事件

当页面加载失败时，就会触发 pageloadfailed 事件，默认会出现 Error Loading Page 字样，其代码如下：

```
<script>
    $(document).on("pageloadfailed",function(){
        //程序语句
    });
</script>
```

16.1.3　页面切换事件

页面切换是移动开发中不可或缺的页面特效之一，在 jQuery Mobile 中，页面切换的代码如下：

```
$(":mobile-pagecontainer").pagecontainer("change",to,[options]);
```

To：表示想要切换的目标页面，其值必须是字符串或者 DOM 对象，内部页面可以直接指定 DOM 对象 id 名称，例如，要切换到 id 名称为 two 的页面，可以写成#two。

options：该属性可以省略不写，具体如表 16-2 所示。

表 16-2　页面切换事件属性

属　　性	说　　明
transition	切换页面时使用的转场动画效果
type	默认值：get 当 to 的目标是 url 时，指定 HTTP Method 使用 get 或 post
showLoadMsg	默认值：true 是否要显示加载中的信息画面
reverse	默认值：false 页面切换效果是否要反向，如果设为 true，就像模拟返回上一页的效果
reload	默认值 false 当页面已经在 DOM 中，是否要将页面重新加载
allowSamePageTransition	默认值：false 是否允许切换到当前页面
changeHash	默认值：true 是否更新浏览记录。若将属性设为 false，当前页面浏览记录会被清除，用户无法通过"上一页"按钮返回
dataUrl	更新地址栏的 URL

其中，transition 属性用来指定页面转场动画效果，转场动画共有 6 种，如表 16-3 所示。

表 16-3　transition 属性的转场动画效果

转场动画效果	说　　明
slide	从右到左
slideUp	从下到上
slideDown	从上到下
fade	淡出淡入
pop	从小到大
flip	2D 或 3D 旋转动画，只有支持 3D 效果的设备才能使用

【例 16-2】（实例文件：ch16\Chap16.2.html）页面切换事件实例。代码如下：

```
<!DOCTYPE html>
<html lang="en">
<head>
    <meta charset="UTF-8">
    <meta name="viewport" content="width=device-width, initial-scale=1">
    <link rel="stylesheet" href="jquery.mobile-1.4.5.css">
```

```
    <script src="jquery.js"></script>
    <script src="jquery.mobile-1.4.5.js"></script>
</head>
<body>
<div data-role="page" id="page1".
    <div data-role="header" data-position="fixed">
        <h1>页面切换事件</h1>
    </div>
    <div data-role="main">
        <ul data-role="listview">
            <li><a href="#" id="two">苹果</a></li>
            <li><a href="#">香蕉</a></li>
            <li><a href="#">苹果</a></li>
        </ul>
    </div>
    <div data-role="footer" data-position="fixed">
        <h1>尾部</h1>
    </div>
</div>
<div data-role="page" id="page2">
    <div data-role="header" data-position="fixed">
        <h1>页面切换事件</h1>
        <a href="#" id="first">返回上一页</a>
    </div>
    <div data-role="main">
        <img src="1.gif" alt="">
    </div>
    <div data-role="footer" data-position="fixed">
        <h1>尾部</h1>
    </div>
</div>
</body>
</html>
<script>
    $(document).one("pagecreate","#page1",function(){
        $("#two").on("click",function(){
            $(":mobile-pagecontainer").pagecontainer("change","#page2",{
                transition:"slidedown"
            })
        });
        $("#first").on("click",function () {
            $(":mobile-pagecontainer").
pagecontainer("change","#page1",{
                transition:"pop"
            })
        })
    });
</script>
```

相关的代码实例可参考 Chap16.2.html 文件，在
Opera Mobile 模拟器中显示效果如图 16-2 所示。当
单击"苹果"按钮时，page2 容器将以从上到下的动
画显示出来，页面如图 16-3 所示，当单击 page2 容
器中的"返回上一页"按钮时，page1 容器将以从小
到大的动画效果显示。

图 16-2　page1 页面

图 16-3　page2 页面

16.2　触摸事件

触摸事件在用户触摸屏幕时触发，包括 5 种类型，分别是 tap（单击）事件、taphold（单击不放）事件、swipe（滑动）事件、swipeleft（向左滑动）事件和 swiperight（向右划动）事件。

16.2.1　tap 事件和 taphold 事件

1. tap 事件

用户单击元素时触发，其代码如下：

```
$("p").on("tap",function(){
  $(this).hide();
});
```

上面代码表示当单击<p>元素时，就会在页面中隐藏该<p>元素。

2. taphold 事件

用户完成一次单击页面屏幕且保持不放（大约 1s）时触发，其代码如下：

```
$("p").on("taphold",function(){
  $(this).hide();
});
```

上面代码表示当单击<p>元素不放，大约 1s 后，就会在页面中隐藏该元素。

【例 16-3】（实例文件：ch16\Chap16.3.html）tap 事件和 taphold 事件实例。代码如下：

```
<!DOCTYPE html>
<html lang="en">
<head>
    <meta charset="UTF-8">
    <meta name="viewport" content="width=device-width, initial-scale=1">
    <link rel="stylesheet" href="jquery.mobile-1.4.5.css">
    <script src="jquery.js"></script>
    <script src="jquery.mobile-1.4.5.js"></script>
</head>
<body>
<div data-role="page" id="page1">
    <div data-role="header" data-position="fixed">
        <h1>页面事件</h1>
    </div>
    <div data-role="main">
        <div id="bgcolor1"><h1>tap 事件</h1></div>
        <div id="bgcolor2"><h1>taphold 事件</h1></div>
    </div>
    <div data-role="footer" data-position="fixed">
        <h1>尾部</h1>
    </div>
</div>
</body>
</html>
<script>
    $(function(){
        $("#bgcolor1").on("tap",function(){
            $("#bgcolor1").css({"background":"red",'color':"#fff"})
        });
        $("#bgcolor2").on("taphold",function(){
            $("#bgcolor2").css({"background":"blue",'color':"#fff"})
        })
    })
</script>
```

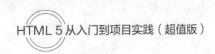

相关的代码实例可参考 Chap16.3.html 文件，在 Opera Mobile 模拟器中显示效果如图 16-4 所示。触发 tap 事件和 taphold 事件后页面显示效果如图 16-5 所示。

图 16-4　页面加载完成时效果　　　　图 16-5　触发 tap 事件和 taphold 事件后页面效果

16.2.2　swipe 事件

swipe（滑动）事件是用户在 1s 内水平拖动屏幕大于 30px 时触发，其代码如下：

```
$("p").on("swipe",function(){
  $("span").text("你滑动屏幕了!");
});
```

上面代码表示当在某一个<p>元素中滑动屏幕时，在页面的<span>标签中显示相应的信息。

【例 16-4】（实例文件：ch16\Chap16.4.html）swipe 事件实例。代码如下：

```
<!DOCTYPE html>
<html lang="en">
<head>
    <meta charset="UTF-8">
    <meta name="viewport" content="width=device-width, initial-scale=1">
    <link rel="stylesheet" href="jquery.mobile-1.4.5.css">
    <script src="jquery.js"></script>
    <script src="jquery.mobile-1.4.5.js"></script>
</head>
<body>
<div data-role="page" id="page1">
    <div data-role="header" data-position="fixed">
        <h1>swipe 事件</h1>
    </div>
    <div data-role="main">
        <img src="1.jpg" alt="">
        <h2></h2>
    </div>
    <div data-role="footer" data-position="fixed">
        <h1>尾部</h1>
    </div>
</div>
</body>
</html>
<script>
    $(function(){
        $("img").on("swipe",function(){
            $("h2").text("滑动屏幕了!");
```

```
      });
   })
</script>
```

相关的代码实例可参考 Chap16.4.html 文件，在 Opera Mobile 模拟器中显示效果如图 16-6 所示。在图片上左右滑动时触发 swipe 事件，h2 标签显示"滑动屏幕了"，页面效果如图 16-7 所示。

图 16-6　页面加载完成时效果

图片上左右滑动都会触发swipe滑动事件

图 16-7　触发 swipe 事件后页面效果

16.2.3　swipeleft 事件和 swiperight 事件

1. swipeleft 事件

swipeleft（向左滑动）事件是用户向左侧滑动屏幕大于 30px 时触发的事件，其代码如下：

```
$("p").on("swipeleft",function(){
  alert("向左滑动!");
});
```

上面代码表示当在屏幕某一个<p>元素中向左滑动屏幕时，在页面的<span>标签中显示相应的信息。

2. swiperight 事件

swiperight（向右滑动）事件是用户向右侧滑动屏幕大于 30px 时触发的事件，其代码如下：

```
$("p").on("swiperight",function(){
  alert("向右滑动!");
});
```

上面代码表示当在屏幕某一个<p>元素中向右滑动屏幕时，在页面的<span>标签中显示相应的信息。

【例 16-5】（实例文件：ch16\Chap16.5.html）swipeleft 事件和 swiperight 事件实例。代码如下：

```
<!DOCTYPE html>
<html lang="en">
<head>
    <meta charset="UTF-8">
    <meta name="viewport" content="width=device-width, initial-scale=1">
    <link rel="stylesheet" href="jquery.mobile-1.4.5.css">
    <script src="jquery.js"></script>
    <script src="jquery.mobile-1.4.5.js"></script>
</head>
<body>
<div data-role="page" id="page1">
    <div data-role="header" data-position="fixed">
       <h1>swipeleft 和 swiperight 事件</h1>
    </div>
```

```
        <div data-role="main">
            <img src="2.jpg" alt="">
            <h2 class="left"></h2>
            <h2 class="right"></h2>
        </div>
        <div data-role="footer" data-position="fixed">
            <h1>尾部</h1>
        </div>
    </div>
</body>
</html>
<script>
    $(function(){
        $("img").on("swipeleft",function(){
            $(".left").text("向左滑动屏幕了!");
        }).on("swiperight",function(){
            $(".right").text("向右滑动屏幕了!");
        });
    })
</script>
```

相关的代码实例可参考 Chap16.5.html 文件，在 Opera Mobile 模拟器中显示效果如图 16-8 所示。在图片上向左滑动时触发 swipeleft 事件，向右滑动时触发 swiperight 事件，页面效果如图 16-9 所示。

图 16-8　页面加载完成时效果

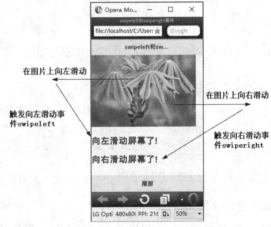

图 16-9　触发 swipeleft 事件和 swiperight 事件后页面效果

16.3　屏幕滚动事件

jQuery Mobile 提供了两种滚屏事件：滚屏开始时触发和滚动结束时触发。scrollstart 事件是在用户开始滚动页面时触发，scrollstop 事件是在用户停止滚动页面时触发。代码如下：

```
<script>
    $(document).on("scrollstart",function(){
        alert("开始滚动了!");
    });
    $(document).on("scrollstop",function(){
        alert("停止滚动了!");
    });
</script>
```

【例 16-6】（实例文件：ch16\Chap16.6.html）屏幕滚动事件实例。代码如下：

```html
<!DOCTYPE html>
<html lang="en">
<head>
    <meta charset="UTF-8">
    <meta name="viewport" content="width=device-width, initial-scale=1">
    <link rel="stylesheet" href="jquery.mobile-1.4.5.css">
    <script src="jquery.js"></script>
    <script src="jquery.mobile-1.4.5.js"></script>
</head>
<body>
<div data-role="page" id="page1">
    <div data-role="header" data-position="fixed">
        <h1>屏幕滚动事件</h1>
    </div>
    <div data-role="main">
        <h2 class="start"></h2>
        <h2 class="stop"></h2>
        <p>屏幕滚动了</p>
        <p>屏幕滚动了</p>
        <p>屏幕滚动了</p>
        <p>屏幕滚动了</p>
        <p>屏幕滚动了</p>
    </div>
    <div data-role="footer" data-position="fixed">
        <h1>尾部</h1>
    </div>
</div>
</body>
</html>
<script>
    $(function(){
        $("#page1").on("scrollstart",function(){
            $(".start").text("屏幕开始滚动了!");
        }).on("scrollstop",function(){
            $(".stop").text("屏幕停止滚动了!");
        });
    })
</script>
```

相关的代码实例可参考 Chap16.6.html 文件，在 Opera Mobile 模拟器中显示效果如图 16-10 所示。当在 page1 容器中滚动屏幕时，触发 scrollstart 事件和 scrollstop 事件，页面显示效果如图 16-11 所示。

图 16-10　页面加载完成时效果

图 16-11　触发 scrollstart 事件和 scrollstop 事件页面显示效果

16.4 屏幕方向改变事件

在 jQuery Mobile 事件中，当用户垂直或水平旋转移动设备时，将触发方向改变（orientationchange）事件。在该事件中，可以通过获取回调函数中的 orientation 属性，从而判断用户手持设备的方向。orientation 属性有两个值，分别是 landscape 和 portrait，landscape 表示水平方向，portrait 表示垂直方向。

【例 16-7】（实例文件：ch16\Chap16.7.html）屏幕方向改变事件实例。代码如下：

```html
<!DOCTYPE html>
<html lang="en">
<head>
    <meta charset="UTF-8">
    <meta name="viewport" content="width=device-width, initial-scale=1">
    <link rel="stylesheet" href="jquery.mobile-1.4.5.css">
    <script src="jquery.js"></script>
    <script src="jquery.mobile-1.4.5.js"></script>
</head>
<body>
<div data-role="page" id="page1">
    <div data-role="header" data-position="fixed">
        <h1>屏幕滚动事件</h1>
    </div>
    <div data-role="main">
        <h2></h2>
        <img src="3.jpg" alt="">
    </div>
    <div data-role="footer" data-position="fixed">
        <h1>尾部</h1>
    </div>
</div>
</body>
</html>
<script>
    $(document).on("pageinit",function(event){
        $(window).on("orientationchange",function(event){
            if(event.orientation=="landscape"){
                $("h2").text("现在是水平模式")
            }
            if(event.orientation=="portrait"){
                $("h2").text("现在是垂直模式")
            }
        });
    });
</script>
```

相关的代码实例可参考 Chap16.7.html 文件，在 Opera Mobile 模拟器中显示效果如图 16-12 所示。单击页面中改变手机方向的按钮，页面中显示"现在是水平模式"，效果如图 16-13 所示。当再单击一次改变手机方向的按钮，页面显示"现在是垂直模式"，效果如图 16-14 所示。

图 16-12 页面加载完成时的效果

图 16-13 设备水平模式

图 16-14 设备垂直模式

16.5 就业面试技巧与解析

16.5.1 面试技巧与解析（一）

面试官：在 jQuery Mobile 中，当不同的页面间或同一个页面不同容器间相互切换时，将触发页面中的显示或隐藏事件，具体的事件类型有哪几种？

应聘者：有以下 4 种。

（1）pagebeforeshow：页面显示前事件。

（2）pagebeforehide：页面隐藏前事件。

（3）pageshow：页面显示完成事件。

（4）pagehide：页面隐藏完成事件。

16.5.2 面试技巧与解析（二）

面试官：在 jQuery Mobile 页面中，尽管 Ajax 跳转有很炫酷的转屏动画，但是在某些时候为了性能或者业务需求还是需要进制 Ajax 跳转的，请问如何禁止 Ajax 跳转？

应聘者：禁止 Ajax 跳转，根据作用范围，有以下两种方法。

第一种方法，禁止局部 Ajax 跳转，只需要在<a>标签中添加 data-ajax="false"类别属性。有时候，我们需要用正常的 http 请求而不用 Ajax 请求，如链接到其他网站等情况，通过给<a>标签添加 rel="external"属性类别，可以将链接指定为正常的 http 请求。

第二种方法，禁止全局 Ajax 跳转。需要在 jQuery Mobile 页面初始化 mobileinit 事件中设置全局禁止 Ajax 跳转，在 jquery.mobile.js 文件前面添加如下代码：

```
<script>
    $(document).bind("mobileinit", function() {
      $.mobile.ajaxEnabled=false;
    });
</script>
```

第17章

使用 jQuery Mobile 插件

 学习指引

jQuery Mobile 中有许多优秀而又实用的 jQuery Mobile 插件，类型甚广，从日期/时间选择、抽屉式导航菜单、手风琴导航、隐藏/显示密码，到灯箱特效、交互式地图、页面震动、相册/画廊展示等，本章主要介绍其中一部分插件。jQuery Mobile 具有很强的可扩展性，在 jQuery Mobile 开发过程中可以融入很多优秀的 jQuery Mobile 插件，使移动开发更加轻松。

 重点导读

- 熟悉使用 Camera 插件实现焦点轮播图效果。
- 熟悉使用 SwipeBox 插件实现查看大图效果。
- 熟悉使用 mmenu 插件实现侧边栏效果。
- 熟悉使用 DateBox 插件实现日期和时间的选择效果。
- 熟悉使用 Mobiscroll 插件实现滚屏选择日期和时间的效果。

17.1 Camera 插件

Camera 插件是一个基于 jQuery Mobile 插件的开源项目，主要用来实现轮播图特效。在轮播中，用户可以查看每一张图片的主题信息，手动终止播放过程。

Camera 插件的官方下载地址为：https://github.com/pixedelic/Camera。

【例 17-1】（实例文件：ch17\Chap17.1.html）使用 Camera 插件实现轮播图实例。代码如下：

```
<!DOCTYPE html>
<html>
<head>
    <meta charset="UTF-8">
    <title>camera 插件应用程序</title>
    <meta name="viewport" content="width=device-width, initial-scale=1">
    <link rel="stylesheet" href="jquery.mobile-1.4.5.css">
    <script src="jquery-1.8.3.min.js"></script>
```

```
        <script src="jquery.mobile-1.4.5.js"></script>
        <link rel="stylesheet" href="camera/css/camera.css">
        <script src="camera/js/jquery.easing.1.3.js"></script>
        <script src="camera/js/camera.js"></script>
</head>
<body>
<div data-role="page">
    <div data-role="header">
        <h1>camera 插件</h1>
    </div>
    <div data-role="main" class="camera_wrap camera_azure_skin" id="camera1">
        <div data-src="camera/image/slides/01.jpg">
            <div class="camera_caption fadeFromBottom">
                第一张
            </div>
        </div>
        <div data-src="camera/image/slides/02.jpg">
            <div class="camera_caption fadeFromBottom">
                第二张
            </div>
        </div>
        <div data-src="camera/image/slides/03.jpg">
            <div class="camera_caption fadeFromBottom">
                第三张
            </div>
        </div>
        <div data-src="camera/image/slides/04.jpg">
            <div class="camera_caption fadeFromBottom">
                第四张
            </div>
        </div>
    </div>
    <div data-role="footer" data-position="fixed">
        <h4>尾部</h4>
    </div>
</div>
</body>
<script>
    $(function() {
        $('#camera1').camera({
            time:1000,
            thumbnails:false
        })
    });
</script>
</html>
```

图 17-1　Camera 实现轮播图

相关的代码实例可参考 Chap17.1.html 文件，在 Opera Mobile 模拟器中预览效果如图 17-1 所示。

分析：

在<head>与</head>标签中添加<meta>标签，设置和加载 jQuery Mobile 函数库代码，与前面案例相同。然后需要引入 Camera 插件相应的 CSS 文件和 JavaScript 脚本文件，代码如下：

```
<link rel="stylesheet" href="camera/css/camera.css">
<script src="camera/js/jquery.easing.1.3.js"></script>
<script src="camera/js/camera.js"></script>
```

在<body>与</body>标签中编写了 jQuery Mobile 页面代码。在内容区域中添加一个<div>标签作为放置轮播图片的容器，并在该<div>标签中设置 id 名称为 camera1，类样式名称为 camera_wrap。在该容器中，同时使用<div>标签添加被轮播的图片，每一个轮播图片的代码结构都是相同的。

在页面中，所有的图片元素都添加完成后，还需要在页面初始化事件中调用 Camera 插件的 camera()方法，才能实现执行该页面时图片容器中的图片以幻灯片形式轮播的效果。其代码如下：

```
<script>
    $(function() {
        $('#camera1').camera({
            time:1000,
            thumbnails:false
        })
    });
</script>
```

17.2　SwipeBox 插件

SwipeBox 是一款支持桌面、移动触摸手机和平板计算机的 jQuery 灯箱插件。SwipeBox 插件支持手机的触摸手势，支持桌面计算机的键盘导航，并且支持视频的播放。不支持 CSS 3 过渡特性的浏览器可使用 jQuery 降级处理，支持视网膜显示，能够通过 CSS 轻松定制。

当用户单击缩略图片时，图片将会以大图尺寸方式展示。另外，用户还可以对同组的图片通过左右切换来进行查看，非常适合用于做照片画廊以及查看大尺寸图片。

SwipeBox 插件下载地址为：http://brutaldesign.github.io/swipebox/。

【例 17-2】（实例文件：ch17\Chap17.2.html）使用 Swipebox 插件实现查看大图实例。代码如下：

```
<!DOCTYPE html>
<html>
<head>
    <meta charset="UTF-8">
    <title>SwipeBox 插件应用程序</title>
    <meta name="viewport" content="width=device-width,initial-scale=1">
    <link rel="stylesheet" href="jquery.mobile-1.4.5.css">
    <script src="jquery.js"></script>
    <script src="jquery.mobile-1.4.5.js"></script>
    <link rel="stylesheet" href="Swipebox/css/swipebox.css">
    <script src="Swipebox/js/jquery.swipebox.js"></script>
</head>
<body>
<div data-role="page" id="page1">
    <div data-role="header" data-theme="b">
        <h1>SwipeBox 插件</h1>
    </div>
    <div data-role="main">
        <a href="Swipebox/img/01.jpg" class="box1">
            <img src="Swipebox/img/01.jpg" alt="" width="150px">
        </a>
        <a href="Swipebox/img/02.jpg" class="box2">
            <img src="Swipebox/img/02.jpg" alt="" width="150px">
        </a>
        <a href="Swipebox/img/03.jpg" class="box3">
            <img src="Swipebox/img/03.jpg" alt="" width="150px">
        </a>
        <a href="Swipebox/img/04.jpg" class="box4">
            <img src="Swipebox/img/04.jpg" alt="" width="150px">
```

```
      </a>
    </div>
  </div>
</body>
<script>
  (function($) {
    $('.box1').swipebox();
    $('.box2').swipebox();
    $('.box3').swipebox();
    $('.box4').swipebox();
  })(jQuery);
</script>
</html>
```

相关的代码实例可参考 Chap17.2.html 文件，在 Opera Mobile 模拟器中预览效果如图 17-2 所示。单击其中最后一张图片，将显示对应的大图，如图 17-3 所示。

分析：

在<head>与</head>标签中添加<meta>标签，设

图 17-2　灯箱效果　　　图 17-3　显示大图效果

置和加载 jQuery Mobile 函数库代码，与前面案例相同，然后需要引入 SwipeBox 插件相应的 CSS 文件和 JavaScript 脚本文件。代码如下：

```
<link rel="stylesheet" href="jquery.mobile-1.4.5.css">
<link rel="stylesheet" href="Swipebox/css/swipebox.css">
<script src="Swipebox/js/jquery.swipebox.js"></script>
```

在<body>与</body>标签中编写了 jQuery Mobile 页面代码。在页面的内容区域插入各图片的缩略图，为各缩略图添加<a>标签，并设置它的 href 属性值为缩略图对应的原始大图片。在每个<a>标签中设置一个 class 属性，用于与 SwipeBox 插件相绑定。

在<script>与</script>标签中的脚本代码用于页面中相对应的类属性元素调用 SwipeBox 插件 swipebox() 的方法。代码如下：

```
<script>
  (function($) {
    $('.box1').swipebox();
    $('.box2').swipebox();
    $('.box3').swipebox();
    $('.box4').swipebox();
  })(jQuery);
</script>
```

17.3　mmenu 插件

mmenu 是一款用于创建平滑导航菜单的 jQuery Mobile 插件，只需很少的 JavaScript 代码，即可在移动网站中实现非常酷炫的滑动菜单。

mmenu 插件官方下载地址为：http://mmenu.frebsite.nl/download.html。

【例 17-3】（实例文件：ch17\Chap17.3.html）使用 mmenu 插件实现侧边栏实例。代码如下：

```
<!DOCTYPE html>
<html>
<head>
  <meta charset="UTF-8">
  <title>mmenu 插件应用程序</title>
```

```
    <meta name="viewport" content="width=device-width,initial-scale=1">
    <link rel="stylesheet" href="jquery.mobile-1.4.5.css">
    <script src="jquery-1.9.0.min.js"></script>
    <script src="jquery.mobile-1.4.5.js"></script>
    <link rel="stylesheet" href="mmenu/css/style.css">
    <link rel="stylesheet" href="mmenu/css/jquery.mmenu.css">
    <script src="mmenu/js/jquery.mmenu.js"></script>
</head>
<body>
<div data-role="page" id="page1" data-theme="f">
    <div data-role="header" data-theme="b">
        <div class="l_tbn">
            <a href="#menu"><img src="mmenu/image/04.jpg" alt="" width="30px"></a>
        </div>
        <h1>mmenu 插件实现侧边栏</h1>
        <nav id="menu">
            <ul>
                <li class="Selected"><a href="#">首页</a></li>
                <li><a href="#">公司简介</a></li>
                <li><a href="#">公司作品</a></li>
                <li><a href="#">完成作品</a></li>
                <li><a href="#">招聘信息</a></li>
            </ul>
        </nav>
    </div>
    <div data-role="main"></div>
</div>
</body>
<script>
    $(function() {
        $('nav#menu').mmenu()
    });
</script>
</html>
```

相关的代码实例可参考 Chap17.3.html 文件，在 Opera Mobile 模拟器中预览效果如图 17-4 所示。当单击左上角的图标时，可以在左侧显示侧边菜单栏，如图 17-5 所示。

图 17-4　页面加载效果

图 17-5　在左侧显示侧边菜单栏效果

分析：

在<head>与</head>标签中添加<meta>标签，设置和加载 jQuery Mobile 函数库代码，与前面案例相同。然后需要引入 mmenu 插件相应的 CSS 文件和 JavaScript 脚本文件，代码如下：

```
<link rel="stylesheet" href="mmenu/css/style.css">
<link rel="stylesheet" href="mmenu/css/jquery.mmenu.css">
<script src="mmenu/js/jquery.mmenu.js"></script>
```

在<body>与</body>标签中编写了 jQuery Mobile 页面代码。

在<script>与</script>标签中的脚本代码用于页面加载完毕之后调用 mmenu 插件的 mmenu()方法，代码如下：

```
<script>
    $(function() {
        $('nav#menu').mmenu()
    });
</script>
```

17.4　DateBox 插件

DateBox 是选择日期和时间的 jQuery Mobile 插件，使用该插件可以在弹出的窗口中显示选择日期或者时间的对话框，用户只需要单击某个选项，便可以完成日期的选择。

DateBox 插件官方下载地址为：https://github.com/jtsage/jquery-mobile-datebox。

【例 17-4】（实例文件：ch17\Chap17.4.html）使用 DateBox 插件实现日期和时间的选择实例。代码如下。

```html
<!DOCTYPE html>
<html>
<head>
    <meta charset="UTF-8">
    <title>DateBox 插件应用程序</title>
    <meta name="viewport" content="width=device-width,initial-scale=1">
    <link rel="stylesheet" href="jquery.mobile-1.4.5.css">
    <script src="jquery.js"></script>
    <script src="jquery.mobile-1.4.5.js"></script>
    <link rel="stylesheet" href="datebox/css/jqm-datebox.css">
    <script src="datebox/js/jqm-datebox.core.js"></script>
    <script src="datebox/js/jqm-datebox.comp.calbox.js"></script>
    <script src="datebox/js/jqm-datebox.comp.datebox.js"></script>
</head>
<body>
<div data-role="page" id="page1">
    <div data-role="header" data-theme="b">
        <h1>DateBox 插件</h1>
    </div>
    <div data-role="main">
        <p>选择日期</p>
        <input type="text" id="date1" readonly data-role="datebox" data-options='{"mode":"datebox"}'>
        <p>选择时间</p>
        <input type="text" id="date2" readonly data-role="datebox" data-options='{"mode":"timebox"}'>
    </div>
</div>
</body>
</html>
```

相关的代码实例可参考 Chap17.4.html 文件，在 Opera Mobile 模拟器中预览效果如图 17-6 所示。当单击文本输入框右边图标时，可以弹出选择日期和时间的对话框，如图 17-7 所示。选择需要的时间，操作完成后，最终页面显示效果如图 17-8 所示。

图 17-6　页面加载效果

图 17-7　选择日期和时间对话框

图 17-8　最终效果

分析：

在<head>与</head>标签中添加<meta>标签，设置和加载 jQuery Mobile 函数库代码，与前面案例相同。然后需要引入 DateBox 插件相应的 CSS 文件和 JavaScript 脚本文件，代码如下：

```
<link rel="stylesheet" href="datebox/css/jqm-datebox.css">
<script src="datebox/js/jqm-datebox.core.js"></script>
<script src="datebox/js/jqm-datebox.comp.calbox.js"></script>
<script src="datebox/js/jqm-datebox.comp.datebox.js"></script>
```

在<body>与</body>标签中编写了 jQuery Mobile 页面代码。在页面的内容区域创建了两个文本域，一个用于选择日期，一个用来选择时间。两个文本域中都设置了 data-role="datebox"属性类别，用于绑定页面中的文本域元素。在选择日期的文本域中设置 data-options='{"mode":"datebox"}'属性类别，在选择时间的文本域中设置 data-options='{"mode":"timebox"}'属性类别，通过 data-options 属性设置各选项配置。在浏览页面时，在文本域的右侧有一个小图标，单击图标将弹出相应的日期或时间选择对话框。

17.5　Mobiscroll 插件

Mobiscroll 和 DateBox 插件一样，也是一款很不错的日期和时间选择的 jQuery Mobile 插件，用户可以通过旋转滚动来选择日期和时间。

Mobiscroll 插件支持任意自定义值，并且可以自定义主题。另外，也可以自定义选择日期和时间的风格，如 Android、iOS 等。

Mobiscroll 插件使用起来非常简单，只需要在页面中为相应的文本域元素设置 id 名称，编写相应的 JavaScript 脚本代码，将文本域与 Mobiscroll 插件绑定，就可以实现单击绑定的文本域来选择日期或时间。

Mobiscroll 插件的官方下载地址为：http://www.mobiscroll.com/。

【例 17-5】（实例文件：ch17\Chap17.5.html）使用 Mobiscroll 插件实现滚屏选择日期和时间。代码如下：

```
<!DOCTYPE html>
<html>
<head>
    <meta charset="UTF-8">
    <title>mobiscroll 插件应用程序</title>
    <meta name="viewport" content="width=device-width,initial-scale=1">
    <link rel="stylesheet" href="jquery.mobile-1.4.5.css">
    <script src="jquery-1.9.0.min.js"></script>
    <script src="jquery.mobile-1.4.5.js"></script>
    <link rel="stylesheet" href="mobiscroll/css/mobiscroll.custom-2.4.4.min.css">
    <script src="mobiscroll/js/mobiscroll.custom-2.4.4.min.js"></script>
</head>
<body>
<div data-role="page" id="page1">
    <div data-role="header">
        <h1>Mobiscroll 插件</h1>
    </div>
    <div data-role="main">
        <h3>今年高考开始时间</h3>
        <p>选择日期</p>
        <input type="text" id="date1" placeholder="请选择日期">
        <p>选择时间</p>
        <input type="text" id="time1" placeholder="请选择日期">
    </div>
</div>
```

```
    </body>
    <script>
        $(function(){
            $("#date1").mobiscroll().date({
                display:'bottom',//设置显示位置
                theme:"ios",  //设置主题风格
                yearText:'年',
                monthText:'月',
                dayText:'日',
                dateOrder:'yyyymmdd', //面板中日期排列格式
                setText:'确认', //确认按钮名称
                cancelText:'取消', //取消按钮名称
            });
            $("#time1").mobiscroll().time({
                display:'bottom',
                theme:"ios",
                setText:'确认',
                cancelText:'取消'
            });
        })
    </script>
</html>
```

　　相关的代码实例可参考 Chap17.5.html 文件，在 Opera Mobile 模拟器中的预览效果如图 17-9 所示。当单击文本输入域时，可以弹出旋转滚动选择日期和时间的对话框，如图 17-10 所示。选择需要的时间，操作完成后，最终页面显示效果如图 17-11 所示。

图 17-9　页面加载效果

图 17-10　弹出选择日期和时间对话框

图 17-11　最终效果

　　分析：

　　在<head>与</head>标签中添加<meta>标签，设置和加载 jQuery Mobile 函数库代码，与前面案例相同。然后，需要引入 Mobiscroll 插件相应的 CSS 文件和 JavaScript 脚本文件，代码如下：

```
<link rel="stylesheet" href="mobiscroll/css/mobiscroll.custom-2.4.4.min.css">
<script src="mobiscroll/js/mobiscroll.custom-2.4.4.min.js"></script>
```

　　在<body>与</body>标签中编写了 jQuery Mobile 页面代码。在页面的内容区域创建了两个文本域，一个用于选择日期，一个用来选择时间。在两个文本域中分别设置 id 名称，后面通过 JavaScript 脚本代码将不同 id 名称的文本域与 Mobiscroll 插件绑定，实现弹出不同日期和时间的选择窗口。

　　在<script>与</script>标签中的脚本代码用于将不同 id 名称的文本域与 Mobiscroll 插件绑定，并设置插

件的一些参数。代码如下：

```
<script>
    $(function(){
        $("#date1").mobiscroll().date({
            display:'bottom',          //设置显示位置
            theme:"ios",               //设置主题风格
            yearText:'年',
            monthText:'月',
            dayText:'日',
            dateOrder:'yyyymmdd',      //面板中日期排列格式
            setText:'确认',            //确认按钮名称
            cancelText:'取消',         //取消按钮名称
        });
        $("#time1").mobiscroll().time({
            display:'bottom',
            theme:"ios",
            setText:'确认',
            cancelText:'取消'
        });
    })
</script>
```

17.6 就业面试技巧与解析

17.6.1 面试技巧与解析（一）

面试官：在 jQuery Mobile 移动应用开发中，有许多优秀的插件可供选择，请问你知道哪些优秀的插件？

应聘者：的确，jQuery Mobile 中优秀的插件很多，从日期/时间选择、抽屉式导航菜单、手风琴导航、隐藏/显示密码，到灯箱特效、交互式地图、页面震动、相册/画廊展示等。自己用到过的不是很多，有 Camera 插件，用于实现图片的焦点轮播效果；有 Swipebox 插件，用于实现灯箱效果；有 mmenu 插件，用于实现侧边栏效果；有 DateBox 插件和 Mobiscroll 插件，用于实现日期和时间的选择。

17.6.2 面试技巧与解析（二）

面试官：请问你在使用某一个 jQuery Mobile 插件时，遇到了哪些问题？是怎么解决的？

应聘者：我在使用 Camera 插件实现焦点轮播效果时遇到了麻烦，代码编写完成后，效果始终出不来，甚至连图片都不显示，我检查了很多遍代码确认无误后，就在浏览器中搜索了一下，在一些著名的论坛上找到了答案。使用 Camera 插件，jQuery 文件版本不能超过 jQuery-1.9.0，于是我下载了一个 jQuery-1.8.3 的版本，把该文件载入页面后运行，实现了焦点轮播的效果。

第 4 篇

项目实践

在本篇中，将贯通前面所学的各项知识和技能进行移动端的项目实战开发。通过本篇的学习，读者将学到项目实战的一些技巧，并为以后进行软件开发积累经验。

- 第 18 章　HTML 5 在游戏开发行业中的应用
- 第 19 章　HTML 5 在教育开发行业中的应用
- 第 20 章　手机端案例——记事本 App
- 第 21 章　人脸识别案例——年龄小侦探 App

第18章

HTML 5 在游戏开发行业中的应用

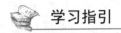

学习指引

HTML 5 是新一代的 Web 标准，它具有很多新特性，最主要的是它具有平台化的兼容性，不仅可以在计算机上运行，还可以在移动端运行。不仅如此，HTML 5 中的 canvas 元素可以使浏览器直接创建并处理图像，减轻了开发人员的负担，而且使界面更加优美，从而提高了用户体验。

当前，HTML 5 做的网站已不容忽视，不论动画细节还是运行效率都很棒。本章利用 HTML 5 的 canvas 元素制作一款移动端的小游戏——《打地鼠》。

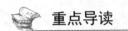

重点导读

• 掌握使用 HTML 5 中 canvas 元素绘制方格。
• 掌握使用 CSS 3 动画实现地鼠出现和消失的动画效果。

18.1　游戏概述

《打地鼠》是一款趣味性的小游戏，游戏开始后，地鼠会从一个个地洞中随意出现，出现的时间有限，要在限定的时间内把它们消除，每消除一个加一分。若没在限定的时间内消除地鼠，地鼠逃生，你将失去一条命，每一次游戏共有3条命。当有3个地鼠逃生，游戏结束。

本章实现的《打地鼠》游戏很简单，只有3个项目文件，文件目录如图18-1所示。

图 18-1　《打地鼠》游戏文件目录

18.2　游戏功能的实现

《打地鼠》游戏是在 Opera Mobile 模拟器上调试开发的，Opera Mobile 模拟器在本书第 12 章讲过，这里就不再赘述。而实现《打地鼠》游戏，主要用到了 HTML 5、JavaScript、CSS 3、canvas 等技术。

18.2.1　游戏基本的 HTML 5 结构

首先创建 index.html 文件，文件结构代码如下：

```html
<!DOCTYPE html>
<html>
<head lang="en">
    <meta name="viewport" content="initial-scale=1, maximum-scale=1, user-scalable=no">
    <meta charset="UTF-8">
    <title>HTML 5 打地鼠</title>
    <link rel="stylesheet" href="style.css">
</head>
<body>
<h2>打地鼠游戏</h2>
<h3>得分:0</h3>
<h3>生命:3</h3>
<div></div>
<canvas id="myCanvas" width="800" height="800">
</canvas>
<img id="change" src="rat.png">
</body>
</html>
```

其中：

：是用来放置地鼠的盒子。

<canvas id="myCanvas" width="800" height="800"></canvas>：设置 canvas 的宽度和高度。

在 Opera Mobile 模拟器上运行的游戏结构界面效果如图 18-2 所示。

图 18-2　游戏结构界面

18.2.2　游戏 CSS 样式设计

使用 CSS 样式美化 HTML。该游戏的 CSS 样式文件为 style.css，具体的 CSS 代码如下：

```css
*{
    padding:0;
    margin:0;
}
body{
    text-align:center;
    background-color:cornsilk;
    overflow:hidden;
}
h2{
    font-size:40px;
    margin-top:40px;
}
h3{
    margin-top:15px;
}
img{
```

```
    position:absolute;
    width:33.33%;
    max-width:300px;
    max-height:300px;
    transform:scale(0);
    -webkit-transform:scale(0);
    transition:all.5s ease-out;
    -webkit-transition:all.5s ease-out;/*地鼠出现的动画*/
}
.active{
    transform:scale(1);
    -webkit-transform:scale(1);
}
canvas,div{
    position:absolute;
    left:50%;
    width:72%;
    height:auto;
    max-width:400px;
    max-height:400px;
    transform:translate(-50%,0%);
    -webkit-transform:translate(-50%,0%);/*居中显示*/
    margin-top:50px;
}
div{z-index:1;}
#change{
    position:fixed;
    top:200%;
    left:200%;
    transform:scale(0.1);
    -webkit-transform:scale(0.1);
}
```

应用设计好的 CSS 文件后，在 Opera Mobile 模拟器上运行的界面效果如图 18-3 所示。

图 18-3　应用 CSS 样式后的界面效果

18.2.3　JavaScript 编程

静态页面设计好后，就可以编写 JavaScript 脚本了，具体代码如下：

```
<script>
    var canvas=document.getElementById("myCanvas");
    var ctx=canvas.getContext("2d");
    ctx.fillStyle="#CDC9C9";
    var mesh=3;
    var space=800/mesh;
    var meshSize=space*0.96;
    ctx.translate(space*0.02,space*0.02);
    var rats=[];          //放地鼠数组
    var scores;           //得分
    var life;             //生命
    var interval;         //产生地鼠的间隔时间
    var t,t2;
    window.onload=function(){
        drawBox();        //游戏中的方格是用canvas画的
        initGame();       //初始化游戏
    };
    //初始化游戏
    function initGame(){
        scores=0;         //得分
        life=3;           //3次机会
```

```
        interval=100;//地鼠出现的间隔时间
        document.getElementsByTagName("h3")[0].innerHTML="得分:"+scores;
        document.getElementsByTagName("h3")[1].innerHTML="剩余机会:"+life;
        t=setInterval(function(){
            showRats();//产生地鼠的方法
            maintanceRats();//维护地鼠的方法
        },interval);
}
//画方格,每个方格放一个地鼠并且隐藏
function drawBox(){
    for(var i=0;i<mesh;i++){
        for(var j=0;j<mesh;j++){
            ctx.fillRect(i*space,j*space,meshSize,meshSize);//画方格
            var img=new Image();
            img.src="rat.png";
            img.style.left=i*33.33 + "%";
            img.style.top=j*0.3333*canvas.clientHeight+"px";
            //下面两个事件是为了适配不同的移动设备
            img.addEventListener("mousedown",clicked);
            img.addEventListener('touchstart', touched);
            document.getElementsByTagName("div")[0].appendChild(img);//每个方格放地鼠
            rats.push(img);//地鼠放入队列中,用于后面维护
        }
    }
}
function touched(){//触摸中了地鼠
    pass(this);
}
function clicked(){//点击中了地鼠
    pass(this);
}
function pass(rat){
    if(rat.className=="active"){//如果地鼠显示出来了
        rat.classList.remove("active");//隐藏
        scores ++;//加分
        document.getElementsByTagName("h3")[0].innerHTML="得分:"+scores;//更新显示分数
        interval-=interval*0.03>2?interval*0.03:interval*0.015;//增加游戏的难度
    }
}
function showRats(){//产生地鼠的方法
    if(parseInt(Math.random()*100)%parseInt(((interval/12)>2?(interval/12):2))==0){//产生
的概率越来越大
        var number=Math.ceil(Math.random()*8);
        if(rats[number].className==""){//如果没有出现
            t2=setTimeout(function(){//调用定时器方法,让它出现
                rats[number].classList.add("active");
                rats[number].id=interval/4;//用 id 表示地鼠自动消失的时间,与游戏难度相关
            },500);
        }
    }
}
function maintanceRats(){//维护地鼠的方法
    var activeRats=document.getElementsByClassName("active");//获取所有出现的地鼠
    for(var i=0;i<activeRats.length;i++){//用 id 表示剩余时间
        activeRats[i].id--;
        if(activeRats[i].id<0){//如果到时间了
            activeRats[i].classList.remove("active");//当前地鼠隐藏
            life--;//掉血
```

```
                interval *=1.08;//回退一点游戏难度
                document.getElementsByTagName("h3")[1].innerHTML="剩余机会:"+life;//更新血量显示
                if(life==0){
                    lose();
                }
            }
        }
    }
//如果游戏输了,执行lose()方法
function lose(){
    clearInterval(t);//停止计时器,等待游戏重新开始
    clearTimeout(t2);
    setTimeout(function(){//延时一点
        alert("您输了,共打了"+scores+"只地鼠");
        for(var i=0;i<rats.length;i++){
            rats[i].classList.remove("active");
            //全部地鼠隐藏
        }
        setTimeout(function(){
            initGame();//重新开始游戏
        },500);//延时,等待地鼠隐藏的动画效果结束
    },10);
    }
</script>
```

图 18-4　游戏主界面

主要代码的意思，都已在代码的注释部分说明。在 Opera Mobile 模拟器上运行的界面效果如图 18-4 所示。

18.3　运行效果

游戏已经编写完成，下面我们来运行一下，看效果如何。

直接把 index.html 文件拖入 Opera Mobile 模拟器中，游戏直接就开始了，如图 18-5 所示。这时只需要用鼠标点击出现的地鼠，消除它们，每消除一只地鼠加一分，如图 18-6 所示。随着消除地鼠的增加，地鼠出现的间隔时间越来越短，游戏难度增加，游戏得分就各凭本事了。当 3 次机会都使用完后，会弹出消除的地鼠数量，如图 18-7 所示。

图 18-5　游戏开始

图 18-6　游戏进行中

图 18-7　游戏结束

第 19 章

HTML 5 在教育开发行业中的应用

 学习指引

随着移动互联网的不断发展,人们的上网习惯已经由 PC 段转向了移动端,所以各互联网企业都开始开发基于移动端设备的应用程序了。本节将要介绍一个教育培训的移动端项目——美丽教育的开发过程。

重点导读

- 掌握移动端<meta>标签的设置。
- 掌握<a href="javascript:history.back()"></a>的用法。

19.1　项目概述

美丽教育项目非常简单,是通过 HTML 5+CSS 3 来实现的,它是一个教育培训的项目,包括 5 个页面,分别是首页、关于贾美丽、招生要求、教育理念和联系我们,如图 19-1 所示。

图 19-1　美丽教育文件目录

19.2 美丽教育页面的实现

该项目是使用 Web 前端基础知识 HTML+CSS 实现的，实现过程具体如下。

19.2.1 首页

该页面起到导航的作用，可以通过它连接到其他页面。实现页面的代码如下：

```
<!DOCTYPE html>
<html lang="en">
<head>
    <title>首页</title>
    <meta charset="UTF-8">
    <meta name="viewport" content="width=device-width, initial-scale=1.0, minimum-scale=1.0,
maximum-scale=1.0, user-scalable=no">
    <link href="css/style.css" rel="stylesheet" type="text/css" />
</head>
<body>
<div id="main">
    <img src="images/011.png" height="180" width="320"/>
    <div class="content">
        <table>
            <tr>
                <td valign="top" width="14%"><img src="images/1-icon.jpg"/></td>
                <td><span>美丽教育网络科技有限公司</span></td>
            </tr>
            <tr>
                <td valign="top" width="14%"><img src="images/1-icon.jpg"/></td>
                <td><span class="style27">老师电话:13366668888</span></td>
            </tr>
        </table>
        <h3></h3>
        <h3></h3>

        <hr>
        <table>
            <tr>
                <td><a href="关于贾美丽.html" target="_self"><img src="images/02.png" alt="error"
/></a></td>
            </tr>
            <tr>
                <td><a href="招生要求.html" target="_self"><img src="images/03.png" alt="error"
/></a></td>
            </tr>
            <tr>
                <td><a href="教育理念.html" target="_self"><img src="images/04.png" alt="error"
/></a></td>
            </tr>
            <tr>
                <td><a href="联系我们.html" target="_self"><img src="images/05.png" alt="error"
/></a></td>
            </tr>
        </table>
        <hr />
        总公司:美丽园中部区 88 栋 102 室
    </div>
    <div id="footer">Copyright © 2018 贾美丽</div>
</div>
</body>
</html>
```

下面的 CSS 代码是整个项目的所有页面都要引用的 CSS 文件，在后面的页面中将不再重写。代码如下：

```
*{
margin:0;
padding:0;
}
body{
font-size:110%;
color:#272727;
line-height:1.5em;
background-color:#f7f7f7;
text-align:left;
}
p, ul,li{text-align:justify;text-justify:inter-ideograph;}
a{text-decoration:none;color:#CC0000;}
a:active {text-decoration:none; }
h2{
padding-left:10px;
font-size:100%;
font-weight:bold;
border-bottom-width:3px;
border-bottom-style:solid;
border-bottom-color:#990000;
}

h3{
font-size:100%;
color:#E5007F;
margin:10px 0;
}
#main{
width:320px;
margin-right:auto;
margin-left:auto;
background-color:#FFFFFF;
border:1px solid #FFCCCC;
}
.content{ padding:10px;}
.page{ text-align:right;}
.page a{ padding-left:5px;}
/* Main Content */
.space{clear:both;}
/* Footer */
#footer{
font-size:80%;
padding:10px 0;
color:#999;
clear:both;
text-align:center;
border-top-width:1px;
border-bottom-width:20px;
border-top-style:solid;
border-bottom-style:solid;
border-top-color:#ebebeb;
border-bottom-color:#E5007F;
```

在 Opera Mobile 模拟器上运行的界面效果如图 19-2 所示。

图 19-2　首页页面效果

19.2.2　关于贾美丽

该页面是讲述贾美丽的生涯，页面代码如下：

365

```
<!DOCTYPE html>
<html lang="en">
<head>
    <title>关于美丽</title>
    <meta charset="UTF-8">
    <meta name="viewport" content="user-scalable=no,width=320" />
    <link href="css/style.css" rel="stylesheet" type="text/css" />
</head>
<body>
<div id="main">
    <img src="images/012.png"/>
    <div class="content">
        <h2><img src="images/2-icon.jpg"/><a href="首页.html" target="_self">首页</a>>>关于贾美丽</h2>
        <h3><img src="images/01.png" width="280" height="50" /></h3>
        <table>
        <tr>
            <td valign="top"><img src="images/1-icon.jpg"/></td>
            <td>中国北京人</td>
        </tr>
        <tr>
            <td valign="top" width="11%"><img src="images/1-icon.jpg"/></td>
            <td>大学学的计算机专业</td>
        </tr>
        <tr>
            <td valign="top"><img src="images/1-icon.jpg"/></td>
            <td>大学就考过了计算机四级</td>
        </tr>
        <tr>
            <td valign="top"><img src="images/1-icon.jpg"/></td>
            <td>2015年1月创立美丽网络科技有限公司,专注于教育计算机人才</td>
        </tr>
        <tr>
            <td valign="top"><img src="images/1-icon.jpg"/></td>
            <td>2016年5月回母校演讲,并担任计算机课程的教学</td>
        </tr>
        <tr>
            <td valign="top"><img src="images/1-icon.jpg"/></td>
            <td>2018年美丽网络科技有限公司规模已经是全市第一</td >
        </tr>
        </table>
        <div                       class="page"><a
href="javascript:history.back()"><img
src="images/button-icon.gif" align="absmiddle" />
回上页</a></div>
        <hr />
        总公司:美丽园中部区88栋102室
    </div>
    <div id="footer">Copyright © 2018 贾美丽</div>
</div>
</body>
</html>
```

图 19-3 "关于贾美丽"页面效果

在 Opera Mobile 模拟器上运行的界面效果如图 19-3 所示。

19.2.3 招生要求

该页面,主要展示招收学生的要求内容,代码如下:

```
<!DOCTYPE html>
<html lang="en">
```

```html
<head>
    <title>报名条件</title>
    <meta charset="UTF-8">
    <meta name="viewport" content="user-scalable=no,width=320" />
    <link href="css/style.css" rel="stylesheet" type="text/css" />
</head>
<body>
<div id="main">
    <img src="images/012.png"/>
    <div class="content">
        <h2><img src="images/2-icon.jpg"/><a href="首页.html" target="_self">首页</a>>>招生要求</h2>
        <table>
            <tr>
                <td width="11%" valign="top"><img src="images/1-icon.jpg" /></td>
                <td>具有中华人民共和国国籍.</td>
            </tr>
            <tr>
                <td width="11%" valign="top"><img src="images/1-icon.jpg"/></td>
                <td>18 周岁以上、35 周岁以下,应届毕业硕士研究生和博士研究生(非在职)年龄可放宽到 40 周岁以下.</td>
            </tr>
            <tr>
                <td width="11%" valign="top"><img src="images/1-icon.jpg"/></td>
                <td>拥护中华人民共和国宪法.</td>
            </tr>
            <tr>
                <td width="11%" valign="top"><img src="images/1-icon.jpg"/></td>
                <td>具有正常履行职责的身体条件.</td>
            </tr>
            <tr>
                <td width="11%" valign="top"><img src="images/1-icon.jpg" /></td>
                <td>具有大专以上文化程度.</td>
            </tr>
            <tr>
                <td width="11%" valign="top"><img src="images/1-icon.jpg" /></td>
                <td>大学所学专业与计算机有关.</td>
            </tr>
        </table>
        <div class="page"><a href="javascript:history.back()">
            <img src="images/button-icon.gif"/>回上页</a></div>
        <hr />
        总公司:美丽园中部区 88 栋 102 室
    </div>
    <div id="footer">Copyright © 2018 贾美
丽</div>
</div>
</body>
</html>
```

在 Opera Mobile 模拟器上运行的界面效果如
图 19-4 所示。

19.2.4　教学理念

该页面主要是介绍美丽教育网络科技有限公
司的教学理念,代码如下:

```html
<!DOCTYPE html>
<html lang="en">
<head>
    <title>教育模式</title>
```

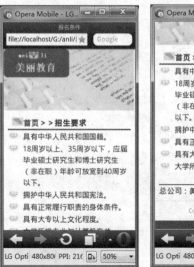

图 19-4　"招生要求"页面效果

```
        <meta charset="UTF-8">
        <meta name="viewport" content="user-scalable=no,width=320" />
        <link href="css/style.css" rel="stylesheet" type="text/css" />
    </head>
    <body>
    <div id="main">
        <img src="images/012.png"/>
        <div class="content">
            <h2><img src="images/2-icon.jpg"/><a href="首页.html" target="_self">首页</a>>>教育理念</h2>
            <p><strong>（1）随到随学</strong> </p>
            <table>
                <tr>
                    <td valign="top"><img src="images/1-icon.jpg"/></td>
                    <td width="87%" valign="top">学员报名之后立马就可以开始学习，无须等人数够了再开班，每个学
员都可以根据自己的时间安排制订自己的学习计划，不会再因为时间不统一落下课．</td>
                </tr>
            </table>
            <p><strong>（2）4对1辅导</strong></p>
            <table>
                <tr>
                    <td valign="top"><img src="images/1-icon.jpg"/></td>
                    <td width="87%" valign="top">
                        授课老师、助教老师、班主任、就业指导老师4对1的服务模式，学员可以实时在线与授课老师和助教
老师1对1沟通问题，就业指导老师会在就业前对学员进行1对1就业指导保证学员进名企拿高薪．
                    </td>
                </tr>
            </table>
            <br />
            <p><strong>（3）闯关式学习</strong></p>
            <table>
                <tr>
                    <td valign="top"><img src="images/1-icon.jpg"/></td>
                    <td width="87%" valign="top">
                        我们的课程是闯关式教学，学员需要完成每一关的作业测试及与助教的视频考核，考核合格之后才能进入
到下一阶段的学习，通过作业测试视频考核也可以检验学员的学习效果，让学员知道自己的学习程度和效果．
                    </td>
                </tr>
            </table>
            <p><strong>（4）名企就业推荐</strong></p>
            <table>
                <tr>
                    <td valign="top"><img src="images/1-icon.jpg"/></td>
                    <td width="87%" valign="top">
                        我们已经和超过5000家企业建立人才推荐合作，遍及全国40多个城市，参加我们微职位培训的学员都
可以获得免费推荐就业的机会，我们课程的宗旨就是系统学习IT技术，进名企拿高薪，为你的职场晋升助力．
                    </td>
                </tr>
            </table>
            <div class="page">
                <a href="javascript:history.back()"><img src="images/button-icon.gif"/>回上页</a>
            </div>
            <hr />
            总公司：美丽园中部区88栋102室
        </div>
        <div id="footer">Copyright © 2018 贾美丽</div>
    </div>
    </body>
</html>
```

在 Opera Mobile 模拟器上运行的界面效果如图 19-5 所示。

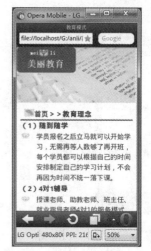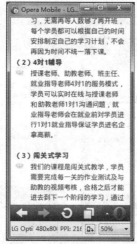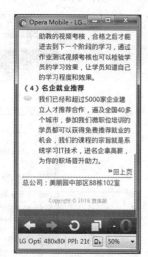

图 19-5　"教学理念"页面效果

19.2.5　联系我们

该页面介绍了公司的联系方式，以及总公司和分公司的地理位置，代码如下：

```html
<!DOCTYPE html>
<html lang="en">
<head>
    <title>联系我们</title>
    <meta charset="UTF-8">
    <meta name="viewport" content="user-scalable=no,width=320" />
    <link href="css/style.css" rel="stylesheet" type="text/css" />
</head>
<body>
<div id="main">
    <img src="images/012.png" width="320" height="131"/>
    <div class="content">
        <h2><img src="images/2-icon.jpg"/><a href="首页.html" target="_self">首页</a>>>联系我们</h2>
        <h3><span>总公司</span>
            <br />
            电话:0011-2001020 <br />
            传真:6666666 <br />
            地址:美丽园中部地区 88 栋 102 室
        </h3>
        <h3><span class="style28">分公司</span><br />
            电话:0012-2001000<br />
            传真:8888888<br />
            地址:美丽园北区 10 栋 501 室
            <br />
        </h3>
        <div class="page"><a href="javascript:history.back()"><img src="images/button-icon.gif"
/>回上页</a></div>
    </div>
    <div id="footer">Copyright © 2018 贾美丽</div>
</div>
</body>
</html>
```

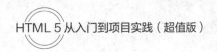

在 Opera Mobile 模拟器上运行的界面效果如图 19-6 所示。

图 19-6　"联系我们"页面效果

19.3　项目运行效果

关于这个项目，很简单，下面就来运行一下。

我们以首页和联系方式页面进行演示，先在 Opera Mobile 模拟器上打开首页页面，单击"联系我们"按钮，如图 19-7 所示，页面将跳转到"联系我们"页面，在该页面中可以通过单击首页跳转到首页面，也可以单击下方的"回上页"按钮，跳转到上一条浏览记录的内容。

图 19-7　项目运行效果

第 20 章
手机端案例——记事本 App

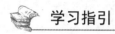 学习指引

随着移动 App 应用爆发式增长，人们对它们可以说是既熟悉又陌生。熟悉的是 App 应用之多、操作之便捷，陌生的是移动 App 看似简单实用却不知从何入手。下面我们通过本章记事本 App 一起熟悉移动 App 的神秘面纱。该案例是类似手机备忘录功能的记事本应用 App，是一个基于 HTML 5+CSS 3+jQuery 实现的移动端 App，支持 Android 和 iOS 系统。下面我们将从基础和实用的角度通过基本功能梳理、开发环境准备、项目实战的三步走方针展开论述，力求每一位学习者对简单的 App 的实现可以化陌生为熟悉，积累一定的经验，掌握必要的实战能力！

重点导读

- 掌握使用 HTML 5+CSS 3+JavaScript 设计。
- 掌握 HBuilder 的安装与环境配置。
- 熟悉 Native.js。
- 掌握 HBuilder 实现优化菜单。
- 掌握 App 打包的方法。

20.1　项目概述

20.1.1　功能梳理

本章我们要介绍的是记事本的应用 App 的制作，功能是要实现记录功能，也就是要实现可以增加记录、查看记录、删除记录等基本业务功能。相信这些功能，我们在 Java 层可以信手拈来。那么，在移动端如何实现简化、美化呢？让我们一起看一下"记事本 App"是怎样完美呈现的。

1. 功能层

- 右上角添加事件：打开应用，在首页右上角有添加按钮，单击按钮可以添加事件。
- 单击事项查看详情：在事项列表页面，进行网格展示所有的事项，单击事项可以查看详情。
- 常按事项删除：在事项列表页，常按事项可以进行删除。
- 右滑事项完成：在事项列表页，右滑事项可以进行事项完成操作。
- 左滑显示完成事项：在应用页面，左滑显示完成事项，单击事项列表页返回。

2. 页面层

1）添加页->添加待办事项，具体功能如下：

- 单击待办事项列表右上角进入；
- 填写信息添加待办事项。

2）完成页->右侧菜单，显示已完成待办事项，具体功能如下：

- 右滑待办事项列表可弹出；
- 单击右上角可弹出；
- 所有页都有退出和菜单按钮。

20.1.2 开发环境

本项目开发环境为 HBuilder。用 HBuilder 做开发，其实可以说是最简单的一种环境搭建了，甚至可以说没有环境需要搭建。但在 Android 环境下开发的时候，则相当痛苦，如要下载各种 sdk，而且都需要翻墙，苦不堪言。用 HBuilder 做开发，只需要基础的 Java 环境，其余的 Android 和 iOS 环境统统不需要。HBuilder 可以做到这一点，是因为：

- 将打包放到云端，免去了本地搭建环境进行打包的痛苦。
- 将调试直接设置为真机调试，免去了各种模拟器调试的痛苦。

1. JDK1.8

利用 HBuilder 开发只需要基础的 Java 环境，也就是 CMD 下可以运行 Java 和 Javac 即可。JDK 是 Java 语言的软件开发工具包，主要用于移动设备、嵌入式设备上的 Java 应用程序。JDK 是整个 Java 开发的核心，它包含了 Java 的运行环境（JVM+Java 系统类库）和 Java 工具。此处所用 JDK 版本为 1.8。注意：JDK 安装完需配置环境变量。相关链接为 https://www.lvtao.net/server/windows-setup-tomcat.html，本书第一章中也有介绍，可供参考。

2. HBuilder

HBuilder 前面已做了简要的介绍，这里主要讲述安装和简单的使用。首先去官网下载免费的 HBuilder 工具。下载完成后将 ZIP 包解压缩到自定义的目录下，双击该目录下的 HBuilder.exe 即可打开 HBuilder。第一次打开 HBuilder 需要注册，几分钟即可搞定。

登录后即可看到 HBuilder 主界面，如图 20-1 所示。

HBuilder 就是基于 eclipse 做的二次开发 ide，使用过 eclipse 或者 myeclipse 的开发人员应该很熟悉这个界面，所以大部门 eclipse 的操作，快捷键都可以直接挪过来使用。

- 前端开发：各种快捷键，各种提示，最好的一点是对所有 HTML、CSS、JavaScript 的各浏览器兼容性都有提示。

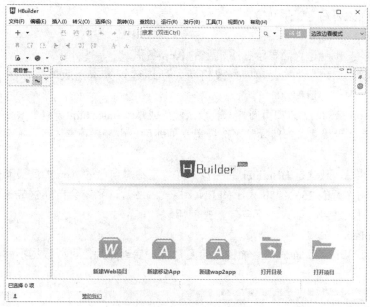

图 20-1 HBuilder 主界面

- Web 开发：脱胎自 eclipse，因此做 Java Web 开发不成问题。
- App 开发：这个是重点，无论是编辑、在线打包，还是真机调试，均快速高效。

3. 项目配置

首先来学习如何新建一个 App 项目。通过 HBuilder 创建一个 App 项目，是个十分简单的过程，相信大家看过前面的 HBuilder 相关文章，都已经小试牛刀了。此处就是利用 HBuilder Mui 模板进行开发的，如图 20-2 所示。

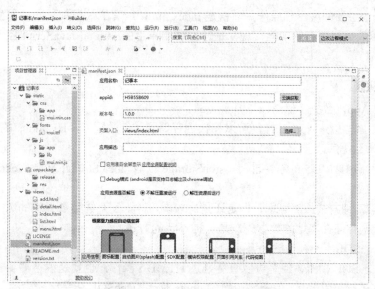

图 20-2 manifest.json 文件配置

其中项目初始化关键的就是对 manifest.json 文件的处理，基本上 App 所有的功能调用、配置都可以在此进行设置，方便快捷，如图 20-2 所示。相信大家看过学习案例之后对这部分已经有了一定的了解，下面再次进行介绍，以便大家以后可以手到擒来。

1）应用信息。

（1）填写应用名称：也就是之后显示在手机上的 App 名称。

（2）版本号：因为开发的时候会频繁修改打包，所以建议大家用版本号做区分，例如使用 1.1.1. 2017070701，代表大、中、小日期。

（3）页面入口：App 启动后的入口页面，一般默认使用或修改 index.html，这个很重要，之后会详细讲解。

（4）重力感应：有 4 种模式，一般只需要选择第一种即可，也就是正常屏幕，有其他需要再依次选择。

2）图标定制。

如果不定制图标的话，默认是 HBuilder 的图标，你肯定不想自己的 App 如此没有代表性和标识性，在图标配置处选择一个制作好的 256×256 大小的 PNG 格式的图片，系统会自动生成各种大小的图标，希望自己制作的图标可以引人注目，让人情不自禁地去使用。

3）启动图片（splash）配置。

单击 App 成功加载和进入页面入口之前的过渡图片即可启动图片，可以根据不同类型的手机配置不同类型的图片。

4）SDK 配置。

SDK 配置也就是引用三方插件的配置，大部分都是需要输入自己的 ak 和 sk，比较常用的是登录、支付、推送、分享、地图等。具体的使用方法可参考第三方的 SDK。

5）模块权限配置。

模块权限配置就是调用原生功能项的配置，选中相应的模块可以进行对应的功能调用。现有功能模块基本可以满足开发的需求。为了给用户一个更好的体验，需要将不需要的权限删掉，只保留必须的权限。此处我们选择的功能模块为：设备信、Native.js、窗口管理、原生 UI 控件、浏览器信息、原生对象、本地存储、运行环境等。

6）代码视图。

此案例中只有一个主要的展示和操作页面就是 index.html，所有的效果都是通过原生自带和自己手动编写的简单 CSS 3 展示效果，所有的功能实现都是通过调用原生的 Mui 和 JavaScript 控制实现的（主要的调用为 index.js 和 qiao.js）。

4．数据存储的实现

HBuilder 开发的 App，数据存储有以下几种方式：

（1）线上数据库：与传统 App 一样，可以将数据存储到线上数据库。HBuilder 的 App 可以通过 Mui 封装的 ajax()方法操作数据库。

（2）Web 存储：利用 HTML 5 的新特性，sessionStorage 较弱，localStorage 较强，localstorage 结合 store.js 可以存储 json 对象。

（3）webSQL：第二种方式虽然可取，但是还是比较弱，对于没有线上数据库的 App 来说，webSQL 是一种较好的方式，就是存储在本地的数据库，是一种不错的方式。

这里我们使用 webSQL，一起了解一下：

webSQL 和大部分 SQL 相似，但是可以直接通过 HTML 5 操作，也就是说不需要安装数据库，只要是支持 HTML 5 的浏览器都可以使用。但是与成熟的 dbms 相比，webSQL 还是比较弱的，最简单的一点来说，不支持 id 自增。

封装 webSQL 创建数据库，更新和查询操作，代码如下：

```
// web sql
```

```
qiao.h.db=function(name, size){
    var db_name=name ? name:'db_test';
    var db_size=size ? size:2;

    return openDatabase(db_name, '1.0', 'db_test', db_size * 1024 * 1024);
};
qiao.h.update=function(db, sql){
    if(db &&sql){
        db.transaction(function(tx){tx.executeSql(sql);});
    }
};
qiao.h.query=function(db, sql, func){
    if(db && sql){
        db.transaction(function(tx){
            tx.executeSql(sql, [], function(tx, results) {
                func(results);
            }, null);
        });
    }
};
```

由于 id 不能自增，所有每次插入的时候需要手动获取最大 id 并加 1，代码如下：

```
qiao.h.query(db, 'select max(id) mid from t_plan_day_todo', function(res){
    var id=(res.rows.item(0).mid) ? res.rows.item(0).mid:0;
    qiao.h.update(db, 'insert into t_plan_day_todo (id, plan_title, plan_content) values (' +
(id+1) + ', "' + title + '", "' + content + '")');
    $('#todolist').prepend(genLi({id:id+1, 'plan_title':title, 'plan_content':content})).show();
});
```

20.1.3　代码结构

使用 HBuilder 打开项目之后，整个项目的代码结构如图 20-3 所示。

图 20-3　项目目录

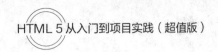

20.2　项目解析

下面通过案例中的主要功能项和知识点进行案例解析。

20.2.1　首页

项目的首页通过上面的配置可以看到是 index.html 页面。首页是分为 index 部分，也就是可见的头部，有时候是头部和底部，还有 list 部分，也就是中间部分。这样做是为了让 App 更加逼真。对应的模式可用图 20-4 来表示。

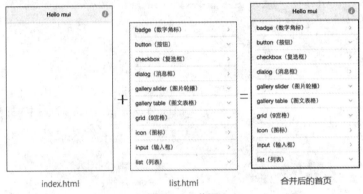

图 20-4　首页

index.html 文件如下：

```html
<!DOCTYPE html>
<html>
    <head>
        <meta charset="utf-8">
        <meta name="viewport" content="width=device-width, initial-scale=1,maximum-scale=1,
user-scalable=no">
        <meta name="apple-mobile-web-app-capable" content="yes">
        <meta name="apple-mobile-web-app-status-bar-style" content="black">
        <!-- mui -->
        <link type="text/css" rel="stylesheet" href="../static/css/mui.min.css"/>
    </head>
    <body>
        <header class="mui-bar mui-bar-nav">
            <a class="mui-icon mui-icon-bars mui-pull-left menua"></a>
            <a class="mui-icon mui-icon-plus mui-pull-right adda"></a>
            <h1 class="mui-title">记事本</h1>
        </header>
        <!-- mui -->
        <script type="text/javascript" src="../static/js/mui.min.js"></script>
        <!-- jquery -->
        <script type="text/javascript" src="../static/js/lib/jquery/jquery-1.11.2.min.js"></script>
        <!-- qiao.h.js -->
        <script type="text/javascript" src="../static/js/lib/qiao/qiao.h.js"></script>
        <!-- app -->
        <script type="text/javascript" src="../static/js/app/index.js"></script>
    </body>
</html>
```

- meta：第一个标签不多说了，定义编码格式；第二个是适应移动端用的，都是必不可少的。
- Mui：Mui 的 JS 和 CSS 文件是必须的，Mui 负责 App 的 UI 界面和 App 与原生交互的封装，你也可以采用 bootstrap 或者 jQuery Mobile 等 UI，但是这里还是推荐 Mui。

- header：采用 Mui 中封装好的组件"导航栏包含文字和图标"，其中 Mui-pull-left 代表浮动到左边，right 到右边，Mui-icon-*代表各种字体图标，关于字体图标可以看项目中的 mui.ttf 文件，如果 Mui 自带的没法满足，你可以在这里 http://www.iconfont.cn/下载引入。
- JS 引入：将与页面初始化无关的 JS 引入到 body 的最底部是一个好习惯，这里引入了 jQuery 和我自己的一些封装 qiao.h.js，以后详细解说，最后是 index 页面对应的 JS 文件。

20.2.2　列表页面

上面我们说过，首页其实是 index 和 list 页面的整合。下面我们来看一下，list 页面是怎么加载整合进来的，首先看一下入口页面 index 页面中调用的 JS 文件。

1. index.js 文件

```
// 初始化
mui.init({
    subpages:[qiao.h.normalPage('list')]
});
var main=null;
var showMenu=false;
var menu=null;
var add=null;
var detail=null;
// 所有方法都放到这里
mui.plusReady(function(){
    setColor("#f7f7f7");
    // 侧滑菜单
    main=qiao.h.indexPage();
    var menuoptions=qiao.h.page('menu', {
        styles:{
            left:0,
            width:'70%',
            zindex:-1
        }
    });
    menu=mui.preload(menuoptions);
    qiao.on('.mui-icon-bars', 'tap', opMenu);
    main.addEventListener('maskClick', opMenu);
    mui.menu=opMenu;
    // 添加
    add=mui.preload(qiao.h.normalPage('add', {popGesture:'none'}));
    qiao.on('.adda', 'tap', showAdd);
    qiao.on('.mui-icon-back', 'tap', hideAdd);
    // 详情
    detail=mui.preload(qiao.h.normalPage('detail', {popGesture:'none'}));
    // 退出
    mui.back=function(){
        if($('.adda').is(':hidden')){
            hideAdd();
        }else if(showMenu){
            closeMenu();
        }else{
            qiao.h.exit();
        }
    };
});
// menu
function opMenu(){
```

```
        if(showMenu){
            closeMenu();
        }else{
            openMenu();
        }
    }
    function openMenu(){
        if($('.adda').is(':visible')){
            setColor("#333333");
            menu.show('none', 0, function() {
                main.setStyle({
                    mask:'rgba(0,0,0,0.4)',
                    left:'70%',
                    transition:{
                        duration:150
                    }
                });
                showMenu=true;
            });
        }
    }
    function closeMenu(){
        setColor("#f7f7f7");
        main.setStyle({
            mask:'none',
            left:'0',
            transition:{
                duration:100
            }
        });
        showMenu=false;
        setTimeout(function() {
            menu.hide();
        }, 300);
    }
    // showAdd 增加页面
    function showAdd(){
        showBackBtn();
        qiao.h.show('add', 'slide-in-bottom', 300);
    }
    function hideAdd(){
        hideBackBtn();
        qiao.h.getPage('add').hide();
        qiao.h.getPage('detail').hide();
    }
    function showBackBtn(){
        $('.menua').removeClass('mui-icon-bars').addClass('mui-icon-back');
        $('.adda').hide();
    }
    function hideBackBtn(){
        $('.menua').removeClass('mui-icon-back').addClass('mui-icon-bars');
        $('.adda').show();
    }
    // set color
    function setColor(color){
        if(mui.os.ios && color) plus.navigator.setStatusBarBackground(color);
    }
```

可以看到，初始化时就自动加载 list.html 页面并对首页中的各种操作进行了定义。其中 list.html 也与 index.html 页面类似，只不过页面中引用的是 list.js，进行数据的加载和处理。

2. list.js 文件

```
// 初始化
mui.init({
```

```
        keyEventBind:{
            backbutton:false,
            menubutton:false
        },
        gestureConfig:{
            longtap:true
        }
    });
    var tapId=null;
    // 所有的方法都放到这里
    mui.plusReady(function(){
        // 获取列表
        initHelp();
        // 右滑菜单
        window.addEventListener('swiperight', function(){
            qiao.h.indexPage().evalJS("opMenu();");
        });
        // 查看详情
        qiao.on('#todolist li', 'tap', function(){
            qiao.h.fire('detail', 'detailItem', {id:$(this).data('id')});
        });
        // 完成
        qiao.on('.doneBtn', 'tap', function(){
            var $li=$(this).parent().parent();
            var id=$li.data('id');
            $li.remove();
            showList($('#todolist'));
            qiao.h.fire('menu', 'doneItem', {todoId:id});
            return false;
        });
        // 长按
        qiao.on('#todolist li', 'longtap', function(){
            tapId=$(this).data('id');
            qiao.h.pop();
        });
        // 删除
        qiao.on('.delli', 'tap', delItem);
        // 添加
        window.addEventListener('addItem', addItemHandler);
    });
    function initHelp(){
        var help=qiao.h.getItem('help');
        if(help==null){
            qiao.h.update(db, 'create table if not exists t_plan_day_todo (id unique, plan_title, plan_
content)');
            qiao.h.update(db, 'create table if not exists t_plan_day_done (id unique, plan_title, plan_
content)');
            var content='1.右上角添加事项<br/>2.单击事项查看详情<br/>3.长按事项删除<br/>4.右滑事项完成
<br/>5.左滑显示完成事项';
            var sql='insert into t_plan_day_todo (id, plan_title, plan_content) values (1, "功能介
绍", "' + content + '")';
            qiao.h.update(db, sql);
            qiao.h.insertItem('help','notfirst');
        }
        initList();
    }
    // 初始化待办事项
    function initList(){
        qmask.show();
        var $ul=$('#todolist').empty();
        qiao.h.query(db, 'select * from t_plan_day_todo order by id desc', function(res){
            for (i=0; i < res.rows.length; i++) {
```

```
                $ul.append(genLi(res.rows.item(i)));
            }
            showList($ul);
        });
        qmask.hide();
    }
    function genLi(data){
        var id=data.id;
        var title=data.plan_title;
        var content=data.plan_content;
        var li=
            '<li class="mui-table-view-cell" id="todoli_' + id + '" data-id="' + id + '">' +
                '<div class="mui-slider-right mui-disabled">' +
                    '<a class="mui-btn mui-btn-red doneBtn">完成</a>' +
                '</div>' +
                '<div class="mui-slider-handle">' +
                    '<div class="mui-media-body">' +
                        title +
                        '<p class="mui-ellipsis">'+content+'</p>' +
                    '</div>' +
                '</div>' +
            '</li>';
        return li;
    }
    function showList(ul){
        if(ul.find('li').size() > 0 && ul.is(':hidden')) ul.show();
    }
    // 添加待办事项
    function addItemHandler(event){
        // 主界面按钮修改
        qiao.h.indexPage().evalJS("hideBackBtn();");
        var title=event.detail.title;
        var content=event.detail.content ? event.detail.content:'暂无内容！';
        qiao.h.query(db, 'select max(id) mid from t_plan_day_todo', function(res){
            var id=(res.rows.item(0).mid) ? res.rows.item(0).mid:0;
            qiao.h.update(db, 'insert into t_plan_day_todo (id, plan_title, plan_content) values (' +
(id+1) + ', "' + title + '", "' + content + '")');
            $('#todolist').prepend(genLi({id:id+1, 'plan_title':title, 'plan_content':content})).show();
        });
    }
    // 删除事项
    function delItem(){
        if(tapId){
            qiao.h.update(db, 'delete from t_plan_day_todo where id=' + tapId);
            qiao.h.pop();
            initList();
        }
    }
```

通过上面代码可以看到，list.js 中自动加载执行 initHelp();。在此方法中通过对 initlist();的执行，对 webSQL 进行查询处理，以初始化待办数据，同时通过不同的操作跳转到不同的页面。

20.2.3 查看与删除

通过上面的 list.js 可以看到查看、操作比较简单，当进行 tap 单击操作时就会 fire 到 detail 的页面，在 detail 页面中调用 detail.js 方法，自动展示待办事项的详情并展示 detail.html 对应的区域中。

删除操作时通过长按操作 longtap 进行触发确认框，当单击删除按钮时，将会对此条数据进行删除操作，并初始化列表页。删除方法如下：

```
// 删除事项
```

```
function delItem(){
    if(tapId){
        qiao.h.update(db, 'delete from t_plan_day_todo where id=' + tapId);
        qiao.h.pop();
        initList();
    }
}
```

20.2.4　添加事项

添加事项顾名思义就是进行事件的添加，也就是进行 webSQL 的 insert 操作。这里只要实现在单击添加按钮时进入编辑页面，进行保存处理，退回 list 页面即可。

在 index.js 中有如下的相关定义：

```
//添加
add=mui.preload(qiao.h.normalPage('add', {popGesture:'none'}));
qiao.on('.adda', 'tap', showAdd);
qiao.on('.mui-icon-back', 'tap', hideAdd);
```

第 1 行是预加载添加页面，这个之前说过了，normalPage 只是对 style 做了封装。

第 2 行是监听左上角的按钮单击事件。

第 3 行是监听右上角的后退按钮（进入添加页后右上角变为后退按钮）。

对应的方法如下：

```
// showAdd
function showAdd(){
    showBackBtn();
    qiao.h.show('add', 'slide-in-bottom', 300);
}
function hideAdd(){
    hideBackBtn();
    qiao.h.getPage('add').hide();
    qiao.h.getPage('detail').hide();
}
function showBackBtn(){
    $('.menua').removeClass('mui-icon-bars').addClass('mui-icon-back');
    $('.adda').hide();
}
function hideBackBtn(){
    $('.menua').removeClass('mui-icon-back').addClass('mui-icon-bars');
    $('.adda').show();
}
```

通过上面的代码可以看到，操作比较简单，就是当进入添加页后将左上角修改为后退按钮，右上角的添加按钮隐藏掉，而退出添加页的方法正好相反。

在 add.html 中用了 Mui 中的输入框和按钮样式，页面简洁大方。在页面中调用 add.js 进行初始化，将不需要的按钮事件屏蔽，监听添加按钮事件，然后将标题和内容通过 fire 的方式传到 list 页面，在 list 页面操作是为了让添加页面的效果更加流畅。

add.js 文件：

```
// 初始化
mui.init({
    keyEventBind:{
        backbutton:false,
        menubutton:false
    }
});
// 所有方法都放到这里
mui.plusReady(function(){
```

```
        resetPage();
        qiao.on('.addItemBtn','tap', addItem);
    });

    // 重置页面
    function resetPage(){
        $('#addContent').val('');
        $('#addTitle').val('');
    }

    // 添加待办事项
    function addItem(){
        var title=$.trim($('#addTitle').val());
        var content=$.trim($('#addContent').val()).replace(/\n/g,'<br/>');

        if(!title){
            qiao.h.alert('请填写待办事项标题！');
        }else{
            qiao.h.getPage('add').hide();
            resetPage();
            qiao.h.fire('list','addItem',{title:title,content:content});
        }
    }
```

20.2.5 完成事项

在本 App 中左滑待办事项会出现完成按钮，单击按钮会完成待办事项，并加入侧滑菜单，此过程中进行的处理是将事项从待办表中删除，同时将事项加入完成表中。涉及两个页面，一个是 list.html，另一个是 menu.html。为了让操作更流畅，所以在 list 页面只进行单击事件，然后将事件传递到 menu 页面进行操作，添加完成事项，移除待办事项，显示完成事项操作。在 list.js 中进行了如下处理：

```
// 完成
qiao.on('.doneBtn', 'tap', function(){
    var $li=$(this).parent().parent();
    var id=$li.data('id');
    $li.remove();
    showList($('#todolist'));
    qiao.h.fire('menu', 'doneItem', {todoId:id});
    return false;
});
```

第一部分是获取该待办事项 li 的 id，然后移除 li，第二部分是将获取的 id 通过 fire 的方式传到 menu 页面。

20.2.6 右滑菜单

在本 App 中侧滑菜单用来记录已经完成的事项。用 HBuilder 实现类似侧滑菜单这样原生 App 功能，一般有两种实现方式：一是 webview 实现，二是 div 模拟实现，两者的区别是 div 实现简单，但是效果有时不是很好，而 webview 实现稍微复杂，页面传值也复杂，但是效果好，一般推荐使用 webview 实现方式。

通过 list.js 可以看到初始化方法时进行了右滑时间监听。代码如下：

```
window.addEventListener('swiperight', function(){
qiao.h.indexPage().evalJS("opMenu();");
});
```

这里调用的是 index 的菜单操作方法。当右滑操作时将会进入到 menu.html 页面，页面通过 menu.js 进行处理。代码如下：

```
// 初始化
mui.init({
    keyEventBind:{
        backbutton:false
    }
});
// 所有的方法都放到这里
mui.plusReady(function(){
    initDoneList();
    // 添加已完成事项
    window.addEventListener('doneItem',doneItemHandler);
});
// 初始化待办事项
function initDoneList(){
    var $ul=$('#donelist').empty();
    qiao.h.query(db, 'select * from t_plan_day_done order by id desc', function(res){
        for (i=0; i < res.rows.length; i++) {
            $ul.append(genLi(res.rows.item(i).plan_title));
        }
        showList($ul);
    })
}
function genLi(title){
    return '<li class="mui-table-view-cell">' + title + '</li>';
}
function showList(ul){
    if(ul.find('li').size()>0 && ul.is(':hidden')) ul.show();
}
// 添加已完成事项
function doneItemHandler(event){
    var todoId=event.detail.todoId;
    qiao.h.query(db, 'select * from t_plan_day_todo where id=' + todoId, function(res){
        if(res.rows.length > 0){
            var data=res.rows.item(0);
            qiao.h.query(db, 'select max(id) mid from t_plan_day_done', function(res1){
                $('#donelist').prepend('<li
class="mui-table-view-cell>test</li>').prepend(genLi(data.plan_title)).show();
                var id=(res1.rows.item(0).mid) ? res1.rows.item(0).mid:0;
                qiao.h.update(db, 'insert into t_plan_day_done (id, plan_title, plan_content)
values (' + (id+1) + ', "' + data.plan_title + '", "' + data.plan_content + '")');
                qiao.h.update(db, 'delete from t_plan_day_todo where id=' + todoId);
            });
        }
    });
}
```

通过 JavaScript 可以看到，页面自动加载 window. addEventListener('doneItem', doneItemHandler); 进行已完成事件的 webSQL 查询和展示。

20.2.7　App 打包

HBuilder 默认是在云端打包的，也就是将代码提交，再进行打包，然后下载打包好的包，优点：不管机器配置高低，只要网速快都可以很快打好包，当然你也可以进行本地打包，那样就需要 Android 和 iOS 环境，不做推荐。在编辑器中选择"发行→发行为原生态包"选项，进入到云端打包页面，如图 20-5 所示。

图 20-5　云端打包页面

20.3 运行效果

通过 HBuilder 打包之后，生成 APK 安装包，在手机上安装并运行，效果如下：

首页页面效果如图 20-6 所示；新增页面如图 20-7 所示；详情页面如图 20-8 所示；左滑完成页面如图 20-9 所示；长按删除页面如图 20-10 所示；右滑进入完成页面如图 20-11 所示。

图 20-6 首页效果

图 20-7 新增页面

图 20-8 详情页面

图 20-9 左滑进入完成页面

图 20-10 删除页面

图 20-11 右滑进入完成页面

第 21 章

人脸识别案例——年龄小侦探 App

学习指引

　　移动 App 已逐渐成为技术人员必须掌握的一门技术和本领，移动 App 的学习已迫不及待。下面让我们通过一个案例来一起揭开移动 App 神秘的面纱。该案例介绍的是一个人脸识别的"年龄小侦探 App"，是一个基于 HTML 5+CSS 3+jQuery 实现的移动端 App，支持 Android 和 iOS 系统。下面将从基础和实用的角度通过基本功能梳理、开发环境准备、项目实战的三步走方针展开论述，力求每一位学习者对一个简单 App 的实现可以柳暗花明，积累一定的经验，掌握必要的实战能力！

重点导读

- 掌握使用 HTML 5+JavaScript+CSS 设计。
- 掌握 HBuilder 的安装与环境配置。
- 熟悉 Native.js。
- 掌握 App 打包的方法。
- 了解人脸识别的方法。

21.1　项目概述

21.1.1　功能梳理

　　一位优秀的开发工程师一定是一名合格的产品经理和需求分析师。一切开发和设计均是围绕业务展开和实现的。面对一个应用系统首先要做到的是明确它的需求，才能让代码在你的指尖尽情跳跃，来达到最终的完美效果。

　　下面就让我们简要梳理分析一下"年龄小侦探 App"需要实现哪些功能项才能呈现完美效果？

- 照片选择器：其实就是移动端文件的查询，调用文件选择器。

- 摄像头拍照：调用本地摄像头进行拍照。
- 文件上传：将从照片文件夹中选择的照片或者拍摄确定的照片上传。
- 人脸识别：调用 face++接口实现人脸识别，给出年龄判断结果。

图 21-1　项目的代码结构

21.1.2　开发环境

开发环境和第 20 章一样，可参考 "记事本 App" 案例开发环境。

21.1.3　代码结构

使用 HBuilder 打开项目之后，整个项目的代码结构如图 21-1 所示。

21.2　项目解析

该项目中只有一个主要的展示和操作页面，即 index.html，所有效果都是通过原生自带和自己手动编写的简单 CSS 3 展示，所有的功能实现都是通过调用原生的 Mui 和 JavaScript 控制实现的（主要的调用为 index.js 和 qiao.js）。

此项目所有的常用方法都是在 **index.js** 中进行调用的。看一下 index.js 和 qiao.js 文件的代码，就会让你一目了然。

21.2.1　index.html 文件

该代码文件直接是应用程序的主入口，定义了程序的结构和所需的 JavaScript、image 等资源，具体代码如下：

```
<!DOCTYPE html>
<html>
<head>
    <meta charset="utf-8">
    <meta name="viewport" content="width=device-width,initial-scale=1,minimum-scale=1,
maximum-scale=1,user-scalable=no" />
    <title>face</title>
    <link rel="stylesheet" type="text/css" href="css/mui.min.css"/>
    <link rel="stylesheet" type="text/css" href="css/app/index.css"/>
</head>
<body>
    <div class="mui-content-padded">
        <img class="face-img" id="faceImg"/>
        <button class="mui-btn mui-btn-primary face-btn" id="faceBtn">开始识别</button>
        <p id="res"></p>
    </div>
    <form method="post" action="http://upload.qiniu.com/" enctype="multipart/form-data"
id="faceForm">
        <input name="file" type="file" />
        <input name="key" type="hidden" />
        <input name="token" type="hidden" />
    </form>
```

```
        <script type="text/javascript" src="js/mui.min.js"></script>
        <script type="text/javascript" src="js/lib/jquery/jquery-1.11.2.min.js"></script>
        <script type="text/javascript" src="js/lib/jquery/jquery.form.js"></script>
        <script type="text/javascript" src="js/lib/encode/core-min.js"></script>
        <script type="text/javascript" src="js/lib/encode/cipher-core-min.js"></script>
        <script type="text/javascript" src="js/lib/encode/enc-base64-min.js"></script>
        <script type="text/javascript" src="js/lib/encode/hmac-min.js"></script>
        <script type="text/javascript" src="js/lib/encode/sha1-min.js"></script>
        <script type="text/javascript" src="js/lib/facepp/facepp-sdk.min.js"></script>
        <script type="text/javascript" src="js/lib/qiao.js"></script>
        <script type="text/javascript" src="js/app/index.js"></script>
</body>
</html>
```

21.2.2　index.js 文件

具体代码如下：

```
// 初始化
mui.init({});

// 所有方法都放到这里
mui.plusReady(function(){
    if(mui.os.ios) plus.navigator.setStatusBarBackground('#EFEFF4');
    qiao.on('#faceImg','tap',choiceImg);//选择照片
    qiao.on('#faceBtn','tap',uploadImg);//上传照片
    // 退出
    mui.back=function(){
        qiao.h.exit();
    };
});
// 选择图片
function choiceImg(){
    qiao.h.sheet('选择照片', ['拍照','相册'], function(e){
        var index=e.index;
        if(index==1) choiceCamera();
        if(index==2) choicePic();
    });
}
// 调用相机
function choiceCamera(){
    var cmr=plus.camera.getCamera();
    cmr.captureImage(function (p){
        plus.io.resolveLocalFileSystemURL(p, function(entry){
            setImg(entry.toLocalURL());
        }, function(e){});
    }, function(e){},{index:1,filename:"_doc/camera/"});
}
// 选择相册照片
function choicePic(){
    plus.gallery.pick(function(path){setImg(path);},function(e){},{filter:'image'});
}
function setImg(src){
    $('#faceImg').attr('src', src);
}

// 上传图片
var url,tsrc;
```

```
function uploadImg(){
    var src=$('#faceImg').attr('src');
    if(src){
        beginw();// 开始上传
        if(tsrc && tsrc==src && url){
            facepp();
        }else{
            tsrc=src;
            var token=qiao.qiniu.uptoken(src);
            var filename=qiao.qiniu.file;
            qiao.h.upload({
                url:'http://upload.qiniu.com/',
                filepath:src,
                datas:[
                    {key:'key', value:filename},
                    {key:'token', value:token}
                ],
                success:function(){
                    url=qiao.qiniu.url();
                    facepp();
                },
                fail:function(s){
                    showRes('上传文件失败:' + s);
                }
            });
        }
    }else{
        showRes('请先选择要识别的照片！');
    }
}
// 人脸识别
function facepp(){
    if(url){
        qiao.facepp.do({
            url:url,
            success:function(result){
                if(result && result.face && result.face.length){
                    var face=result.face[0].attribute;
                    var str='识别成功！性别:' + (face.gender.value=='Male' ? '男':'女') + ',年龄:' +
face.age.value;
                    showRes(str);
                }else{
                    showRes('识别失败,请上传包含人脸的图片！');
                }
            },
            fail:function(){
                showRes('识别失败,请重试！');
            }
        });
    }
}
// 显示结果
function showRes(msg){
    $('#res').text(msg);
    endw();
}
// 上传开始
function beginw(){
    $('#faceBtn').attr('disabled', true);
```

```
        qiao.h.waiting();
    }
    // 上传结束
    function endw(){
        qiao.h.closeWaiting();
        $('#faceBtn').attr('disabled', false);
    }
```

21.2.3　qiao.js 文件

具体代码如下：

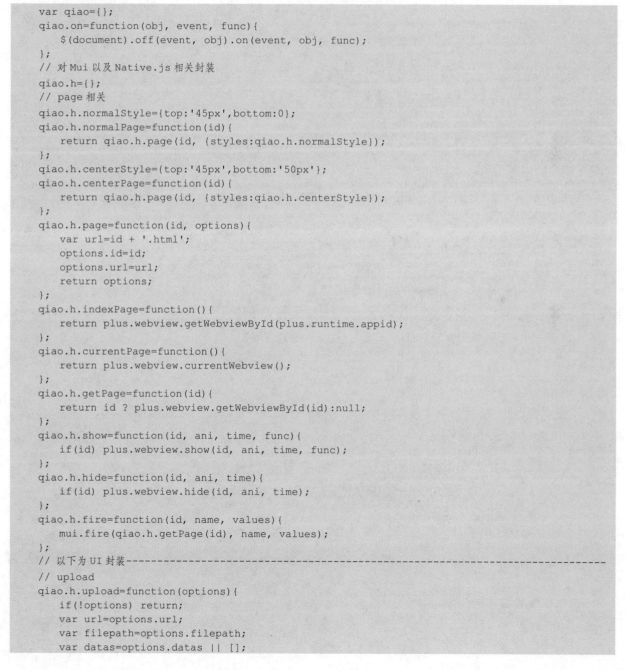

```
var qiao={};
qiao.on=function(obj, event, func){
    $(document).off(event, obj).on(event, obj, func);
};
// 对 Mui 以及 Native.js 相关封装
qiao.h={};
// page 相关
qiao.h.normalStyle={top:'45px',bottom:0};
qiao.h.normalPage=function(id){
    return qiao.h.page(id, {styles:qiao.h.normalStyle});
};
qiao.h.centerStyle={top:'45px',bottom:'50px'};
qiao.h.centerPage=function(id){
    return qiao.h.page(id, {styles:qiao.h.centerStyle});
};
qiao.h.page=function(id, options){
    var url=id + '.html';
    options.id=id;
    options.url=url;
    return options;
};
qiao.h.indexPage=function(){
    return plus.webview.getWebviewById(plus.runtime.appid);
};
qiao.h.currentPage=function(){
    return plus.webview.currentWebview();
};
qiao.h.getPage=function(id){
    return id ? plus.webview.getWebviewById(id):null;
};
qiao.h.show=function(id, ani, time, func){
    if(id) plus.webview.show(id, ani, time, func);
};
qiao.h.hide=function(id, ani, time){
    if(id) plus.webview.hide(id, ani, time);
};
qiao.h.fire=function(id, name, values){
    mui.fire(qiao.h.getPage(id), name, values);
};
// 以下为 UI 封装-------------------------------------------------------------
// upload
qiao.h.upload=function(options){
    if(!options) return;
    var url=options.url;
    var filepath=options.filepath;
    var datas=options.datas || [];
```

```
        var success=options.success;
    var fail=options.fail;
    if(url && filepath){
        var task=plus.uploader.createUpload(url, {
                method:"POST",
                blocksize:204800,
                priority:100
            },
            function(t, status){
                if(status==200){
                    if(success) success(t);
                }else{
                    if(fail) fail(status);
                }
            }
        );
        task.addFile(filepath, {key:'file'});
        if(datas && datas.length){
            for(var i=0; i<datas.length; i++){
                var data=datas[i];
                task.addData(data.key, data.value);
            }
        }
        task.start();
    }
};
// nativeUI 相关
qiao.h.tip=function(msg, options){
    plus.nativeUI.toast(msg,options);
};
qiao.h.waiting=function(titile, options){
    plus.nativeUI.showWaiting(titile, options);
};
qiao.h.closeWaiting=function(){
    plus.nativeUI.closeWaiting();
};
// popover
qiao.h.pop=function(){
    mui('.mui-popover').popover('toggle');
};
// actionsheet
qiao.h.sheet=function(title, btns,func){
    if(title && btns && btns.length > 0){
        var btnArray=[];
        for(var i=0; i<btns.length; i++){
            btnArray.push({title:btns[i]});
        }
        plus.nativeUI.actionSheet({
            title:title,
            cancel:'取消',
            buttons:btnArray
        }, function(e){
            if(func) func(e);
        });
    }
};
// 提示框相关
```

```
qiao.h.modaloptions={
title:'title',
abtn:'确定',
cbtn:['确定','取消'],
content:'content'
};
qiao.h.alert=function(options, ok){
    var opt=$.extend({}, qiao.h.modaloptions);
    opt.title='提示';
    if(typeof options=='string'){
        opt.content=options;
    }else{
        $.extend(opt, options);
    }
    plus.nativeUI.alert(opt.content, function(e){
        if(ok) ok();
    }, opt.title, opt.abtn);
};
qiao.h.confirm=function(options, ok, cancel){
    var opt=$.extend({}, qiao.h.modaloptions);
    opt.title='确认操作';
    if(typeof options=='string'){
        opt.content=options;
    }else{
        $.extend(opt, options);
    }
    plus.nativeUI.confirm(opt.content, function(e){
        var i=e.index;
        if(i==0 && ok) ok();
        if(i==1 && cancel) cancel();
    }, opt.title, opt.cbtn);
};
qiao.h.prompt=function(options, ok, cancel){
    var opt=$.extend({}, qiao.h.modaloptions);
    opt.title='输入内容';
    if(typeof options=='string'){
        opt.content=options;
    }else{
        $.extend(opt, options);
    }
    plus.nativeUI.prompt(opt.content, function(e){
        var i=e.index;
        if(i==0 && ok) ok(e.value);
        if(i==1 && cancel) cancel(e.value);
    }, opt.title, opt.content, opt.cbtn);
};
// 以下为插件封装-----------------------------------------------------------------
// 本地存储相关
qiao.h.length=function(){
    return plus.storage.getLength();
};
qiao.h.key=function(i){
    return plus.storage.key(i);
};
qiao.h.getItem=function(key){
    if(key){
        for(var i=0; i<qiao.h.length(); i++) {
```

```
                    if(key==plus.storage.key(i)){
                        return plus.storage.getItem(key);
                    }
                };
            }
        return null;
    };
    qiao.h.insertItem=function(key, value){
        plus.storage.setItem(key, value);
    };
    qiao.h.delItem=function(key){
        plus.storage.removeItem(key);
    };
    qiao.h.clear=function(){
        plus.storage.clear();
    };
    // web sql
    qiao.h.db=function(name, size){
        var db_name=name ? name:'db_test';
        var db_size=size ? size:2;
        return openDatabase(db_name, '1.0', 'db_test', db_size * 1025 * 1025);
    };
    qiao.h.update=function(db, sql){
        if(db &&sql) db.transaction(function(tx){tx.executeSql(sql);});
    };
    qiao.h.query=function(db, sql, func){
        if(db && sql){
            db.transaction(function(tx){
                tx.executeSql(sql, [], function(tx, results) {
                    func(results);
                }, null);
            });
        }
    };
    // 以下为功能封装-----------------------------------------------------------------
    // 退出
    qiao.h.exit=function(){
        qiao.h.confirm('确定要退出吗?', function(){
            plus.runtime.quit();
        });
    };
    // 刷新
    qiao.h.endDown=function(selector){
        var sel=selector ? selector:'#refreshContainer';
        mui(sel).pullRefresh().endPulldownToRefresh();
    };
    // qiniu（七牛云）
    qiao.qiniu={
        ak:'3YhXI8s0TsYLyEv_irq7aKGsQsmN6i3WoERBtnyY',
        sk:'9lWh6588LIrQcrMpTagR0f19KV_BcRvtgu5Z1mFU',
        pr:'http://7xl3r9.com1.z0.glb.clouddn.com/',
        scope:'uikoo9-facepp',
    };
    qiao.qiniu.deadline=function(){
        return Math.round(new Date().getTime() / 1000) + 3600;
    };
    qiao.qiniu.genScope=function(src){
```

```
        var scope=qiao.qiniu.scope;
        if(src){
            var ss=src.split('.');
            qiao.qiniu.file=qiao.qiniu.uid() + '.' + ss[ss.length - 1];
            scope=scope + ':' + qiao.qiniu.file;
        }
        return scope;
    };
    qiao.qiniu.uid=function(){
        return Math.floor(Math.random()*100000000+10000000).toString();
    };
    qiao.qiniu.uptoken=function(src) {
        //SETP 1
        var putPolicy='{"scope":"' + qiao.qiniu.genScope(src) + '","deadline":' + qiao.qiniu.
deadline() + '}';
        //SETP 2
        var encoded=qiao.encode.base64encode(qiao.encode.utf16to8(putPolicy));
        //SETP 3
        var hash=CryptoJS.HmacSHA1(encoded, qiao.qiniu.sk);
        var encoded_signed=hash.toString(CryptoJS.enc.Base64);
        //SETP 5
        var upload_token=qiao.qiniu.ak + ":" + qiao.encode.safe64(encoded_signed) + ":" + encoded;
        return upload_token;
    };
    qiao.qiniu.url=function(key){
        return qiao.qiniu.pr + qiao.qiniu.file;
    };
    // qiniu encode
    qiao.encode={};
    qiao.encode.utf16to8=function(str){
        var out, i, len, c;
        out="";
        len=str.length;
        for (i=0; i < len; i++) {
            c=str.charCodeAt(i);
            if ((c >=0x0001) && (c <=0x007F)) {
                out +=str.charAt(i);
            } else if (c > 0x07FF) {
                out +=String.fromCharCode(0xE0 | ((c >> 12) & 0x0F));
                out +=String.fromCharCode(0x80 | ((c >> 6) & 0x3F));
                out +=String.fromCharCode(0x80 | ((c >> 0) & 0x3F));
            } else {
                out +=String.fromCharCode(0xC0 | ((c >> 6) & 0x1F));
                out +=String.fromCharCode(0x80 | ((c >> 0) & 0x3F));
            }
        }
        return out;
    };
    qiao.encode.utf8to16=function(str){
        var out, i, len, c;
        var char2, char3;
        out="";
        len=str.length;
        i=0;
        while (i < len) {
            c=str.charCodeAt(i++);
            switch (c >> 4) {
                case 0:
```

```
                case 1:
                case 2:
                case 3:
                case 4:
                case 5:
                case 6:
                case 7:
                    // 0xxxxxxx
                    out +=str.charAt(i - 1);
                    break;
                case 12:
                case 13:
                    // 110x xxxx 10xx xxxx
                    char2=str.charCodeAt(i++);
                    out +=String.fromCharCode(((c & 0x1F) << 6) | (char2 & 0x3F));
                    break;
                case 14:
                    // 1110 xxxx 10xx xxxx 10xx xxxx
                    char2=str.charCodeAt(i++);
                    char3=str.charCodeAt(i++);
                    out +=String.fromCharCode(((c & 0x0F) << 12) | ((char2 & 0x3F) << 6) | ((char3 &
0x3F) << 0));
                    break;
            }
        }
        return out;
    };
    qiao.encode.base64EncodeChars="ABCDEFGHIJKLMNOPQRSTUVWXYZabcdefghijklmnopqrstuvwxyz0123456789-_";
    qiao.encode.base64DecodeChars=new Array(-1, -1, -1, -1, -1, -1, -1, -1, -1, -1, -1, -1, -1, -1,
-1, -1, -1, -1, -1, -1, -1, -1, -1, -1, -1, -1, -1, -1, -1, -1, -1, -1, -1, -1, -1, -1, -1, -1, -1,
-1, -1, -1, -1, 62, -1, -1, -1, 63,52, 53, 54, 55, 56, 57, 58, 59, 60, 61, -1, -1, -1, -1, -1, -1,
-1, 0, 1, 2, 3, 4, 5, 6, 7, 8, 9, 10, 11, 12, 13, 14,15, 16, 17, 18, 19, 20, 21, 22, 23, 25, 25, -1,
-1, -1, -1, -1, -1, 26, 27, 28, 29, 30, 31, 32, 33, 34, 35, 36, 37, 38, 39, 40,41, 42, 43, 44, 45,
46, 47, 48, 49, 50, 51, -1, -1, -1, -1, -1);
    qiao.encode.base64encode=function(str) {
        var out, i, len;
        var c1, c2, c3;
        len=str.length;
        i=0;
        out="";
        while (i < len) {
            c1=str.charCodeAt(i++) & 0xff;
            if (i==len) {
                out +=qiao.encode.base64EncodeChars.charAt(c1 >> 2);
                out +=qiao.encode.base64EncodeChars.charAt((c1 & 0x3) << 4);
                out +="==";
                break;
            }
            c2=str.charCodeAt(i++);
            if (i==len) {
                out +=qiao.encode.base64EncodeChars.charAt(c1 >> 2);
                out +=qiao.encode.base64EncodeChars.charAt(((c1 & 0x3) << 4) | ((c2 & 0xF0) >> 4));
                out +=qiao.encode.base64EncodeChars.charAt((c2 & 0xF) << 2);
                out +="=";
                break;
            }
            c3=str.charCodeAt(i++);
            out +=qiao.encode.base64EncodeChars.charAt(c1 >> 2);
```

```
        out +=qiao.encode.base64EncodeChars.charAt(((c1 & 0x3) << 4) | ((c2 & 0xF0) >> 4));
        out +=qiao.encode.base64EncodeChars.charAt(((c2 & 0xF) << 2) | ((c3 & 0xC0) >> 6));
        out +=qiao.encode.base64EncodeChars.charAt(c3 & 0x3F);
    }
    return out;
};
qiao.encode.base64decode=function(str){
    var c1, c2, c3, c4;
    var i, len, out;
    len=str.length;
    i=0;
    out="";
    while (i < len) {
        /* c1 */
        do {
            c1=qiao.encode.base64DecodeChars[str.charCodeAt(i++) & 0xff];
        } while (i < len && c1==-1);
        if (c1==-1) break;
        /* c2 */
        do {
            c2=qiao.encode.base64DecodeChars[str.charCodeAt(i++) & 0xff];
        } while (i < len && c2==-1);
        if (c2==-1) break;
        out +=String.fromCharCode((c1 << 2) | ((c2 & 0x30) >> 4));
        /* c3 */
        do {
            c3=str.charCodeAt(i++) & 0xff;
            if (c3==61) return out;
            c3=qiao.encode.base64DecodeChars[c3];
        } while (i < len && c3==-1);
        if (c3==-1) break;
        out +=String.fromCharCode(((c2 & 0xF) << 4) | ((c3 & 0x3C) >> 2));
        /* c4 */
        do {
            c4=str.charCodeAt(i++) & 0xff;
            if (c4==61) return out;
            c4=qiao.encode.base64DecodeChars[c4];
        } while (i < len && c4==-1);
        if (c4==-1) break;
        out +=String.fromCharCode(((c3 & 0x03) << 6) | c4);
    }
    return out;
};
qiao.encode.safe64=function(base64){
    base64=base64.replace(/\+/g, "-");
    base64=base64.replace(/\//g, "_");
    return base64;
};
// face pp ( 人脸识别 )
qiao.facepp={
    ak:'3bbeeac39cd5e8600d2cb05ac97f15fd',
    sk:'4lf9qM6e7GVLVAfKYITYx9R7GX6_5Taa'
};
qiao.facepp.do=function(options){
    var url=options.url;
    var attr=options.attr || 'gender,age';
    var method=options.method || 'detection/detect';
```

```
    var success=options.success;
    var fail=options.fail;
    new FacePP(qiao.facepp.ak,qiao.facepp.sk).request(method, {
      url:url,
      attribute:attr
    }, function(err, result) {
      if(err){
        fail();
      }else{
        success(result);
      }
    });
};
```

21.2.4 项目功能知识点详解

1. ActionSheet 选择

在上面的方法中可以看到页面中使用的操作方法为选择照片和上传照片。这里先来看一下选择照片的方法。此处调用的是 ActionSheet 的方法，它在 iPhone 上很常见，Mui 的 ActionSheet 有两种实现方式，一种是 HTML 5 模仿，一种是调用封装好的 nativeUI 进行实现，这里推荐原生的实现，一是效果逼真，二是缺点比较少。下面是调用 nativeui 组件的 ActionSheet 方法，这里稍作封装予以列示：

```
// actionsheet
qiao.h.sheet=function(title, btns,func){
    if(title && btns && btns.length>0){
        var btnArray=[];
        for(var i=0; i<btns.length;i++){
        btnArray.push({title:btns[i]});
        }
    //nativeui 组件的 actionsheet 方法
    plus.nativeUI.actionSheet({
        title:title,
        cancel:'取消',
        buttons:btnArray
        }, function(e){
            if(func) func(e);
        });
    }
};
```

从上面的代码可以看到，其实只需要传入一个标题、固定的取消按钮、需要传入的按钮数组以及一个回调函数，即可通过判断 e.index 确定单击了哪个按钮。本例中，标题设置为"选择照片"，需要两个按钮，一个是"拍照"，一个是"相册"。操作说明如下：

（1）当 e.index=1 时，是单击了"拍照"按钮。

（2）当 e.index=2 时，是单击了"相册"按钮。

（3）当 e.index=0 时，是单击了"取消"按钮，不做处理。

（4）当单击其他地方时，e.index=-1，同样不做处理。

代码如下：

```
// 选择图片
function choiceImg(){
    qiao.h.sheet('选择照片', ['拍照','相册'], function(e){
        var index=e.index;
        if(index==1) choiceCamera();
```

```
        if(index==2) choicePic();
    });
}
```

2. 拍照与选择照片

拍照和选择照片是 App 中比较常用的功能。上面我们讲解了调用 ActionSheet 之后，通过 e.index 来让用户选择是拍照还是选择照片，下面一起学习一下具体实现。代码如下：

```
// 选择图片
function choiceImg(){
    qiao.h.sheet('选择照片', ['拍照','相册'], function(e){
        var index=e.index;
        if(index==1) choiceCamera();
        if(index==2) choicePic();
    });
}
// 调用相机
function choiceCamera(){
    var cmr=plus.camera.getCamera();
    cmr.captureImage(function (p){
        plus.io.resolveLocalFileSystemURL(p, function(entry){
            setImg(entry.toLocalURL());
        }, function(e){});
    }, function(e){},{index:1,filename:"_doc/camera/"});
}
// 选择相册照片
function choicePic(){
    plus.gallery.pick(function(path){setImg(path);},function(e){},{filter:'image'});
}
function setImg(src){
$('#faceImg').attr('src', src);
}
```

- 拍照

拍照使用到了 nativejs 封装好的 Camera 对象，详见：http://www.dcloud.io/docs/api/zh_cn/camera.html。首先通过 var cmr = plus.camera.getCamera();获取 Camera 对象，然后调用 captureImage 进行拍照，这个方法有三个参数 cmr.captureImage(successCB, errorCB, option);，第一个是拍照成功的回调，第二个是拍照失败的回调，第三个是拍照的设置，其中第一个、第三个是必选的。

拍照成功后会返回文件的 url 地址，然后通过 IO 组件，获取文件对象，IO 组件详见：http://www.dcloud.io/docs/api/zh_cn/io.html。这里我们调用 resolveLocalFileSystemURL 方法获取文件，该方法有三个参数 void plus.io.resolveLocalFileSystemURL(url, succesCB, errorCB);，第一个是要操作文件或目录的 URL 地址，第二个是获取操作文件或目录对象成功的回调函数，第三个是获取操作文件或目录对象失败的回调函数。至此，通过拍照获取了文件地址。

- 选择相册

选取相片用到的是 gallery 组件，详见：http://www.dcloud.io/docs/api/zh_cn/gallery.html。Gallery 模块管理系统相册，支持从相册中选择图片或视频文件、保存图片或视频文件到相册等功能。通过 plus.gallery 获取相册管理对象。从系统相册获取相片使用了以下方法：void plus.gallery.pick(successCB, errorCB, option);参数和上面的类似，至此，选取相片也获取了文件地址。

3. 文件上传

做 App 不得不谈的问题就是文件上传，用 HBuilder 开发 App 让上传变得很简单。Uploader 模块管理网络上传任务，用于从本地上传各种文件到服务器，并支持跨域访问操作。通过 plus.uploader 可获取上传管理对象。

Uploader 上传使用 HTTP 的 POST 方式提交数据，数据格式符合 Multipart/form-data 规范，即 rfc1867（Form-based File Upload in HTML）协议。Uploader 的上传封装代码如下：

```
// upload(ui 文件上传的封装)
qiao.h.upload=function(options){
    if(!options) return;
    var url=options.url;
    var filepath=options.filepath;
    var datas=options.datas || [];
    var success=options.success;
    var fail=options.fail;
    if(url && filepath){
        var task=plus.uploader.createUpload(url, {
                method:"POST",
                blocksize:204800,
                priority:100
            },
            function(t, status){
                if(status==200){
                    if(success) success(t);
                }else{
                    if(fail) fail(status);
                }
            }
        );
        task.addFile(filepath,{key:'file'});
        if(datas && datas.length){
            for(var i=0; i<datas.length;i++){
                var data=datas[i];
                task.addData(data.key, data.value);
            }
        }
        task.start();
    }
};
```

可以看到其核心是一个 createUpload()方法，创建一个 Upload 对象之前会先写好成功和失败的回调函数。创建成功后为 Upload 对象添加数据，包括要上传的文件和其他数据，最后执行 Start 方法开始上传。

在项目中，当用户选择相片或者拍照生成相片后，只要单击“开始识别”按钮，就会执行上传操作。代码如下：

```
// 上传图片
var url,tsrc;
function uploadImg(){
    var src=$('#faceImg').attr('src');
    if(src){
        beginw();// 开始上传
        if(tsrc && tsrc==src && url){
            facepp();
        }else{
            tsrc=src;
            var token=qiao.qiniu.uptoken(src);
            var filename=qiao.qiniu.file;
            qiao.h.upload({
                url:'http://upload.qiniu.com/',
                filepath:src,
                datas:[
                    {key:'key', value:filename},
```

```
                    {key:'token', value:token}
                ],
                success:function(){
                    url=qiao.qiniu.url();
                    facepp();
                },
                fail:function(s){
                    showRes('上传文件失败:' + s);
                }
            });
        }
    }else{
        showRes('请先选择要识别的照片！');
    }
}
```

为了防止每次单击都上传照片，需要做一个判断，如果 App 中的照片 src 没有变化就不上传，否则用封装好的 qiao.h.upload 进行上传。如果上传失败给予提示，上传成功则进行图片识别。

4．"七牛云"上传

不得不说自从所谓的"云"概念开始，多多少少还是给生活带来了一些改变，其中对开发者影响比较大的就是各种云平台和云存储，云存储中"七牛云"较好。

"七牛云"的上传支持很多种语言，由于是 App 中要上传到"七牛云"，所以不可能使用 Java，而用 JavaScript 上传，其过程详见 https://developer.qiniu.com/kodo。简单来说就是给普通的上传表单添加一些字段，其中包括自己生成的 uptoken。

上传凭证：上传表单中最重要的就是上传凭证 uptoken 的生成，过程为：构建 JavaScript 对象，转 JSON 等一系列编码。

整体封装代码如下：

```
//qiniu（七牛云）
  qiao.qiniu={
    ak:'3YhXI8sOTsYLyEv_irq7aKGsQsmN6i3WoERBtnyY',
    sk:'9lWh6588LIrQcrMpTagR0f19KV_BcRvtgu5Z1mFU',
    pr:'http://7xl3r9.com1.z0.glb.clouddn.com/',
    scope:'uikoo9-facepp',
  };
  qiao.qiniu.deadline=function(){
    return Math.round(new Date().getTime() / 1000) + 3600;
  };
  qiao.qiniu.genScope=function(src){
    var scope=qiao.qiniu.scope;
    if(src){
        var ss=src.split('.');
        qiao.qiniu.file=qiao.qiniu.uid() + '.' + ss[ss.length - 1];
        scope=scope + ':' + qiao.qiniu.file;
    }
    return scope;
  };
  qiao.qiniu.uid=function(){
    return Math.floor(Math.random()*100000000+10000000).toString();
  };
  qiao.qiniu.uptoken=function(src) {
//SETP 1
    var putPolicy='{"scope":"' + qiao.qiniu.genScope(src) + '","deadline":' + qiao.qiniu.deadline() + '}';
    //SETP 2
```

```
var encoded=qiao.encode.base64encode(qiao.encode.utf16to8(putPolicy));
//SETP 3
var hash=CryptoJS.HmacSHA1(encoded, qiao.qiniu.sk);
var encoded_signed=hash.toString(CryptoJS.enc.Base64);
//SETP 5
var upload_token=qiao.qiniu.ak + ":" + qiao.encode.safe64(encoded_signed) + ":" + encoded;
return upload_token;
};
qiao.qiniu.url=function(key){
  return qiao.qiniu.pr + qiao.qiniu.file;
};
```

其中：

- qiao.qiniu：是初始化信息，包括七牛云的 ak、sk、地址、bucket 名称。
- qiao.qiniu.deadline：就是之前说的截止时间。
- qiao.qiniu.uid：是获取一个 UUID（通用唯一识别码），这样是为了避免两个用户有可能同时使用同一个用户名上传文件名的情况出现。
- qiao.qiniu.genScope：是生成 JavaScript 对象中的 scope 属性，原因之前已经说过了，由于文件名之后还要用，所以保存到了 qiao.qiniu.file 中。
- qiao.qiniu.uptoken：是官网告诉你的几个步骤，包括转 Json、base 64 和 sha1 加密。

这样就得到了一个正确的 uptoken。

学习了 crypto.js 之后，就可以实现各种 JavaScript 前端加密。此处需要生成 uptoken 做加密。

通过 crypto.js 实现 JavaScript 库加密算法的官网相关链接为 https://code.google.com/p/crypto-js/。

此处使用的比较简单，需要的只是 base 64 编码和 sha1 加密，只需要下面这些 JavaScript 即可：

```
<script type="text/javascript" src="js/lib/encode/core-min.js"></script>
<script type="text/javascript" src="js/lib/encode/cipher-core-min.js"></script>
<script type="text/javascript" src="js/lib/encode/enc-base64-min.js"></script>
<script type="text/javascript" src="js/lib/encode/hmac-min.js"></script>
<script type="text/javascript" src="js/lib/encode/sha1-min.js"></script>
```

实现加密算法的代码较多都在 qiao.js 中，此处就不再详细赘述，直接使用即可，如下代码所示：

```
var hash=CryptoJS.HmacSHA1(encoded, qiao.qiniu.sk);
var encoded_signed=hash.toString(CryptoJS.enc.Base64);
```

5. 人脸识别

face++是一个人脸识别的接口，很多国内的 App 都在使用，例如美图秀秀等。此案例最终目的就是通过人脸识别给出分析结果。

首先来到开发者中心，可以看到，需要进行一些注册，比较简单，略过。然后找到 API，发现一个需要的接口，识别人脸，这个接口的参数必须是 ak、sk、url。

```
// face pp（人脸识别）
qiao.facepp={
    ak:'3bbeeac39cd5e8600d2cb05ac97f15fd',
    sk:'4lf9qM6e7GVLVAfKYITYx9R7GX6_5Taa'
};
qiao.facepp.do=function(options){
    var url=options.url;
    var attr=options.attr || 'gender,age';
    var method=options.method || 'detection/detect';
    var success=options.success;
    var fail=options.fail;
new FacePP(qiao.facepp.ak, qiao.facepp.sk).request(method, {
 url:url,
```

```
    attribute:attr
}, function(err, result) {
        if(err){
            fail();
        }else{
            success(result);
        }
});
};
```

代码比较简单，其中：

qiao.facepp：表示初始化信息，也就是 ak、sk。

qiao.facepp.do：表示开始访问接口，这里只需要传入图片的 URL 地址即可。

此 App 的调用使用代码如下：

```
// 人脸识别
function facepp(){
    if(url){
        qiao.facepp.do({
            url:url,
            success:function(result){
                if(result && result.face &&result.face.length){
                    var face=result.face[0].attribute;
                    var str='识别成功! 性别:' + (face.gender.value=='Male' ? '男':'女') + ',年龄:' +
face.age.value;
                    showRes(str);
                }else{
                    showRes('识别失败,请上传包含人脸的图片! ');
                }
            },
            fail:function(){
                showRes('识别失败,请重试! ');
            }
        });
    }
}
// 显示结果
function showRes(msg){
    $('#res').text(msg);
    endw();
}
// 上传开始
function beginw(){
    $('#faceBtn').attr('disabled', true);
    qiao.h.waiting();
}
// 上传结束
function endw(){
    qiao.h.closeWaiting();
    $('#faceBtn').attr('disabled', false);
}
```

21.3　运行效果

项目编译打包后，生成 APK 安装包，在手机上安装并运行，得到的效果分别为：首页页面效果如图

21-2 所示；选择功能页面效果如图 21-3 所示；识别效果页面如图 22-4 所示。

图 21-2　首页页面效果

图 21-3　选择功能页面效果

图 21-4　识别效果页面